工长上岗指南系列丛书

焊工工长上岗指南

——不可不知的500个关键细节

本书编写组 编

中国建材工业出版社

图书在版编目(CIP)数据

焊工工长上岗指南:不可不知的500个关键细节/《焊工工长上岗指南:不可不知的500个关键细节》编写组编.—北京:中国建材工业出版社,2012.9
(工长上岗指南系列丛书)
ISBN 978-7-5160-0291-9

Ⅰ.①焊… Ⅱ.①焊… Ⅲ.①焊接-指南 Ⅳ.①TG4-62

中国版本图书馆CIP数据核字(2012)第217235号

焊工工长上岗指南——不可不知的500个关键细节
本书编写组 编

出版发行:中国建材工业出版社
地　　址:北京市西城区车公庄大街6号
邮　　编:100044
经　　销:全国各地新华书店
印　　刷:北京紫瑞利印刷有限公司
开　　本:710mm×1000mm　1/16
印　　张:17
字　　数:393千字
版　　次:2012年9月第1版
印　　次:2012年9月第1次
定　　价:39.00元

本社网址:www.jccbs.com.cn
本书如出现印装质量问题,由我社发行部负责调换。电话:(010)88386906
对本书内容有任何疑问及建议,请与本书责编联系。邮箱:dayi51@sina.com

内容提要

本书以焊接工程最新国家标准规范为依据，结合焊工工长的工作需要进行编写。书中对焊接工程施工操作的关键细节进行了细致的归纳总结，从而给焊工工长上岗工作提供了必要的指导与帮助。全书主要内容包括焊工基础知识、焊接材料、手工电弧焊、埋弧焊、气体保护焊、气焊与气割、其他特殊焊接形式、焊接质量管理、焊接安全管理、焊工职业标准与施工组织设计等。

本书体例新颖、内容丰富，既可供焊工工长使用，也可作为焊接施工操作上岗的培训教材。

焊工工长上岗指南

——不可不知的500个关键细节

编 写 组

主　编： 华克见

副主编： 孙世兵　范　迪

编　委： 张才华　梁金钊　凌丽娟　张婷婷
侯双燕　秦大为　贾　宁　袁文倩
訾珊珊　朱　红　王　亮　张广钱
王　芳　郑　姗　葛彩霞　马　金
刘海珍　秦礼光

前言 Foreword

大力开展岗位职业技能培训，提高广大从业人员的技术水平和职业素养，是实现经济增长方式转变的一项重要工作和实现现代化的迫切要求，是科学技术转化为现实生产力的桥梁和振兴经济的必由之路，也是深化企业改革的重要条件和保持社会稳定的重要因素。当前，鉴于我国建设职工队伍急剧发展，农村剩余劳动力大量向建设系统转移，企业职工素质下降，建设劳动力市场组织与管理不够完善的现状，加之为提高建设系统各行业的劳动者素质与生产服务水平，提高产品质量，增强企业的市场竞争能力，加强建设劳动力市场管理的需要，因而做好建设职业技能岗位培训与鉴定工作具有重要意义。

工长是工程施工企业完成各项施工任务的最基层的技术和组织管理人员。其既是一个现场劳动者，也是一个基层管理者，不仅要做好各项技术和管理工作，在整个施工过程中，还要做好从合同的签订、施工计划的编制、施工预算、材料机具计划、施工准备、技术措施和安全措施的制定、组织施工作业到人力安排、经济核算等一系列工作，保证工程质量和各项经济技术措施的完成。因此，在施工现场，工长起着至关重要的作用。

《工长上岗指南系列丛书》是以建设系统职业岗位技能培训为编写理念，以各专业工长应知应会的基本岗位技能为编写方向，以现行国家和行业标准规范为编写依据，以满足工长实际工作需求为编写目的而进行编写的一套实用性、针对性很强的培训类丛书。本套丛书包括以下分册：

（1）钢筋工长上岗指南——不可不知的500个关键细节

（2）管道工长上岗指南——不可不知的500个关键细节

（3）焊工工长上岗指南——不可不知的500个关键细节

（4）架子工长上岗指南——不可不知的500个关键细节

（5）模板工长上岗指南——不可不知的500个关键细节

（6）砌筑工长上岗指南——不可不知的500个关键细节

(7) 水暖工长上岗指南——不可不知的500个关键细节

(8) 混凝土工长上岗指南——不可不知的500个关键细节

(9) 建筑电气工长上岗指南——不可不知的500个关键细节

(10) 通风空调工长上岗指南——不可不知的500个关键细节

(11) 装饰装修工长上岗指南——不可不知的500个关键细节

与市面上同类书籍相比，本套丛书具有以下特点：

(1) 本套丛书在编写时着重市场调研，注重施工现场工作经验、资料的汇集与整理，具有与工长实际工作相贴合、学以致用的编写特点，具有较强的实用性。

(2) 本套丛书在编写时注重国家和行业标准的变化，以国家和行业相关部门颁布的最新标准规范为编写依据，结合新材料、新技术、新设备的发展，以"最新"的视角为丛书加入了新鲜的血液，具有适合当今工业发展的先进性。

(3) 本套丛书在编写时注重以建设行业工长上岗职业资格培训与鉴定应知应会的职业技能为目的，参考各专业技术工人职业资格考试大纲，以职业活动为导向，以职业技能为核心，使丛书的编写适合各专业工长培训、鉴定和就业工作的需要。

(4) 本套丛书在编写手法上采用基础知识和关键细节的编写体例，注重关键细节知识的强化，有助于读者理解、把握学习的重点。

在编写过程中，本套丛书参考或引用了部分单位、专家学者的资料，在此表示衷心的感谢。限于编者水平，丛书中错误与不当之处在所难免，敬请广大读者批评、指正。

编　者

目 录 Contents

第一章　焊工基础知识

第一节　金属的焊接性及焊接原理

一、金属材料焊接性的概念

金属材料的焊接性是指金属材料对焊接加工的适应性，即在一定的焊接工艺条件下（焊接方法、焊接材料、焊接工艺参数和结构形式等）获得优质焊接接头的难易程度，也称可焊性。它包括结合性能和使用性能。结合性能是指在一定焊接工艺条件下，焊接加工时，金属形成完整焊接接头的能力和形成焊接缺陷的敏感性；使用性能是指在一定焊接工艺条件下所焊成的焊接接头在使用条件下安全运行的能力。

金属焊接性有优良中差之分，是一个相对的概念。对于一定的金属，在简单的焊接工艺条件下，能保证不产生缺陷，且具有优异的使用性能，则认为焊接性优良；若必须采用复杂的焊接工艺条件才能实现优质焊接，则认为焊接性相对较差。因此，金属的焊接性既与金属自身的材质有关，也与焊接工艺条件有着密切的联系。如低碳钢采用焊接加工时，不需要复杂的工艺措施就可以很容易获得完整而无缺陷的焊接接头，所以它的焊接性很好。若用同样的焊接工艺来焊接铸铁，则得不到优质的焊接接头，还会产生裂纹、断裂等严重的缺陷。然而，如能采用特殊的焊接材料，并采用预热、缓冷等工艺措施，也可以获得优质的焊接接头。

总之，焊接性不仅与母材本身的化学成分和性能有关，而且还与焊接材料和工艺方法有关。随着新的焊接方法、焊接材料、工艺措施不断出现，某些原来不能焊接的或不易焊接的金属材料，现在都有可能变得能够焊接或容易焊接。

综上所述，焊接性是金属的工艺性能在焊接过程中的反映，了解及正确评价金属材料的焊接性，是设计焊接结构、确定焊接方法、制定焊接工艺的重要依据。分析研究金属焊接性之目的，在于研究一定的金属材料在给定的焊接工艺条件下，可能产生的问题及其原因，以确定焊接工艺的合理性及金属材质的改进方向。对于焊工来讲，掌握金属材料焊接性的基础理论，并用于指导生产实践有非常重要的意义。

二、金属材料焊接性的评定方法

金属材料焊接性的评定，通常是用焊接性试验的方法，检查金属材料在焊接时产生缺陷的敏感性，从而确定合理的焊接工艺，选择合理的焊接材料，同时用来研究制造焊接性能良好的新材料。

影响金属材料焊接性的因素很多，主要有材料、结构形式、施工工艺及工作条件4个方面，其中材料的化学成分是影响金属材料焊接性的主要因素。生产中，钢是焊接结构中最常用的金属材料，常根据钢材的化学成分来评定其焊接性的好坏。由于钢中含碳量对其焊接性的影响最为明显，通常将影响最大的碳作为基础元素，把其他合金元素的质量分数对焊接性的影响折合成碳的相当质量分数，碳的质量分数和其他合金元素的相当质量分数之和称为碳当量，用符号CE表示，它是评定钢的焊接性的一个参考指标。国际焊接学会推荐的碳当量(CE)公式为：

$$CE(\%)=C+\frac{Mn}{6}+\frac{Cr+Mo+V}{5}+\frac{Ni+Cu}{15}$$

式中，C、Mn等为碳、锰等相应成分的质量分数(%)。

当CE<0.40%时，钢材的塑性良好，淬硬倾向不明显，焊接性良好。在一般的焊接技术条件下，焊接接头不会产生裂纹，但对厚大件或在低温下焊接，应考虑预热；当CE在0.40%～0.60%时，钢材的塑性下降，淬硬倾向逐渐增加，焊接性较差。焊前工件需适当预热，焊后注意缓冷，才能防止裂纹；当CE>0.60%时，钢材的塑性变差。淬硬倾向和冷裂倾向大，焊接性更差。工件必须预热到较高的温度，要采取减小焊接应力和防止开裂的技术措施，焊后还要进行适当的热处理。

碳当量法只是粗略评价焊接时产生冷裂纹倾向及脆化倾向的一种估算方法。在实际生产中，应通过直接试验，在试件上观察，并配合接头使用性能试验进行评定。

三、常用金属材料的焊接性比较

1. 碳素钢的焊接性

(1)低碳钢。由于低碳钢中碳的质量分数不大于0.25%，有良好的塑性，也没有淬硬倾向，不易产生裂纹，所以焊接性最好。Q235等低碳钢是应用最广泛的焊接结构材料，焊接时任何焊接方法和最普通的焊接工艺即可获得优质的焊接接头，焊接性良好。

(2)中碳钢。中碳钢含碳量在0.25%～0.60%之间，含碳量比较高，有一定的淬硬倾向，焊接接头容易产生低塑性的淬硬组织和冷裂纹，焊接性较差。

(3)高碳钢。高碳钢的含碳量大于0.60%，其焊接特点与中碳钢基本相同，但淬硬和裂纹倾向更大，焊接性更差。

2. 低合金钢的焊接性

低合金钢的强度按其屈服点可以分为九级：300MPa、350MPa、400MPa、450MPa、500MPa、550MPa、600MPa、700MPa、800MPa。

其中，强度级别不超过400MPa的低合金结构钢，CE<0.4%，焊接性良好，其焊接工艺和焊接材料的选择与低碳钢基本相同，一般不需采取特殊的工艺措施。只有焊件较厚、结构刚度较大和环境温度较低时，才进行焊前预热，以免产生裂纹。强度级别大于或等于450MPa的低合金结构钢，CE>0.4%，存在淬硬和冷裂问题，其焊接性与中碳钢相当，焊接时需要采取一定工艺措施。如焊前预热(预热温度150℃左右)可以降低冷却速度，避免出现淬硬组织；适当调节焊接工艺参数，可以控制热影响区的冷却速度，保证焊接接头获得优良性能；焊后热处理能消除残余应力，避免冷裂。

低合金结构钢含碳量较低，对硫、磷控制较严，手工电弧焊、埋弧焊、气体保护焊和电渣焊均可用于此类钢的焊接，以手工电弧焊和埋弧焊较常用；选择焊接材料时，通常从等强度原则出发，为了提高抗裂性，选用碱性焊条和碱性焊剂，对于不要求焊缝和母材等强度的焊件，亦可选择强度级别略低的焊接材料，以提高塑性，避免冷裂。

3. 不锈钢的焊接性

不锈钢中都含有不少于12%的铬，还含有镍、锰、钼等合金元素，以保证其耐热性和耐蚀性。按组织状态，不锈钢可分为奥氏体不锈钢、铁素体不锈钢和马氏体不锈钢等。

(1)奥氏体不锈钢的焊接性。奥氏体不锈钢焊接件容易在焊接接头处发生晶间腐蚀，其原因是焊接时，在450～850℃温度范围停留一定时间的接头部位，在晶界处析出高铬碳化物，引起晶粒表层含铬量降低，形成贫铬区，在腐蚀介质的作用下，晶粒表层的贫铬区受到腐蚀而形成晶间腐蚀。这时被腐蚀的焊接接头表面无明显变化，受力时则会沿晶界断裂，几乎完全失去强度。为防止和减少焊接接头处的晶间腐蚀，应严格控制焊缝金属的含碳量，采用超低碳的焊接材料和母材。采用含有能优先与碳形成稳定化合物的元素如Ti、Nb等，也可防止贫铬现象的产生。

(2)铁素体不锈钢的焊接性。铁素体不锈钢热影响区在900℃以上的部位由于晶粒过大，焊接接头的塑性、韧性急剧下降，焊后热处理不能使晶粒细化。在600～800℃温度下长时间停留，会析出脆性相。常温下高铬铁素体不锈钢(Cr>16%)的韧性较低，当焊接接头刚度较大时，焊后容易产生裂纹。长时间在400～600℃温度下停留，会发生“475℃”脆化。焊接过程中，应选用小的焊接热输入、大焊速、窄焊道焊接，焊条不做横向摆动。

(3)马氏体不锈钢的焊接性。马氏体不锈钢焊接时的主要问题是淬火裂纹和延迟裂纹。热影响区具有强烈的淬硬化倾向，并形成很硬的马氏体组织；当焊接接头的刚度大或含氢量高时，在焊接应力作用下，由高温直接冷至100～120℃以下，很容易产生冷裂纹。含碳量越高、产生裂纹的倾向越大。使用与母材同成分的焊条焊接时，焊前应预热，预热温度最好不要高于马氏体的开始转变温度，一般预热温度为200～320℃。焊件焊后不应从焊接高温直接升温进行回火处理，应先对焊件进行冷却，让焊缝和热影响区的奥氏体基本分解完毕。对于刚度较小的构件，可冷至室温后再回火。马氏体不锈钢的导热性低，易过热，且容易在热影响区产生粗大的组织。

4. 铸铁的焊接性

铸铁在制造和使用中容易出现各种缺陷和损坏。铸铁补焊是对有缺陷铸铁件进行修复的重要手段，在实际生产中具有很重要的经济意义。铸铁的含碳量高，含硫、磷等杂质较多，脆性大，塑性差，组织不均匀，焊接性很差，在焊接过程中，一般容易出现白口组织、焊接裂纹、气孔、夹渣等问题。

(1)白口组织。白口组织是由于在铸铁补焊时，碳、硅是促进石墨化元素，焊接时会大量烧损，且焊后冷却速度又快，在焊缝区石墨化过程来不及进行，故在焊接接头容易产生白口组织。白口铸铁硬而脆，切削加工性能很差。采用含碳、硅量高的铸铁焊接材料或镍基合金、铜镍合金、高钒钢等非铸铁焊接材料，或补焊时进行预热缓冷使石墨充分析出，或采用钎焊，避免出现白口组织。

(2)焊接裂纹。焊接裂纹通常发生在焊缝和热影响区。产生的原因：铸铁是脆性材料，其抗拉强度低，塑性很差（400℃以下基本无塑性），而焊接应力较大，且接头存在白口组织时，由于白口组织的收缩率更大，裂纹倾向更加严重，甚至可使整条焊缝沿熔合线从母材上剥离下来。防止裂纹的主要措施有：采用纯镍或铜镍焊条、焊丝，以增加焊缝金属的塑性；采用加热减应区法以减小焊缝上的拉应力；采取预热、缓冷、小电流、分散焊等措施减小焊件的温度差。

（3）气孔和夹渣。铸铁中的碳、硅元素剧烈氧化，形成CO气体和硅酸盐熔渣，它们滞留在焊缝中会形成气孔和夹渣等缺陷。

5. 铝及铝合金的焊接性

铝具有密度小、耐蚀性好、塑性高和导电性、导热性好以及焊接性好等优点，因而铝及铝合金在航空、汽车、机械制造、电工及化学工业中得到了广泛应用，但铝特别容易氧化生成熔点很高的氧化铝，在焊接时常夹杂于液态金属中，使焊缝产生夹渣的缺陷。

（1）铝及铝合金表面极易生成一层致密的氧化膜（Al_2O_3），其熔点（2050℃）远远高于纯铝的熔点（657℃），在焊接时阻碍金属的熔合，且由于密度大，容易形成夹渣。

（2）液态铝可以大量溶解氢，铝的高导热性又使金属迅速凝固，因此液态时吸收的氢气来不及逸出，极易在焊缝中形成气孔。

（3）铝及铝合金的线胀系数和结晶收缩率很大，导热性很好，因而焊接应力很大，对于厚度大或刚性较大的结构，焊接接头容易产生裂纹。

（4）铝及铝合金高温时强度和塑性极低，很容易产生变形，且高温液态无显著的颜色变化，操作时难以掌握加热温度，容易出现烧穿、焊瘤等缺陷。

焊接铝及铝合金常用的方法有氩弧焊、电阻焊、气焊，其中氩弧焊应用最广，这是由于氩弧焊保护效果好，能自动去除氧化膜，焊缝质量好。电阻焊应用也较多，电阻焊焊接铝合金时，应采用大电流、短时间通电，焊前必须清除焊件表面的氧化膜。如果对焊接质量要求不高或薄壁件可采用气焊，焊前必须清除工件表面氧化膜，焊接时使用焊剂，并用焊丝不断破坏熔池表面的氧化膜，焊后应立即将焊剂清理干净，以防止焊剂对焊件的腐蚀。

6. 铜及铜合金的焊接性

和铝一样，铜及铜合金焊接时，在凝固过程中来不及逸出的氢气残存在焊缝中形成气孔，出现裂纹以及焊接应力和变形等问题。

（1）难熔合。铜的热导率大，焊接时散热快，要求焊接热源集中，且焊前必须预热，否则，易产生未焊透或未熔合等缺陷。

（2）裂纹倾向大。铜在高温下易氧化，形成的氧化亚铜（Cu_2O）与铜形成低熔共晶体（Cu_2O+Cu）分布在晶界上，容易产生热裂纹。

（3）焊接应力和变形较大。这是因为铜的线胀系数大，收缩率也大，且焊接热影响区宽。

（4）容易产生气孔。气孔主要是由氢气引起的，液态铜能够溶解大量的氢，冷却凝固时，溶解度急剧下降，来不及逸出的氢气即在焊缝中形成氢气孔。

铜及铜合金一般采用氩弧焊、气焊和手工电弧焊，其中氩弧焊是焊接紫铜和青铜最理想的方法，能更好地保护铜液不被氧化和不溶入气体，焊缝质量较好。黄铜焊接常采用气焊，因为气焊时可采用微氧化焰加热，使熔池表面生成高熔点的氧化锌薄膜，以防止锌的进一步蒸发。锌蒸发一方面使合金元素损失，造成焊缝的强度、耐蚀性降低；另一方面，锌蒸气有毒，对焊工的身体造成伤害。或选用含硅焊丝，可在熔池表面形成致密的氧化硅薄膜，既可以阻止锌的蒸发，又能对焊缝起到保护作用。

关键细节 1　奥氏体不锈钢焊接工艺措施

一般熔焊方法均能用于奥氏体不锈钢的焊接，目前生产上常用的方法是手工电弧焊、氩弧焊和埋弧焊。在焊接工艺上，主要应注意以下问题：

(1)采用小电流、快速焊，可有效地防止晶间腐蚀和热裂纹等缺陷的产生。一般焊接电流应比焊接低碳钢时低20%。

(2)焊接电弧要短，且不做横向摆动，以减小加热范围。避免随处引弧，焊缝尽量一次焊完，以保证耐蚀性。

(3)多层焊时，应等前面一层冷至60℃以下后再焊后一层。双面焊时先焊非工作面，后焊与腐蚀介质接触的工作面。

(4)对于晶间腐蚀，在条件许可时，可采用强制冷却。必要时可进行稳定化处理，以消除产生晶间腐蚀的可能性。

(5)焊条电弧焊时，焊条的化学成分必须与母材相同；埋弧自动焊时，应选用能保证焊缝化学成分与母材相同的焊丝。

关键细节 2　铸铁补焊工艺措施

铸铁补焊采用的焊接方法参见表1-1。补焊方法主要根据对焊后的要求(如焊缝的强度、颜色、致密性，焊后是否进行机加工等)、铸件的结构情况(大小、壁厚、复杂程度、刚度等)及缺陷情况来选择。手工电弧焊和气焊是最常用的铸铁补焊方法。

表1-1　铸铁补焊的焊接方法

补焊方法		焊接材料的选用	焊缝特点
手工电弧焊	热焊及半热焊	Z208、Z248	强度、硬度、颜色与母材相同或相近，可加工
	冷焊	Z100、Z116、Z308、Z408、Z607、J507、J427、J422	强度、硬度、颜色与母材不同，加工性较差
气焊	热焊	铸铁焊丝	强度、硬度、颜色与母材相同，可加工
	加热减应区法		
钎焊		黄铜焊丝	强度、硬度、颜色与母材不同，可加工
CO_2 气体保护焊		08Mn2Si	强度、硬度、颜色与母材不同，不易加工
电渣焊		铸铁屑	强度、硬度、颜色与母材相同，可加工，适用于大尺寸缺陷的补焊

关键细节 3　铝及铝合金焊接工艺措施

为保证焊接质量，铝及铝合金在焊接时应采取以下工艺措施：

(1)焊前清理，去除焊件表面的氧化膜、油污、水分，便于焊接时的熔合，防止产生气孔、夹渣等缺陷。清理方法有化学清理、用钢丝刷或刮刀清除表面氧化膜及油污。

(2)对厚度超过5～8mm的焊件，预热至100～300℃，以减小焊接应力，避免裂纹，且有利于氢气的逸出，防止气孔的产生。

(3)焊后清理残留在接头处的焊剂和焊渣，防止其与空气、水分作用，腐蚀焊件。可用10%的硝酸溶液浸洗，然后用清水冲洗、烘干。

关键细节4　铜及铜合金焊接工艺措施

为保证焊接质量，在焊接铜及铜合金时还应采取以下措施：

(1)为了防止Cu_2O的产生，可在焊接材料中加入脱氧剂，如采用磷青铜焊丝，即可利用磷进行脱氧。

(2)清除焊件、焊丝上的油、锈、水分，减少氢的来源，避免气孔的形成。

(3)厚板焊接时应以焊前预热来弥补热量的损失，改善应力的分布状况。焊后锤击焊缝减小残余应力。焊后进行再结晶退火，以细化晶粒，破坏低熔共晶体。

四、焊接原理

焊接可以是各种同类或者是不同类的金属、非金属，也可以是一种金属与一种非金属的连接。焊接的过程一般都要经历加热、熔化、结晶、形成接头等过程。在现代工业中，金属的连接有着重要的意义，因此狭义上讲，焊接通常就是指金属的焊接。

焊接是指将填充材料(如焊丝)和工件的连接区基体材料在焊接热源作用下，共同加热至熔化状态，在连接处形成具有一定几何形状的液态金属部分，称为熔池，熔池主要由熔化的焊条金属和局部熔化的母材金属所组成。熔池中的液态金属冷却凝固后形成牢固的焊接接头，使被焊工件连接成一个整体。熔池的形成有一段过渡时间，然后才进入稳定状态，一般只需几秒至几十秒，且形状、尺寸和质量基本保持不变，熔池金属的质量一般都小于5g。熔池的前部，温度较高，母材不断熔化；熔池的尾部，温度逐渐降低，熔池金属不断凝固。随着热源不断移动，熔池沿焊接方向同步移动，从而形成连续的致密层状组织焊缝。

关键细节5　焊接的分类

按照焊接过程中金属所处的状态不同，可以把焊接方法分为熔焊、压焊和钎焊三种类型。

(1)熔焊。熔焊是在焊接过程中，将待焊处的母材加热至熔化状态，不加压完成焊接的方法。熔焊的关键是要有一个热量集中、温度足够高的局部加热热源。按照热源形式不同，常用的熔焊方法主要有电弧焊、气焊、电渣焊、电子束焊等。

为了防止局部熔化的高温焊缝金属因与空气接触而造成成分、性能恶化，熔焊过程都必须采取有效的隔离空气的保护措施。其基本形式是真空焊接、气体保护和熔渣保护三种。因此，保护形式也常常是区分熔焊方法的另一个特征。

根据使用电极的特征，熔焊还可分为熔化极和非熔化极两大类。熔化极如焊条电弧焊、埋弧焊、熔化极气体保护焊、不熔化极(如钨极)惰性气体保护焊以及碳弧焊等。

(2)压焊。压焊是在焊接过程中,必须对焊件施加压力(加热或不加热),以完成焊接的方法。

常用的压焊方法有:电阻对焊、闪光对焊、电阻点焊、缝焊、摩擦焊、旋转电弧焊以及超声波焊等。

(3)钎焊。钎焊是采用比母材熔点低的金属材料作钎料,将焊件和钎料加热到高于钎料熔点,低于母材熔化温度,利用液态钎料润湿母材,填充接头间隙并与母材相互扩散实现连接焊件的方法。

常用的钎焊方法有:火焰钎焊、感应钎焊、炉中钎焊和真空硬钎焊等。

五、焊接结构的应用及其优缺点

焊接结构是指用焊接的方法制造的金属结构。焊接技术在工业中应用的历史并不长,但其发展却非常迅速。在短短的几十年中,焊接结构已在许多工业部门的金属结构中(如建筑钢结构、船体、车辆、锅炉及压力容器中)几乎全部取代了铆接结构。不仅如此,在机器制造业中,不少过去一直用整铸、整锻方法生产的大型毛坯改成了焊接结构,这样就大大简化了生产工艺,降低了成本。目前,许多尖端技术如宇航、核动力等如果不采用焊接结构,实际上是不可能实现的。世界上每年需要进行焊接加工的钢材占钢材总产量的45%左右。

1. 焊接结构的优点

(1)与铆接等连接方法相比可以节省大量金属材料。例如,起重机采用焊接结构,其重量可减轻15%～20%,建筑钢结构可减轻10%～20%。其原因在于焊接结构可使材料的截面得到充分利用,也不需像角钢那样的辅助材料(图1-1),焊缝金属的重量也比铆钉轻。另外,焊接结构不需打孔,画线的工作量较少,比较省工。焊接结构还具有比铆接结构更好的密封性,这是压力容器特别是高温、高压容器所不可缺少的条件。

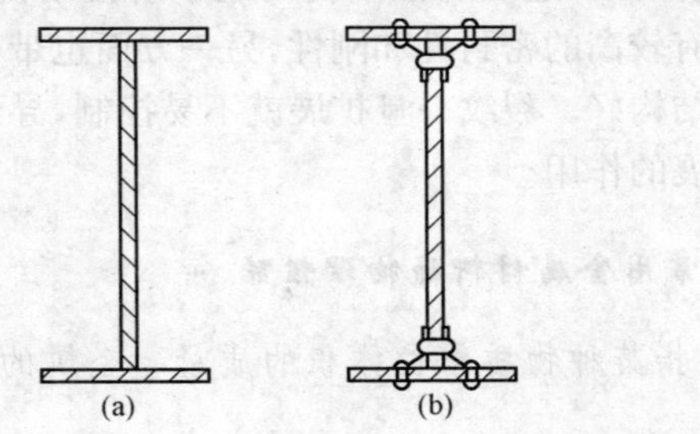

图1-1 焊接工字钢与铆接工字钢的对比
(a)焊接;(b)铆接

(2)与铸造结构相比,焊接结构不需要制作木模和砂型,也不需专门熔炼、浇铸,工序简单,生产周期短。这对单件和小批量生产特别明显,而且焊接结构比铸件节省材料。通常,重量比铸钢件轻20%～30%,比铸铁件轻50%～60%。采用轧制材料的焊接结构的材质一般比铸件好。即使不用轧材,用小铸件拼焊成大件,质量也更容易保证。

(3)焊接结构具有其他一些工艺方法所难以达到的优点。例如,焊接结构可以在同一个零件上,根据不同的要求采用不同材料或分段制造来简化工艺,像大型齿轮的轮缘可用高强度的耐磨优质合金钢,而其他部分则可用一般钢材来制造。这样既提高了齿轮的使用性能,又节省了优质钢材。

(4)有些型材如采用焊接结构比用轧制经济。例如当工字钢的高度大于70cm时,采用钢板拼焊要比轧制成本低。

2. 焊接结构的缺点

(1)焊接结构的应力集中比较大。焊接结构由焊缝连接而成,而焊缝与焊件表面往往不处于同一平面(焊缝略高),所以在焊缝与母材交界的焊趾处,易产生较大的应力集中,应力集中对结构的脆性断裂和疲劳强度有很大的影响,破坏往往就从这里开始。

(2)焊接结构有较大的焊接应力和变形。绝大多数焊接方法都采用局部加热,焊件经焊接后不可避免地在结构中要产生一定的焊接应力和变形。焊接应力和变形不但可能引起工艺缺陷,而且在一定条件下将会影响结构的承载能力,如强度、刚性和受压稳定性,此外还将影响到结构的加工精度和尺寸稳定性。

(3)焊接结构存在着一定数量的焊接缺陷。由于焊接工艺本身的特点,焊完后在焊缝中易存在如裂纹、气孔、夹渣、未焊透、未熔合等焊接缺陷。这些缺陷一方面会降低强度、引起应力集中,另一方面又是引起结构破坏的主要原因。

(4)焊接结构具有较大的性能不均匀性。由于焊缝金属的成分和组织与基本金属不同,以及焊接接头各部位所经受的热循环不同,所以焊接接头的不同区域具有不同的性能,形成了一个不均匀体。它的不均匀程度远远超过铸件和锻件,并且在这个不均匀中往往存在着一个薄弱环节,结构的破坏经常就从这里开始。

(5)焊接接头的整体性。这是焊接结构区别于铆接结构的一个重要特性。这一特性一方面使焊接结构具有较高的密封性和刚性,另一方面也带来了一个严重问题,即整个结构的止裂性没有铆接结构好。裂纹一旦扩展就不易控制,导致结构遭到破坏,而铆接往往可以起到限制裂纹扩展的作用。

关键细节6 常用金属材料的物理性能

(1)密度。密度是指某种物质单位体积的质量。金属的密度即是金属单位体积的质量,表达式如下。

$$\rho=m/V$$

式中 ρ——物质的密度(kg/m^3);

m——物质的质量(kg);

V——物质的体积(m)。

密度是金属材料的特性之一。金属材料的密度直接关系到由它制成设备的自重和性能。

一般密度小于$5\times10^3kg/m^3$的金属称为轻金属,密度大于$5\times10^3kg/m^3$的金属称为重金属。常见金属的密度见表1-2。

表 1-2　常用金属的物理性能

金属名称	符号	密度 /(kg·m^{-3})	熔点 /℃	热导率 /[W·(m·K)$^{-1}$]	线胀系数 /(10^{-6}·℃$^{-1}$)	电阻率 /[10^{-6}(Ω·cm)]
银	Ag	10.49	960.8	418.6	19.7	1.5
铜	Cu	8.96	1083	393.5	17	1.67～1.68
铝	Al	2.7	660	221.9	23.6	2.655
镁	Mg	1.74	650	153.7	24.3	4.47
钨	W	19.3	3380	166.2	4.6	5.1
镍	Ni	4.5	1453	92.1	13.4	6.84
铁	Fe	7.87	1538	75.4	11.76	9.7
锡	Sn	7.3	231.9	62.8	2.3	11.5
铬	Cr	7.19	1903	67	6.2	12.9
钛	Ti	4.508	1677	15.1	8.2	42.1～47.8
锰	Mn	7.43	1244	4.98	37	185

(2)熔点。纯金属和合金从固态向液态转变时的温度称为熔点。纯金属都有固定的熔点。如表 1-2 所示，合金的熔点取决于它的成分，例如钢和铸铁都是铁和碳的合金，但由于碳的质量分数不同，熔点也不同。熔点对于金属和合金的冶炼、铸造和焊接都是重要的参数。

(3)导热性。金属材料传导热量的性能称为导热性。导热性的大小常用热导率来衡量。热导率越大，金属的导热性越好。银的导热性最好，铜、铝次之。常见金属热导率见表 1-2。合金的热导率比纯金属差。热导率是金属材料的重要性能之一，在制订焊接、铸造和热处理工艺时，必须考虑材料的导热性，防止金属材料在加热或冷却过程中形成过大的内应力，以免金属材料变形或破坏。

(4)热膨胀性。金属材料随着温度变化而膨胀、收缩的特性称为热膨胀性。一般来说，金属受热时膨胀而体积增大，冷却时收缩而体积缩小。

热膨胀的大小用线胀系数和体胀系数表示，计算公式如下。

$$\alpha=(l_2-l_1)/\Delta t l_1$$

式中　α——线胀系数，1/K 或 1/℃；

l_1——膨胀前长度(m)；

l_2——膨胀后长度(m)；

Δt——温度变化量，K 或℃。

体胀系数近似为线胀系数的 3 倍。常用金属的线胀系数如表 1-2 所示。在实际工作中考虑热膨胀的地方很多，例如异种金属焊接时要考虑它们的热膨胀是否接近，否则会因为热膨胀系数不同，使金属构件变形，甚至破坏。

(5)导电性。导电性是指金属材料传导电流的性能。衡量金属材料导电性的指标是电阻率，电阻率越小，金属导电性越好。金属导电性以银为最好，铜、铝次之。常见金属的电导率见表 1-2。合金的导电性比纯金属差。

(6)磁性。金属的磁性是指金属材料在磁场中受到磁化的性能。根据金属材料在磁场中受到磁化程度的不同,可分为铁磁材料(如铁、钴等)、顺磁材料(如锰、铬等)、抗磁材料(如铜、锌等)三类。铁磁材料在外磁场中能强烈地被磁化;顺磁材料在外磁场中,只能微弱地被磁化;抗磁材料能抗拒或削弱外磁场对材料本身的磁化作用。工程上实用的强磁性材料是铁磁材料。磁性与材料的成分和温度有关,不是固定不变的。当温度升高时,有的铁磁材料磁性会消失。

关键细节7 常用金属材料的力学性能

力学性能是指金属在外力作用时表现出来的性能,包括强度、塑性、硬度、韧性及疲劳强度等。表示金属材料各项力学性能的具体数据是通过在专门的试验机上试验和测定而获得的。

(1)强度。强度是指材料在外力作用下抵抗塑性变形和破裂的能力。抵抗能力越大,金属材料的强度越高。强度的大小通常用应力来表示,根据载荷性质的不同,强度可分为抗拉强度、抗压强度、抗剪强度、抗扭强度和抗弯强度。

1)屈服强度。钢材在拉伸过程中当载荷不再增加甚至有所下降时,仍继续发生明显的塑性变形现象,称为屈服现象。材料产生屈服现象时的应力,称为屈服强度。其计算方法如下。

$$\sigma_s = F_s / S_0$$

式中 F_s——材料屈服时的载荷,N;

S_0——试样的原始截面积,mm^2。

有些金属材料(如高碳钢、铸钢等)没有明显的屈服现象,测定很困难。在此情况下,规定以试样长度方向产生0.2%塑性变形时的应力作为材料的“条件屈服强度”,或称屈服极限,用$\sigma_{0.2}$表示。屈服强度标志着金属材料对微量变形的抗力。材料的屈服强度越高,表示材料抵抗微量塑性变形的能力越大,允许的工作应力也越高。因此,材料的屈服强度是机械设计计算时的主要依据之一,是评定金属材料质量的主要指标。

2)抗拉强度。抗拉强度是指钢材在拉伸时,材料在拉断前所承受的最大应力。其计算方法如下。

$$\sigma_b = F_b / S_0$$

式中 F_b——试样破坏前所承受的最大拉力,N;

S_0——试样的原始截面积,mm^2。

抗拉强度是材料在破坏前所能承受的最大应力。σ_b 的值越大,表示材料抵抗拉断的能力越大。它也是衡量金属材料强度的主要指标之一。其实际意义是:金属结构所承受的工作应力不能超过材料的抗拉强度,否则会产生断裂,甚至造成严重事故。

(2)塑性。塑性是指断裂前金属材料产生永久变形的能力。一般用拉伸试棒的延伸率和断面收缩率来衡量。

1)延伸率。试样断后的标距长度伸长量与试样原始标距长度的比值的百分率,称为延伸率。其计算方法如下。

$$\delta = (L_1 - L_0) / L_0 \times 100\%$$

式中　L_1——试样拉断后的标距长度,mm;

L_0——试样原始标距长度,mm。

2)断面收缩率。断面收缩率是指试样拉断后截面的减小量与原始面积之比值的百分率。其计算方法如下:

$$\psi=(S_0-S_1)/S_0\times 100\%$$

式中　S_0——试样原始截面积,mm^2;

S_1——试样拉断后断口处的截面积,mm^2。

δ和ψ的值越大,表示金属材料的塑性越好。这样的金属可以发生大量塑性变形而不破坏。

(3)硬度。硬度是指材料抵抗局部变形,特别是塑性变形、压痕或划痕的能力。硬度是衡量钢材软硬的一个指标,根据测量方法不同,其指标分为布氏硬度(HBS)、洛氏硬度(HR)和维氏硬度(HV)。依据硬度值可近似地确定抗拉强度值。

(4)韧性。韧性是指金属材料抗冲击载荷不致被破坏的性能。它的衡量指标是冲击韧性值。冲击韧性值指试样冲断后缺口处单位面积所消耗的功,用符号α_k表示。α_k值越大,材料的韧性越好;反之,脆性越大。材料的冲击韧性值与温度有关,温度越低,冲击韧性值越小。

(5)疲劳强度。疲劳强度是指金属材料在无数次重复交变载荷作用下,不致破坏的最大应力。实际上并不可能做无数次交变载荷试验,所以一般试验时规定,钢在经受10^6～10^7次,有色金属经受10^7～10^8次交变载荷作用时不产生破裂的最大应力,称为疲劳强度。

第二节　焊接工艺知识

一、焊接接头形式

焊接接头简称接头,是由两个或两个以上零件用焊接方法连接的,一个焊接结构通常由若干个焊接接头所组成。焊接接头按接头的结构形式可分为五大类,即对接接头、T形(十字)接头、搭接接头、角接接头和端接接头等,如图1-2所示。

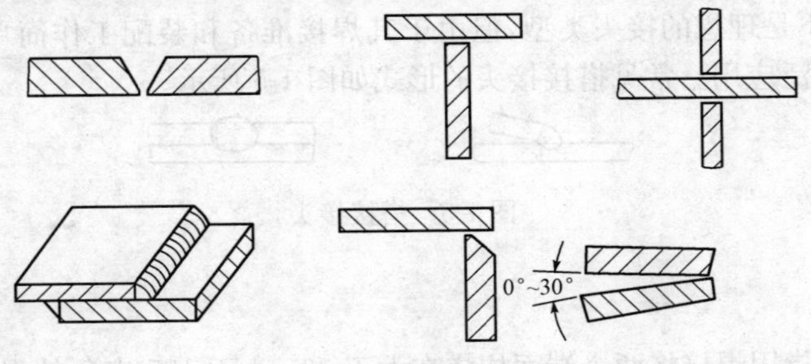

图1-2　焊接接头基本类型

1. 对接接头

对接接头是所有焊接接头中应用最广泛的接头形式，从受力的角度看，对接接头的优点是受力状况好，应力集中程度小，焊接材料消耗少，焊接变形也较小。

2. T形和十字焊接接头

T形和十字焊接接头是指将相互垂直的焊件用角焊缝连接起来的接头。一焊件的端面与另一焊件表面构成直角或近似直角的接头称为T形接头，如图1-3所示；三个焊件装配成“十”字形接头称为十字接头，如图1-4所示。

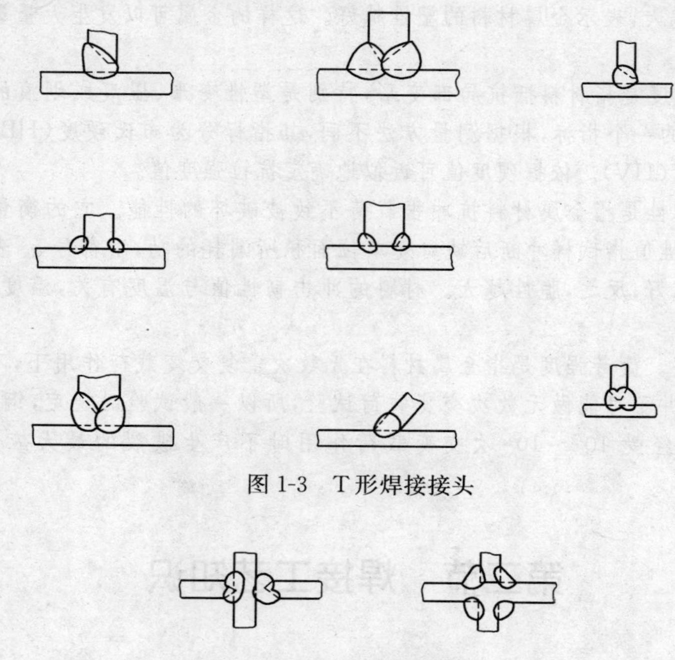

图1-3 T形焊接接头

图1-4 十字焊接接头

3. 搭接接头

搭接接头是指将两个焊件部分重叠在一起，加上专门的搭接件，用角焊缝、塞焊缝、槽焊缝或压焊缝连接起来的接头。搭接接头的应力集中比对接接头严重，强度较低，尤其是抗疲劳极限低，不是理想的接头类型，但由于其焊接准备和装配工作简单，在不重要的结构中仍然得到广泛应用。常见搭接接头的形式如图1-5所示。

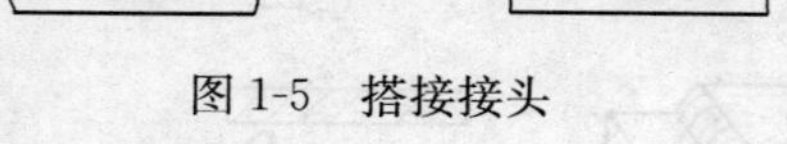

图1-5 搭接接头

4. 角接接头

角接接头是指用焊接将两个端面构成在大于30°、小于135°夹角的焊件连接起来的接头。角接接头多用于箱形构件上，这种接头的承载能力较差，多用于不重要的结构中。常用角接接头的形式如图 1-6 所示。

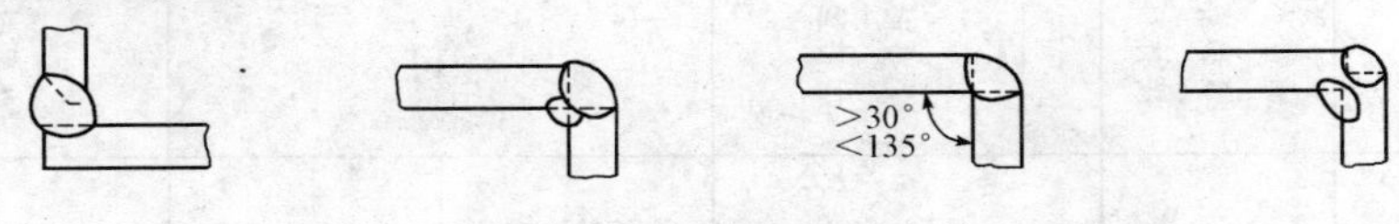

图 1-6　角接接头

5. 端接接头

端接接头是指将两重叠放置或两焊件表面之间的夹角不大于 30°的焊件焊接起来的接头。端接接头承载能力较差，不是理想的接头形式，多用于密封构件上。端接接头形式如图 1-7 所示。

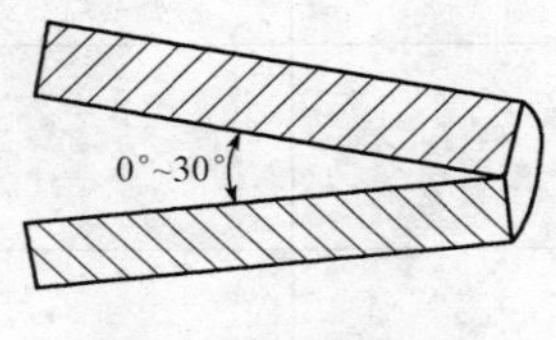

图 1-7　端接接头

6. 其他形式焊接接头

(1)卷边接头。焊件端部预先卷边的接头称为卷边接头，如图 1-8(a)所示。卷边接头适用于 1～2mm 的薄板，不加充填金属，装配方便，生产效率高，但承载力低。

(2)套管接头。将一根直径稍大的短管套于要连接的两根管子上构成的接头，称为套管接头，如图 1-8(b)所示。

(3)斜对接接头。斜对接接头是焊缝在焊件平面上倾斜布置的对接接头，如图 1-8(c)所示。

(4)锁底对接接头。一个焊件端部放在另一预留底边的焊件上构成的对接接头，如图 1-8(d)所示。

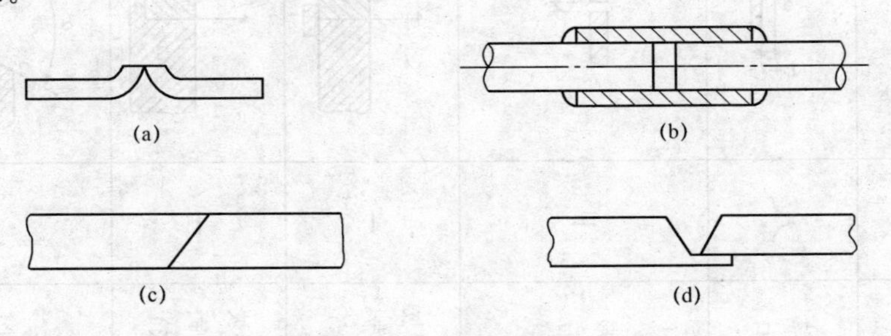

图 1-8　其他形式接头

(a)卷边接头；(b)套管接头；(c)斜对接接头；(d)锁底对接接头

关键细节 8　对接焊缝的选用

对接焊缝的基本形式可根据板厚和施工条件，并参照表 1-3 和表 1-4 进行选用。

表 1-3　单面对接焊坡口

mm

序号	母材厚度 t	坡口/接头种类	基本符号	横截面示意图	尺寸：坡口角 α 或坡口面角 β	尺寸：间隙 b	尺寸：钝边 c	尺寸：坡口深度 h	焊缝示意图	备注
1	≤2	卷边坡口	八	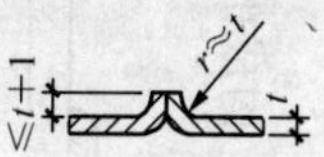	—	—	—	—		通常不填加焊接材料
2	≤4	I形坡口	‖	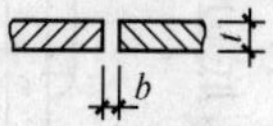	—	≈t	—	—		—
	3＜t≤8					3≤b≤8				必要时加衬垫
						≈t				
	≤15					≤1				
						0				
3	≤100	I形坡口（带衬垫）	—	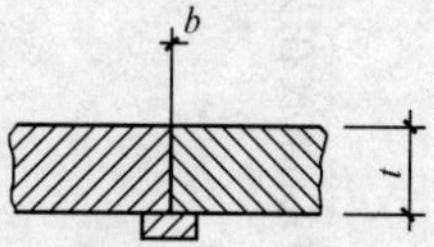	—	—	—	—	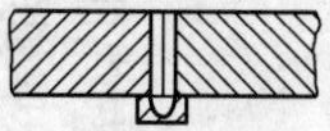	—
		I形坡口（带锁底）	—	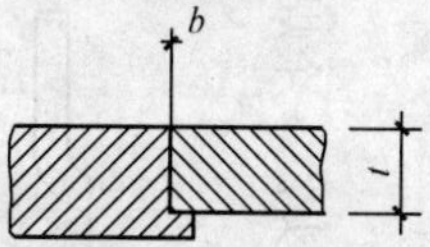					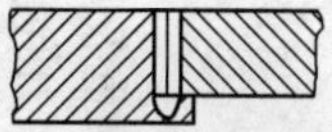	
4	3＜t≤10	V形坡口	V	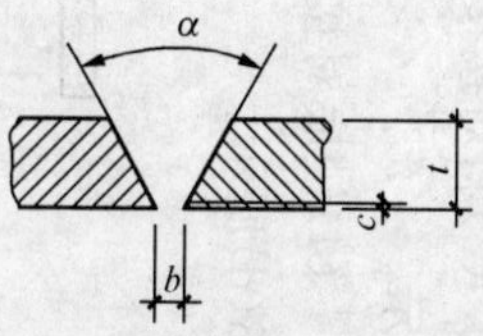	40°≤α≤60°	≤4	≤2	—		必要时加衬垫
	8＜t≤12				6°≤α≤8°	—				

（续一）

序号	母材厚度 t	坡口/接头种类	基本符号	横截面示意图	尺寸				焊缝示意图	备注
					坡口角 α 或坡口面角 β	间隙 b	钝边 c	坡口深度 h		
5	>16	陡边坡口		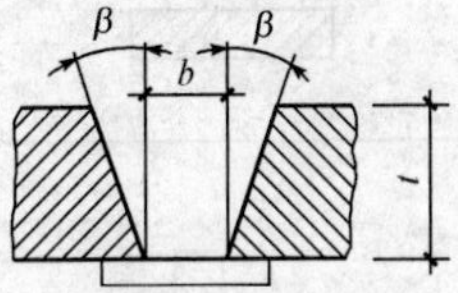	$5^\circ \leqslant \beta \leqslant 20^\circ$	$5 \leqslant b \leqslant 15$	—	—	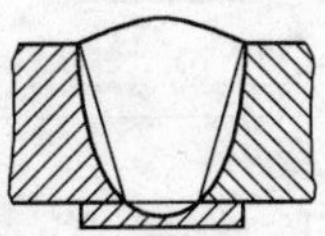	带衬垫
6	$5 \leqslant t \leqslant 40$	V形坡口（带钝边）		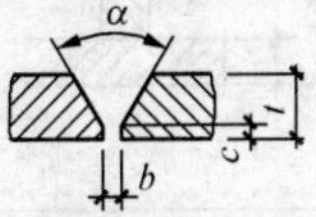	$\alpha \approx 60^\circ$	$1 \leqslant b \leqslant 4$	$2 \leqslant c \leqslant 4$	—		—
7	>12	U-V形组合坡口		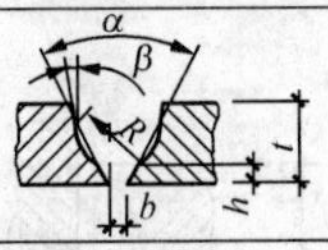	$60^\circ \leqslant \alpha \leqslant 90^\circ$ $8^\circ \leqslant \beta \leqslant 12^\circ$	$1 \leqslant b \leqslant 3$	—	≈ 4		$6 \leqslant R \leqslant 9$
8	>12	V-V形组合坡口		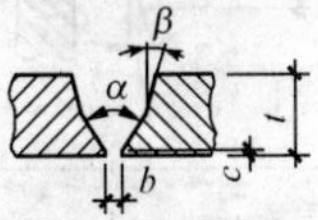	$60^\circ \leqslant \alpha \leqslant 90^\circ$ $10^\circ \leqslant \beta \leqslant 15^\circ$	$2 \leqslant b \leqslant 4$	>2	—		—
9	>12	U形坡口		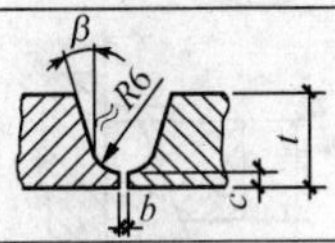	$8^\circ \leqslant \beta \leqslant 12^\circ$	$\leqslant 4$	$\leqslant 3$	—		—
10	$3 < t \leqslant 10$	单边V形坡口		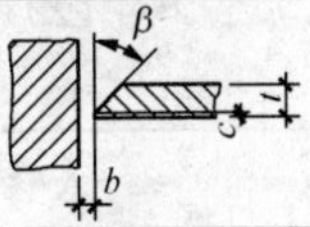 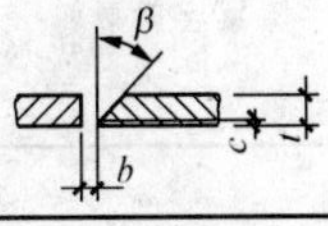	$15^\circ \leqslant \beta \leqslant 60^\circ$	$2 \leqslant b \leqslant 4$	$1 \leqslant c \leqslant 2$	—	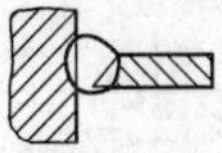 	—

（续二）

序号	母材厚度 t	坡口/接头种类	基本符号	横截面示意图	尺寸：坡口角 α 或坡口面角 β	尺寸：间隙 b	尺寸：钝边 c	尺寸：坡口深度 h	焊缝示意图	备注
11	＞16	单边陡边坡口		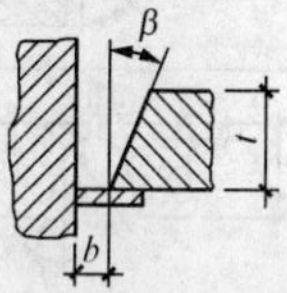	$15° \leqslant \beta \leqslant 60°$	$6 \leqslant b \leqslant 12$	—	—	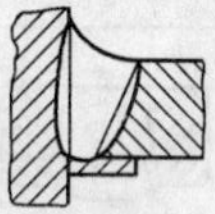	带衬垫
						≈ 12				
12	＞16	J形坡口		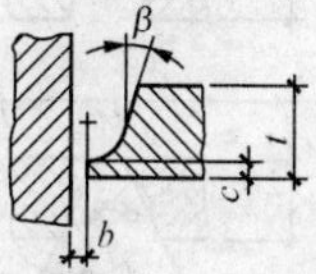	$10° \leqslant \beta \leqslant 20°$	$2 \leqslant b \leqslant 4$	$1 \leqslant c \leqslant 2$	—		—
13	≤15	T形接头		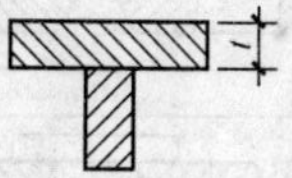	—	—	—	—		—
	≤100									
14	≤15	T形接头		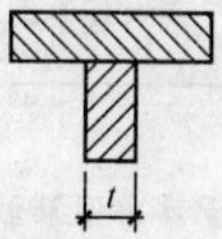	—	—	—	—	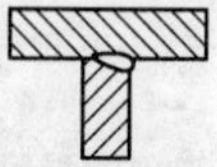	—
	≤100									

表 1-4　　双面对接焊坡口　　mm

序号	母材厚度 t	坡口/接头种类	基本符号	横截面示意图	尺寸：坡口角 α 或坡口面角 β	尺寸：间隙 b	尺寸：钝边 c	尺寸：坡口深度 h	焊缝示意图	备注
1	≤8	I形坡口	‖	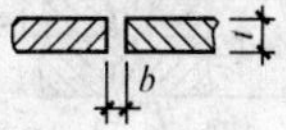	—	$\approx t/2$	—	—	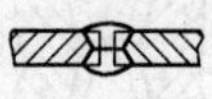	—
	≤15					0				
2	$3\leqslant t\leqslant 40$	V形坡口	V ◡	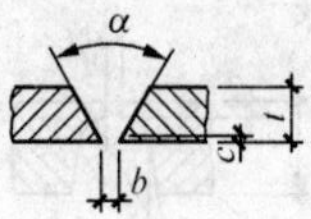	$\alpha\approx 60°$	≤3	≤2	—	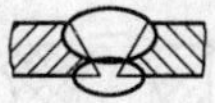	封底
					$40°\leqslant\alpha\leqslant 60°$					
3	>10	带钝边V形坡口	Y ◡	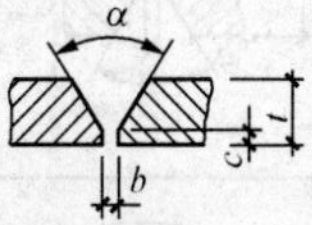	$\alpha\approx 60°$	$1\leqslant b\leqslant 3$	$2\leqslant c\leqslant 4$	—	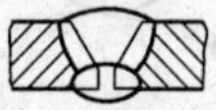	特殊情况下可适用更小的厚度和气保焊方法。注明封底
					$40°\leqslant\alpha\leqslant 60°$					
4	>10	双V形坡口（带钝边）	X	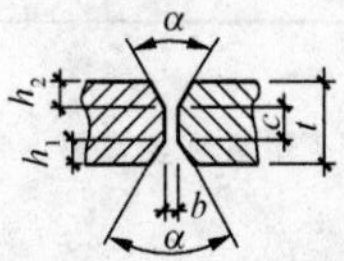	$\alpha\approx 60°$	$1\leqslant b\leqslant 4$	$2\leqslant c\leqslant 6$	$h_1=h_2=\frac{t-c}{2}$	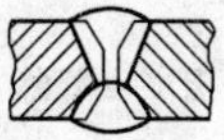	—
					$40°\leqslant\alpha\leqslant 60°$					

（续一）

序号	母材厚度 t	坡口/接头种类	基本符号	横截面示意图	尺寸：坡口角 α 或坡口面角 β	尺寸：间隙 b	尺寸：钝边 c	尺寸：坡口深度 h	焊缝示意图	备注
5	>10	双V形坡口	X	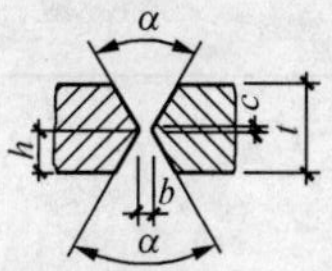	$\alpha\approx 60^\circ$ $40^\circ\leqslant\alpha\leqslant 60^\circ$	$1\leqslant b\leqslant 3$	$\leqslant 2$	$\approx t/2$		—
		非对称双V形坡口			$\alpha_1\approx 60^\circ$ $\alpha_2\approx 60^\circ$ $40^\circ\leqslant\alpha_1\leqslant 60^\circ$ $40^\circ\leqslant\alpha_2\leqslant 60^\circ$			$\approx t/3$		—
6	>12	U形坡口			$8^\circ\leqslant\beta\leqslant 12^\circ$	$1\leqslant b\leqslant 3$ $\leqslant 3$	≈ 5	—		封底
7	$\geqslant 30$	双U形坡口		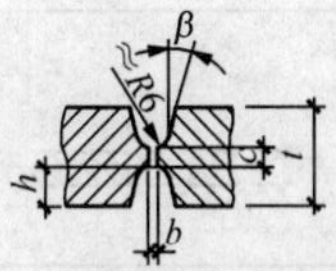	$8^\circ\leqslant\beta\leqslant 12^\circ$	$\leqslant 3$	≈ 3	$\approx\frac{t-c}{2}$		可制成与V形坡口相似的非对称坡口形式
8	$3\leqslant t\leqslant 30$	单边V形坡口		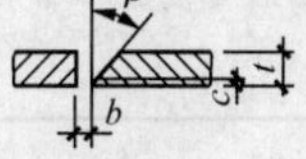	$35^\circ\leqslant\beta\leqslant 60^\circ$	$1\leqslant b\leqslant 4$	$\leqslant 2$	—		封底

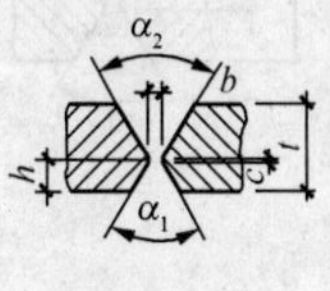

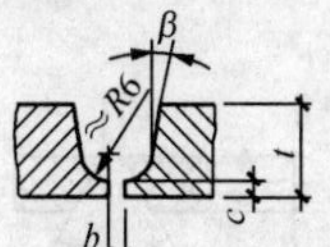

（续二）

序号	母材厚度 t	坡口/接头种类	基本符号	横截面示意图	尺寸				焊缝示意图	备注
					坡口角 α 或坡口面角 β	间隙 b	钝边 c	坡口深度 h		
9	>10	K形坡口			$35° \leqslant \beta \leqslant 60°$	$1 \leqslant b \leqslant 4$	$\leqslant 2$	$\approx t/2$ 或 $\approx t/3$		可制成与V形坡口相似的非对称坡口形式
10	>16	J形坡口			发 $10° \leqslant \beta \leqslant 20°$	$1 \leqslant b \leqslant 3$	$\geqslant 2$	—		封底
11	>30	双J形坡口			发 $10° \leqslant \beta \leqslant 20°$	$\leqslant 3$	$\geqslant 2$	$-\frac{t-c}{2}$		可制成与V形坡口相似的非对称坡口形式
							<2	$\approx t/2$		
12	$\leqslant 25$ $\leqslant 170$	T形坡口			—	—	—	—		—

二、焊接接头的组成

手工电弧焊接头的形成经历了加热、熔化、冶金反应、凝固结晶、固态相变，直至形成焊接接头。焊接接头包括焊缝、熔合区和热影响区，如图1-9所示。

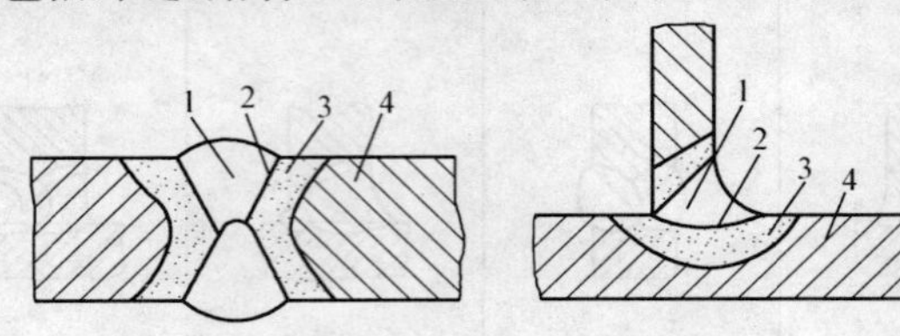

图1-9 手工电弧焊过程示意图

1—焊缝；2—熔合区；3—热影响区；4—母材

(1)焊缝。焊缝起着连接金属和传力的作用，它的力学性能取决于其成分和组织。按焊前准备和工作特性，焊缝可分为坡口焊缝和角焊缝两大类。

(2)熔合区。熔合区是接头中焊缝与焊接热影响区过渡的区域。该区很窄，低碳钢和低合金钢的熔合区为0.1～0.5mm，但却是接头中最薄弱的地带，许多焊接接头破坏的事故常因该处的某些缺陷引起，冷裂纹、脆性相、再热裂纹、奥氏体不锈钢的刀状腐蚀等均源于该区。

(3)热影响区。热影响区的宽度与焊接方法和焊接线能量大小有关。它的组织与性能变化与材料的化学成分、焊前的热处理状态及焊接热循环等因素有关。焊后热影响区有可能产生硬化和软化等现象不利于接头的力学性能。

关键细节9 焊件坡口加工方法的选用

利用机械(剪切、刨削或车削)、火焰或电弧(碳弧气刨)、专用坡口加工机加工等方法加工坡口的过程称为开坡口。开坡口使电弧能深入坡口根部，保证根部焊透，便于清渣，以获得较好的焊缝成形，还能调节焊缝金属中母材和填充金属的比例。

焊件坡口的加工方法，可根据焊接构件的尺寸、形状与加工条件选用。

(1)剪切。用于I形坡口的较薄钢板，用剪板机剪切后即可使用。

(2)刨削与车削。对有角度要求的坡口，可以在钢板下料后，采用刨床或刨边机对钢板边缘进行刨削；对圆形工件或管子开坡口，可以采用车床或管子坡口机、电动车管机等对其边缘进行车削。采用刨削与车削方法，可加工各种形式的坡口。

(3)铲削。用风铲铲坡口或挑焊根。

(4)氧乙炔焰切割。采用氧乙炔焰切割的方法可得到直线形与曲线形的任何角度的各类形坡口。它是应用较广的坡口加工方法，通常有手工切割、半自动切割及自动切割三种。由于手工切割的边缘尺寸及角度不太平整，所以多数采用自动切割和半自动切割。

(5)碳弧气刨。利用碳弧气刨枪对焊件坡口加工或挑焊根效率较高，尤其是在开U形坡口时更为明显。但因其需要用直流电源，刨割时烟雾大，应注意通风。

(6)专用坡口加工机加工。有平板直边坡口加工机和管接头坡口加工机，可分别加工平板边缘或管端的坡口。

关键细节 10　影响焊缝形状的焊接参数

影响焊缝形状的焊接参数主要包括焊接电流、电弧电压、焊接速度及其他焊接参数。

(1)焊接电流。当其他焊接参数不变，增大焊接电流时，焊缝厚度和余高都会增加，而焊缝宽度则几乎不变或略有增加。如果焊接电流过大，有可能出现漏焊或焊瘤缺陷。当焊接电流减小时，焊缝厚度会减小，焊接熔透性变差。

(2)电弧电压。当其他焊接参数不变，增大电弧电压，焊缝宽度显著增加，而焊缝厚度和余高则略有减小。

(3)焊接速度。当其他焊接参数不变，增大焊接速度时，由于在单位长度上输入热量的时间变短，输入的热量减少，导致焊缝的宽度和厚度下降。

(4)其他焊接参数。焊条电弧焊时，电源的极性、焊条的倾角大小、焊条的直径、上坡焊条电弧焊还是下坡焊条电弧焊、焊条药皮类型等都会对焊缝形状有一定的影响。

埋弧焊时，焊剂的粒度大小、上坡焊还是下坡焊、焊丝直径、焊丝类别、电源极性等会影响焊缝形状气体保护焊时，保护气体的成分、熔滴过渡形式、焊丝直径和电源极性等，这些都会影响焊缝形状。

关键细节 11　焊缝的质量检查要求

焊缝质量检查首先应根据施工图及说明文件规定的焊缝质量等级要求编制检查方案，由技术负责人批准并报监理工程师备案。检查方案应包括检查批的划分、抽样检查的抽样方法、检查项目、检查方法、检查时机及相应的验收标准等内容。

抽样检查的焊缝数不合格率小于2%时，该批验收应定为合格；不合格率大于5%时，该批验收应定为不合格；不合格率为2%～5%时，应加倍抽检，且必须在原不合格部位两侧的焊缝延长线各增加1处；在所有抽检焊缝中不合格率不大于3%时，该批验收应定为合格；大于3%时，该批验收应定为不合格。当批量验收不合格时，应对该批余下焊缝的全数进行检查。当检查出1处裂纹缺陷时，应加倍抽查；如在加倍抽检焊缝中未检查出其他裂纹缺陷，该批验收应定为合格；当检查出多处裂纹缺陷或加倍抽查又发现裂纹缺陷时，应对该批余下焊缝的全数进行检查。

(1)焊缝处的计数。工厂制作焊缝长度小于或等于1000mm时，每条焊缝为1处；长度大于1000mm时，将其划分为每300mm为1处；现场安装焊缝每条焊缝为1处。

(2)检验批的确定。

1)按焊接部位或接头形式分别组成批。

2)工厂制作焊缝可以同一工区(车间)按一定的焊缝数量组成批；多层框架结构可以每节柱的所有构件组成批。

3)现场安装焊缝可以区段组成批；多层框架结构可以每层(节)的焊缝组成批。

4)批的大小宜为300～600处。

5)抽样检查除设计指定焊缝外，应采用随机取样方式取样。

关键细节12 常见的焊缝缺陷

常见焊缝表面缺陷如图1-10所示。

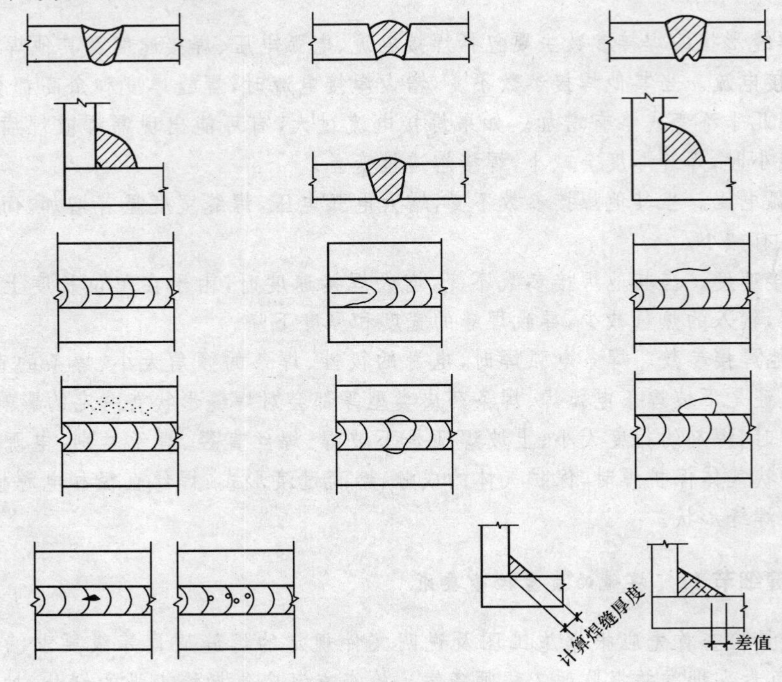

图1-10 焊缝表面缺陷示意图

三、焊接位置

手工电弧焊时，焊缝所处的空间位置称为焊接位置。按焊缝空间位置的不同，焊接可分为平焊、立焊、横焊、船形焊和仰焊等。

1. 平焊位置

焊缝倾角0°～5°，焊缝转角0°～10°的焊接位置称为平焊位置，如图1-11所示。在平焊位置的焊接称为平焊和平角焊。

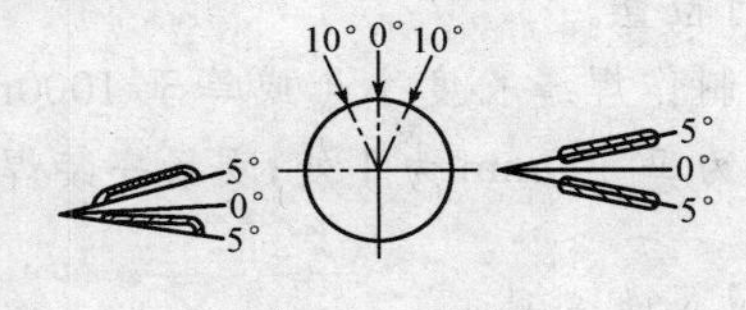

图1-11 平焊

2. 横焊位置

焊缝倾角为0°～5°，焊缝转角为70°～90°的焊接位置称为横焊位置，如图1-12(a)所示。在横焊位置进行的焊接称为横焊。焊缝倾角0°～5°，焊缝转角30°～55°的焊接位置称为角焊缝横焊位置。在角焊缝横焊位置进行的焊接称为横角焊，如图1-12(b)所示。

3. 立焊位置

焊缝倾角 80°～90°，焊缝转角 0°～180°的焊接位置称为立焊位置，如图 1-13 所示。在立焊位置进行的焊接称为立焊和立角焊。

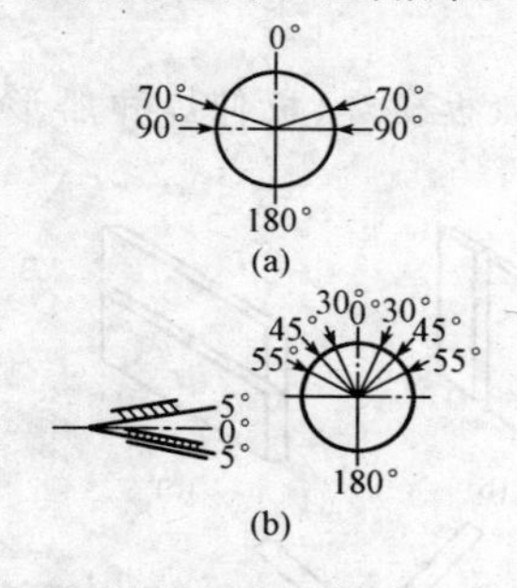

图 1-12　横焊

(a)横焊位置；(b)横角焊位置

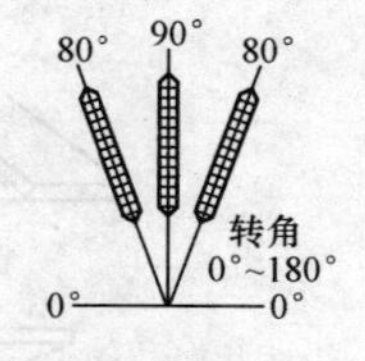

图 1-13　立焊

4. 仰焊位置

对接焊缝焊接时，焊缝倾角 0°～15°，焊缝转角 165°～180°的焊接位置，称为仰焊位置，如图 1-14(a)所示；角焊缝焊接时，焊缝倾角 0°～15°，焊缝转角 115°～180°的焊接位置，称为仰角焊位置，如图 1-14(b)所示。在仰焊位置进行的焊接称为仰焊和仰角焊。

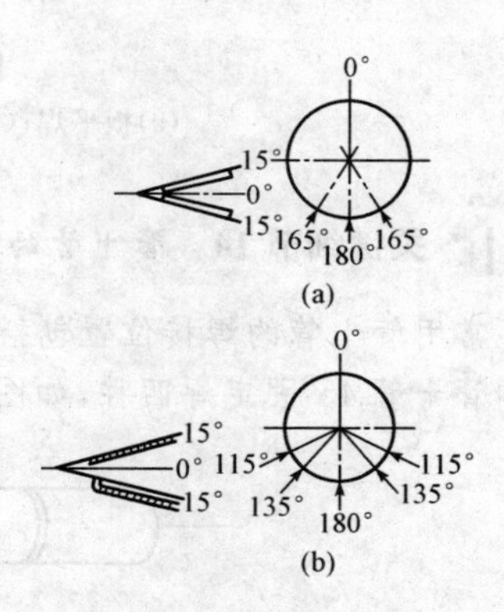

图 1-14　仰焊

(a)仰焊位置；(b)仰角焊位置

5. 船形焊

T 形、十字形和角接接头处于平焊位置进行的焊接，称为船形焊，如图 1-15 所示。这种焊接位置相当于在 90°角 V 形坡口内的水平对接焊。

6. 全方位焊接

水平固定管的对接焊缝，包括平焊、立焊和仰焊等焊接位置，类似这样的焊接位置施焊时，称为全位置焊接，如图 1-16 所示。

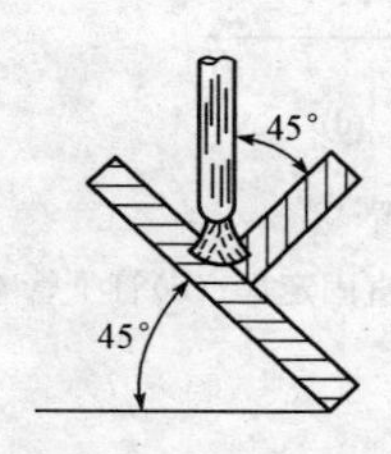

图 1-15　船形焊

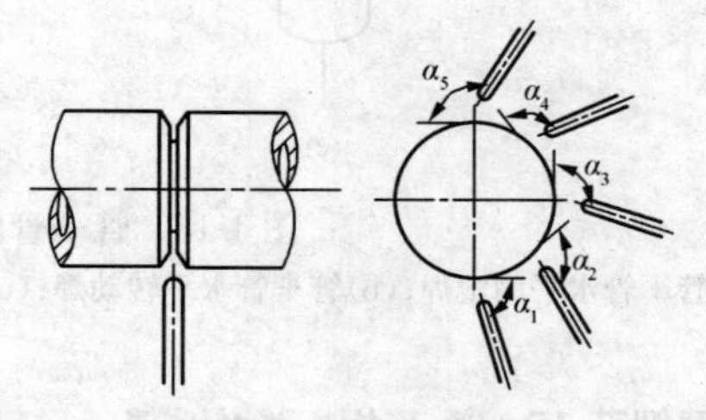

图 1-16　全位置焊接

在平焊位置施焊时，熔滴可借助重力落入熔池。熔池中气体、熔渣容易浮出表面。因此，平焊可以用较大电流焊接，生产率高，焊缝成形好，焊接质量容易保证。因此，一般应尽量在平焊位置施焊。当然,在其他位置施焊也能保证焊接质量,但对焊工操作技术要求较高。

关键细节 13 板＋板的焊接位置

常用的板＋板的焊接位置有板平焊、板立焊、板横焊、板仰焊和船形焊五种,如图 1-17 所示。

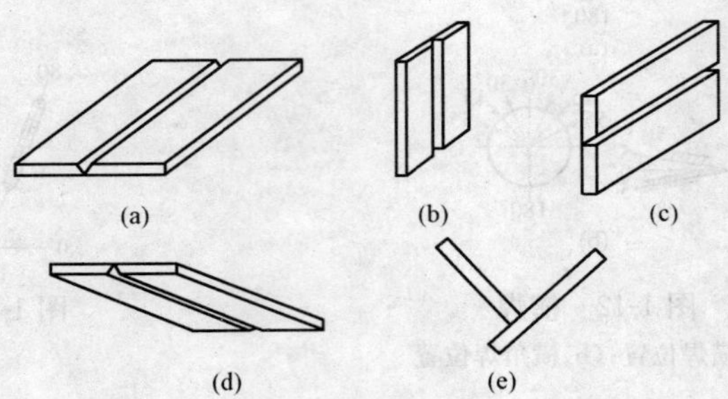

图 1-17 板＋板的焊接位置

(a)板平焊;(b)板立焊;(c)板横焊;(d)板仰焊;(e)船形焊

关键细节 14 管＋管的焊接位置

常用管＋管的焊接位置包括管＋管水平固定焊、管＋管水平转动焊、管＋管垂直固定焊和管＋管 45°固定焊四种,如图 1-18 所示。

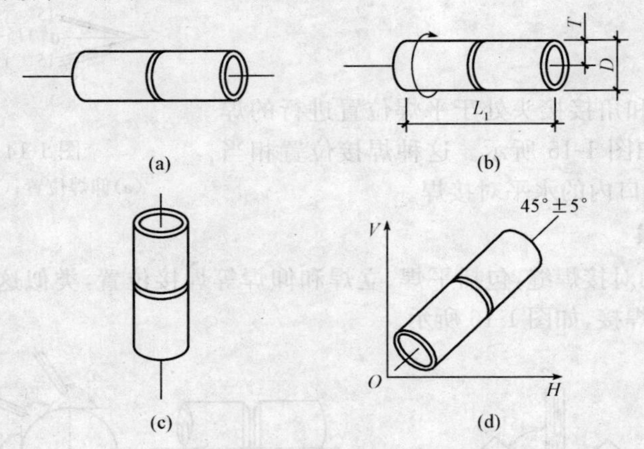

图 1-18 管＋管的焊接位置

(a)管＋管水平固定焊;(b)管＋管水平转动焊;(c)管＋管垂直固定焊;(d)管＋管 45°固定焊

关键细节 15 管＋板的焊接位置

常用管＋板的焊接位置包括管＋板垂直俯位焊、管＋板垂直仰位焊、管＋板水平固定焊和管＋板 45°固定焊四种,如图 1-19 所示。

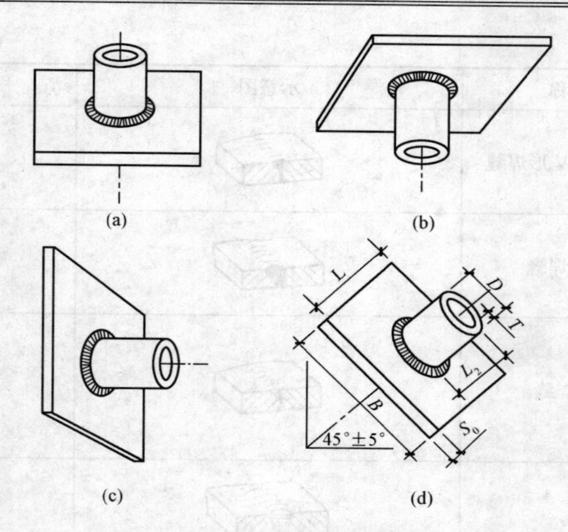

图 1-19　管＋板的焊接位置

(a)管＋板垂直俯位焊；(b)管＋板垂直仰位焊；(c)管＋板水平固定焊；(d)管＋板 45°固定焊

四、焊缝符号及其标注

在焊接图样上的焊接处应该标注焊缝符号，用以说明焊缝形式和焊接要求。焊缝符号一般由基本符号和指引线组成，有时还加入辅助符号、补充符号和焊接尺寸符号等。

1. 基本符号

基本符号表示焊接横截面的基本形式或特征，见表 1-5。

表 1-5　　基本符号

序号	名　　称	示意图	符　　号
1	卷边焊缝（卷边完全熔化）		八
2	I 形焊缝		‖
3	V 形焊缝		V
4	单边 V 形焊缝		レ
5	带钝边 V 形焊缝		Y

（续一）

序号	名　　称	示意图	符　　号
6	带钝边单边V形焊缝		
7	带钝边U形焊缝		
8	带钝边J形焊缝		
9	封底焊缝		
10	角焊缝		
11	塞焊缝或槽焊缝		
12	点焊缝		
13	缝焊缝		
14	陡边V形焊缝		
15	陡边单V形焊缝		
16	端焊缝		

（续二）

序号	名　称	示意图	符　号
17	堆焊缝		
18	平面连接（钎焊）		
19	斜面连接（钎焊）		
20	折叠连接（钎焊）		

2. 指引线

指引线一般由带箭头的指引线和两条基准线（一条为实线，另一条为虚线）两部分组成，如图 1-20 所示。

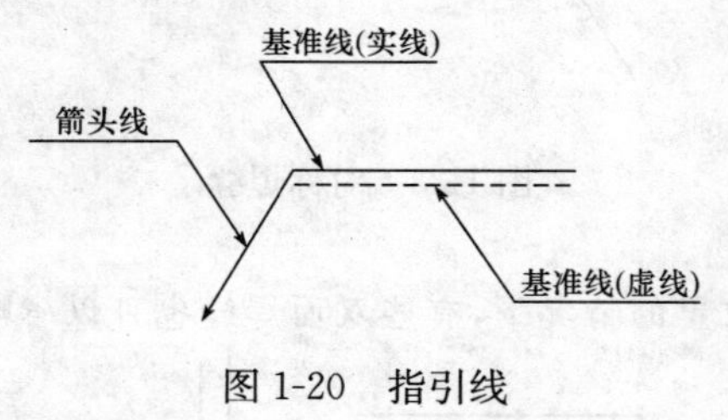

图 1-20　指引线

箭头线用来将整个焊缝指到图样上的焊缝处，箭头线相对焊缝的位置一般没有特殊要求，可位于接头的上、下或左右任一侧。单面焊时，焊缝可以在接头的箭头侧或非箭头侧。箭头应指向焊缝的正面或背面，但在标注 V、Y、J 形焊缝时，箭头线应指向带有坡口一侧的工件，必要时允许箭头线折弯一次。

基准线均应与图样的底边平行（特殊情况允许与底边相垂直），基准线的上下方用来加注各种符号和焊缝尺寸。虚线可画在基准线的实线下侧或上侧，标注对称焊缝或双面焊缝时，可不画虚线。

关键细节 16　焊缝基本符号的标注位置

（1）基本符号在实线侧时表示焊缝在箭头侧，如图 1-21 所示。

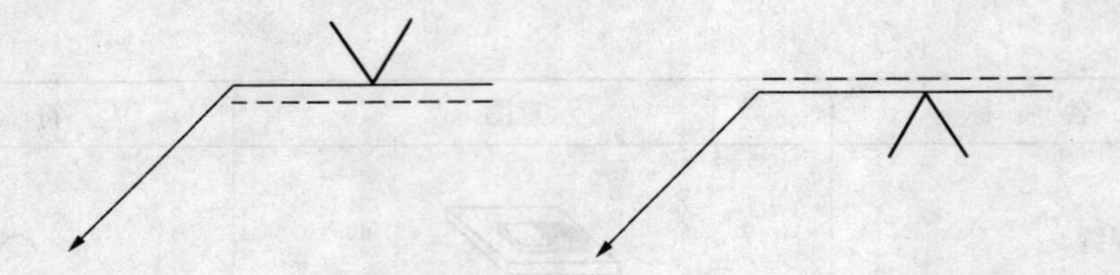

图 1-21　焊缝在接头的箭头侧

(2)基本符号在虚线侧时，表示焊缝在非箭头侧，如图 1-22 所示。

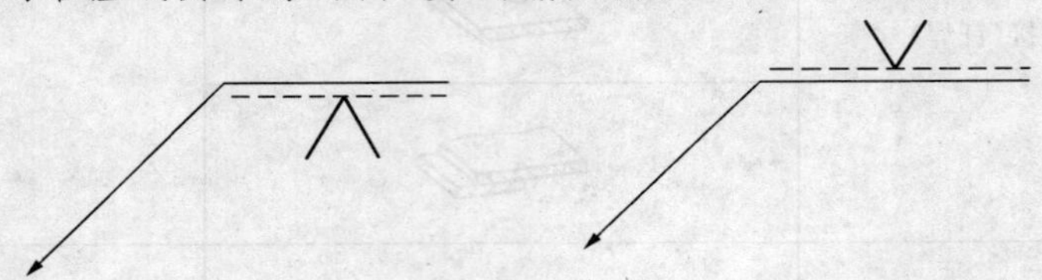

图 1-22　焊缝在接头的非箭头侧

(3)对称焊缝允许省略虚线，如图 1-23 所示。

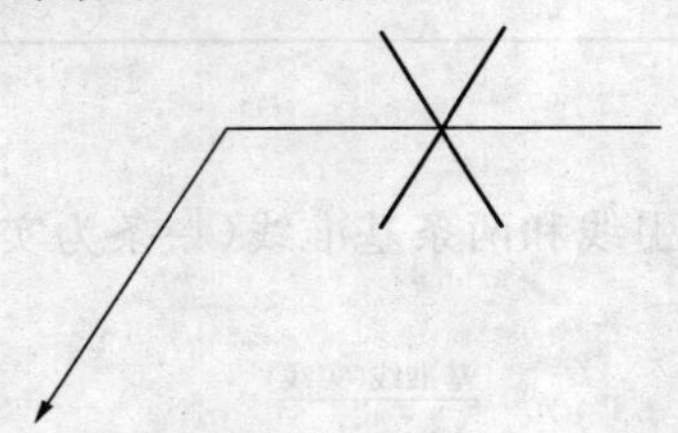

图 1-23　对称焊缝

(4)在明确焊缝分部位置的情况下，有些双面焊缝也可以省略虚线，如图 1-24 所示。

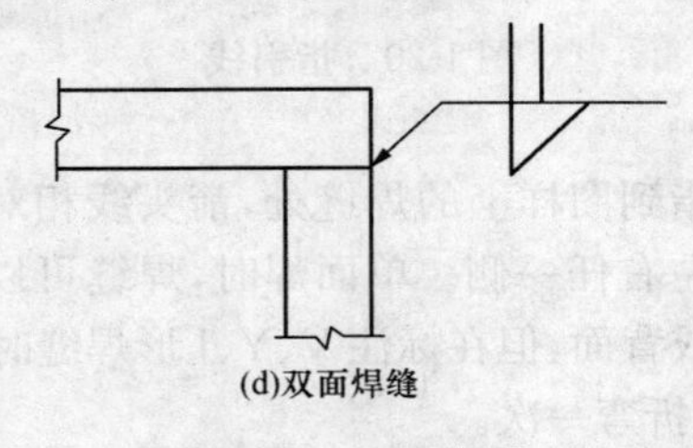

图 1-24　双面焊缝

关键细节 17　焊缝尺寸符号

焊缝尺寸一般不标注，如需要注明焊缝尺寸，其尺寸符号见表 1-6。焊缝尺寸符号标注时，应注意标注位置要正确。

表 1-6　焊缝尺寸符号

符号	名　称	示意图	符号	名　称	示意图
δ	工作厚度		c	焊缝宽度	
α	坡口角度		K	焊脚尺寸	
β	坡口面角度		d	点焊：熔核直径 塞焊：孔径	
b	根部间隙		n	焊缝段数	$n=2$
p	钝边		l	焊缝长度	
R	根部半径		e	焊缝间距	
H	坡口深度		N	相同焊缝数量	$N=3$
S	焊缝有效厚度		h	余高	

关键细节 18　焊缝尺寸标注原则

焊缝尺寸一般不标注，设计或生产需要注明焊缝尺寸时才标注，常用焊缝尺寸符号标注如图 1-25 所示，其各符号的含义见表 1-6。

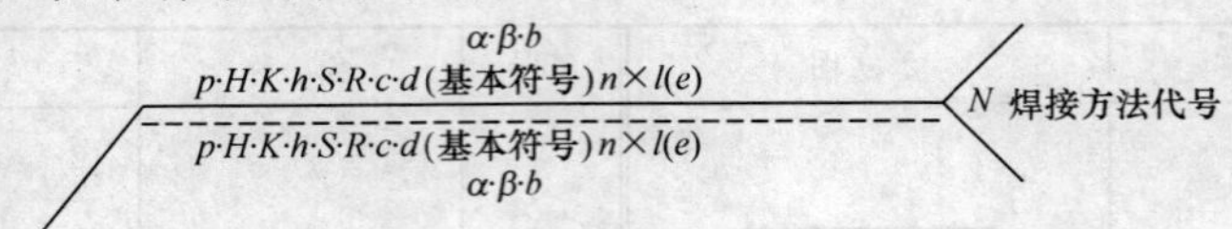

图 1-25　焊缝尺寸符号

焊缝尺寸符号及数据的标注原则如下：

(1)焊缝横截面上的尺寸标在基本符号的左侧。

(2)焊缝长度方向的尺寸标在基本符号的右侧。

(3)坡口角度 α、坡口面角度 β、根部间隙 b 标在基本符号的上侧或下侧。

(4)相同焊缝数量及焊接方法代号标在尾部。

(5)当尺寸较多不容易分辨时，可在尺寸数据线标注相应的尺寸符号。

第二章　焊接材料

第一节　焊　　条

一、焊条的组成

焊条由焊芯和药皮两部分组成，如图 2-1 所示。

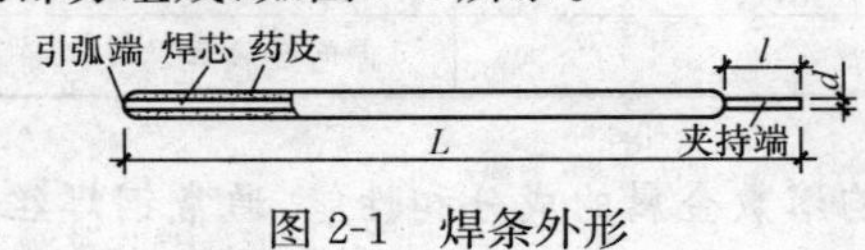

图 2-1　焊条外形

焊条长度 L 一般为 200～450mm，其一端为引弧端，药皮被去除一部分(一般将引弧端的药皮磨成一定的角度)，以使焊芯外露，便于引弧。焊条的另一端为夹持端。夹持端是一段长度为 15～25mm 的裸露焊芯，焊时夹持在焊钳上，在靠近夹持端的药皮上印有焊条牌号。焊条的断面形状一般为圆形。为了改善焊条工艺性能或获得特殊焊缝金属性能，有些焊条设计特殊的断面形状。

1. 焊芯

焊芯是一根实芯金属棒，焊接时作为电极传导焊接电流，使之与焊件之间产生电弧；同时在电弧热的作用下熔化过渡到焊件的熔池内，成为焊缝的填充金属。焊芯在焊接时有两个方面的作用：

(1)作为焊接时的电极，传导焊接电流，产生电弧。

(2)熔化后作为填充焊缝的金属，与母材一起组成焊缝金属。

钢焊条的焊芯采用专门的焊接用钢丝，焊条直径用焊丝直径来表示，一般有 1.6mm、2.0mm、2.5mm、3.2mm、4.0mm、5.0mm、6.0mm、8.0mm 等规格，长度为300～450mm。

2. 药皮

药皮是指涂敷在焊芯表面的有效成分，也称涂料。它是由矿石、铁合金、纯金属、化工物料和有机物的粉末混合均匀后粘结到焊芯上的。药皮的主要作用如下。

(1)改善焊条工艺性。如易于引弧，保持电弧稳定燃烧，利于焊缝成形，防止飞溅等。

(2)机械保护作用。药皮分解产生大量气体并形成熔渣，使熔化金属不被氧化，起着保护作用。

(3)冶金处理作用。通过冶金反应除去有害杂质并补充被烧损的有益的合金元素，改善焊缝质量和力学性能。

关键细节1　焊芯的化学成分

焊芯是从热轧盘条拉拔成形之后截取的，国家对焊接用的各种焊丝按不同金属材料和不同焊接方法，在化学成分上进行了统一规定，见表2-1。

表2-1　各类焊条用焊芯

焊条种类	所用焊芯
低碳钢焊条	低碳钢焊芯（H08A等）
低合金高强钢焊条	低碳钢或低合金钢焊芯
低合金耐热钢焊条	低碳钢或低合金钢焊芯
不锈钢焊条	不锈钢或低碳钢焊芯
堆焊焊条	低碳钢或合金钢焊芯
铸铁焊条	低碳钢、铸铁、非铁合金焊芯
有色金属焊条	有色金属焊芯

焊芯的成分将直接影响熔敷金属的成分和性能，通常钢焊丝是以有害杂质元素硫、磷的含量来划分质量等级的，如硫、磷等杂质含量越少质量越好。另外在保证焊缝强度的前提下，含碳量越少越好。

制造焊条时，选用何种钢丝作焊芯，由焊条配方设计确定，若按焊缝金属与母材同质的要求，则焊芯的成分大体与母材相近，再通过药皮成分进行调整。焊接碳钢和低合金钢时，通常选用低碳钢钢丝作为焊芯，其牌号为“H08A”或“H08E”。“H”表示焊条用钢丝的“焊”字汉语拼音的第一个字母；“08”表示焊芯中的平均含碳量为0.08%；“A”表示优质钢，“E”表示特级钢。

关键细节2　焊条药皮的组成与作用

焊条药皮是矿石粉末、铁合金粉、有机物和化工制品等原料按一定比例配制后压涂在焊芯表面上的一层涂料，各类焊条药皮的组分及作用如表2-2所示。

表2-2　焊条药皮的组分与作用

名称	组分	作用
稳弧剂	碳酸钾、碳酸钡、金红石、长石、钛铁矿、大理石等	使焊条容易引弧及在焊接过程中能保持电弧稳定燃烧
造液剂	大理石、白云石、菱苦土、长石、白泥、云母、石英砂、金红石、二氧化钛、钛铁矿、铁砂及冰晶石等	焊接时能形成具有一定物理化学性质的溶液，保护焊缝金属不受空气的影响，改善焊缝成形质量，保证熔融金属的化学成分
造气剂	大理石、白云石、菱苦土、碳酸钡、木粉、纤维素、淀粉及树脂等	在电弧高温作用下，能进行分解，放出气体，以保护电弧及溶液，防止周围空气中的氧和氢的侵入

（续）

名　称	组　分	作　用
脱氧剂	锰钛、硅钛、钛铁、铝粉、镁粉、铝镁合金、硅钙合金及石墨等	通过焊接过程中进行的化学冶金反应，降低焊缝金属中的含氧量，提高焊缝性能。与熔融金属中的氧作用，生成熔渣，浮出熔池
合金剂	锰铁、硅铁、铬铁、钼铁、磁铁、金属锰、镍粉、稀土硅铁等	补偿焊接过程中合金元素的烧损及向焊缝补充合金元素，保证焊缝金属获得必要的化学成分及性能等
增塑圆滑剂	云母、合成云母、滑石粉、白土、二氧化钛、白泥、木粉、膨润土、碳酸钠、海泡石、组云母等	增加药皮粉料在焊条压涂过程的塑性、滑性及流动性，提高焊条的涂压质量，减小偏心度
粘结剂	水玻璃、酚醛树脂等	使药皮粉料在压涂过程中具有一定的黏性，能与焊芯牢固粘接，并使焊条药皮在烘干后具有一定的强度

关键细节3　焊条的基本要求

(1)焊条的制作应满足接头的使用性能。焊条应使焊缝金属具有满足使用条件下的力学性能和其他物理化学性能的要求。对于结构钢用的焊条，必须使焊缝金属具有足够的强度和韧性；对于不锈钢和耐热钢用的焊条，要求焊缝金属具有必要的强度和韧性外，还要求有足够的耐蚀性和耐热性能，保证焊缝金属在工作期内的安全可靠。

(2)焊条的制作应满足焊接工艺性能。焊条应具有良好的抗裂性及抗气孔的能力，焊接过程应飞溅小、电弧稳定，且不易产生夹渣或焊缝成形不良等工艺缺陷，并能够适应各种位置的焊接需要。焊后脱渣性好，生产效率高。此外，还要求具有低烟尘和低毒等。

(3)焊条的制作应具有良好的内外质量。药皮粉末应混合均匀，与焊芯粘结牢靠，表面光洁、无裂纹、无脱落和气泡等缺陷；磨头、磨尾应圆整干净，尺寸符合要求，焊芯无锈，具有一定的耐湿性，有识别焊条的标志等。

(4)焊条制作还应控制制造成本。

二、焊条的分类

焊条种类繁多，在同一类型焊条中，根据不同特性分成不同的型号。某一型号的焊条可能有一个或几个品种。同一型号的焊条在不同的焊条制造厂往往采用不同的牌号。

焊条的分类方法很多，可以从不同的角度对焊条进行分类，不同国家焊条种类的划分，型号、牌号的编制方法等都有很大的差异。

(1)按焊条药皮的主要成分分类。按药皮主要成分可将焊条分为：不定型、氧化钛型、钛钙型、钛铁矿型、氧化铁型、纤维素型、低氢钾型、低氢钠型、石墨型和盐基型等。

(2)按熔渣的酸碱性分类。在实际生产中通常按熔渣的碱度(即熔渣中酸性氧化物和碱性氧化物的比例)将焊条分为酸性焊条和碱性焊条(又称低氢型焊条)两大类。熔渣以酸性氧化物为主的焊条称为酸性焊条;熔渣以碱性氧化物和氟化钙为主的焊条称为碱性焊条。

1)酸性焊条。熔渣中以酸性氧化物为主,氧化性强,合金元素烧损大,故焊缝的塑性和韧性不高,且焊缝中氢含量高,抗裂性差,掺合金作用弱,不宜焊接受动载荷和要求高强度的重要结构件。但酸性焊条具有良好的工艺性,对油、水、锈不敏感,交直流电源均可用,成本低,广泛用于一般结构件的焊接。

2)碱性焊条(低氢焊条)。药皮中碱性氧化物多,以萤石为主,并含较多铁合金,脱氧、除氢、渗金属作用强,与酸性焊条相比,其焊缝金属的含氢量较低,有益元素较多,有害元素较少,因此焊缝力学性能、塑性、韧性和抗裂性好,抗冲击能力强,但碱性焊条工艺性较差,电弧稳定性差,对油污、水、锈较敏感,抗气孔性能差,一般要求采用直流焊接电源,主要用于焊接重要的钢结构或合金钢结构。

关键细节4 同种材料焊接时选用焊条的基本原则

(1)焊接普通结构钢时,为了保证焊缝金属与母材具有相等的强度,应选用抗拉强度大于等于母材的焊条。

(2)焊接合金结构钢时,一般选用焊缝金属的主要合金成分与母材金属相同或相近的焊条。

(3)在被焊结构刚性大、接头应力高、焊缝容易产生裂纹的不利情况下,要选用比母材强度低一级的焊条。

(4)当母材中碳、硫、磷等元素的含量偏高时,为防止焊缝产生裂纹,应选用抗裂性能好的低氢焊条。

(5)在非正常温度(高温或低温)条件下工作时,应选用相应的耐热钢或低温钢焊条。

(6)接触腐蚀介质时,应选用与腐蚀介质相应的不锈钢类焊条或其他耐腐蚀焊条。

(7)在焊接承受动载荷和冲击载荷的工件时,应选用冲击韧度和塑性较高的低氢焊条。

(8)在没有直流电源,而焊接结构又要求必须使用低氢焊条的场合,应选用交直流两用低氢焊条。

(9)在狭小或通风条件差的场合,选用酸性焊条或低尘焊条。

(10)对受条件限制不能翻转的工件,有些焊缝处于非平焊位置,选用全位置焊接焊条。

(11)对焊接部位难以清理干净的工件,应选用氧化性强,对铁锈、氧化皮、油污不敏感的酸性焊条。

关键细节5 不锈钢材料焊接时选用焊条的基本原则

不锈钢材料焊接时焊条的选用应与母材成分相同或相近,主要按介质和工作温度来选择焊条。

(1)工作温度在300℃以上,有较强腐蚀性介质,需选用含Ti或Nb稳定性元素或超低碳不锈钢焊条;对含有稀硫酸或盐酸的介质,应选用含Mo和Cu的不锈钢焊条。

(2)在常温下工作且环境腐蚀性较弱时,可采用不含Ti或Nb的不锈钢焊条。

(3)熔敷金属的含碳量对不锈钢的耐蚀性有很大的影响,一般选用含碳量不高于母材的不锈钢焊条或选用超低碳不锈钢焊条。

(4)不锈钢焊条通常有钛钙型和低氢型两种。钛钙型药皮的焊条不适合用于全位置焊接,只适宜平焊和平角焊,低氢型药皮的焊条可用于全位置焊接。

关键细节6　*异种钢焊接时选用焊条的基本原则*

(1)强度级别不同的碳钢与低合金钢(或低合金钢与低合金高强钢)焊接时,要求焊缝金属或接头的强度不低于两种被焊金属的最低强度,选用的焊条熔敷金属的强度应能保证焊缝及接头的强度不低于强度较低的母材强度,同时焊缝金属的塑性和冲击韧度应不低于强度较高而塑性较差母材性能。因此,选择焊条时应选择两者之中强度级别较低的钢材用焊条。

(2)低合金钢与奥氏体不锈钢焊接时,应按照对熔敷金属化学分限定的数值来选用焊条,选用铬和镍含量较高且塑性和抗乏较好的Cr25—Ni13型奥氏体钢焊条。

(3)不锈钢复合钢板焊接时,应考虑对基层、复层、过渡层自接要求,选用三种不同性能的焊条。

1)对基层(碳钢或低合金钢)自接,选用相应强度等级的结构钢焊条;

2)复层直接与腐蚀介质接触,选用相应成分的奥氏体不锈钢焊条;

3)过渡层的焊接,必须考虑基体材料的稀释作用,应选用铬和镍含量较高、塑性和抗裂性好的Cr25—Ni13型奥氏体钢焊条。

三、常用焊条的牌号和型号

1. 焊条牌号

焊条牌号一般由焊条制造厂制定,按焊条的主要用途及性能特点来命名,从1968年起焊条行业开始采用统一牌号。凡属于同一药皮类型,符合相同焊条型号,性能相似的产品统一命名为一个牌号。目前,除焊条生产厂研制的新焊条可自取牌号外,焊条牌号绝大部分已在全国统一。所有牌号都必须在产品样本或标签上注明该产品是"符合国标GB××型"或"相当国标GB××型"或不加标注(即与国标不符),以便用户结合产品性能要求,对照标准去选用。

焊条牌号是用一个汉语拼音字母或汉字与三位数字来表示,拼音字母或汉字表示焊条各大类,后面的三位数字中,字母后面的第1、第2位数字表示各大类中的若干小类,第3位数字表示各种焊条牌号的药皮类型及焊接电源种类,其含义见表2-3。第3位数字后面按需要可加注字母符号表示焊条的特殊性能和用途,见表2-4。

表 2-3　　焊条牌号第三位数字的含义

<table>
<tr><th>焊条牌号</th><th>药皮类型</th><th>焊接电源种类</th></tr>
<tr><td>□××0</td><td>不定型</td><td>不规定</td></tr>
<tr><td>□××1</td><td>氧化钛型</td><td rowspan="6">交流或直流</td></tr>
<tr><td>□××2</td><td>钛钙型</td></tr>
<tr><td>□××3</td><td>钛铁矿型</td></tr>
<tr><td>□××4</td><td>氧化钛型</td></tr>
<tr><td>□××5</td><td>纤维素型</td></tr>
<tr><td>□××6</td><td>低氢钾型</td></tr>
<tr><td>□××7</td><td>低氢钠型</td><td>直流</td></tr>
<tr><td>□××8</td><td>石墨型</td><td>交流或直流</td></tr>
<tr><td>□××9</td><td>盐基型</td><td>直流</td></tr>
</table>

注：1. 表中□表示焊条牌号中的拼音字母或汉字。
　　2. "××"表示牌号中的前两位数字。

表 2-4　　焊条牌号后面加注字母符号的含义

字母符号	含　义
D	底层焊条
DF	低尘低毒(低氟)焊条
Fe	铁粉焊条
Fe13	铁粉焊条，其名义熔敷率130%
Fe18	铁粉焊条，其名义熔敷率180%
G	高韧性焊条
GM	盖面焊条
GR	高韧性压力用焊条
H	超低氢焊条
LMA	低吸潮焊条
R	压力容器用焊条
RH	高韧性低氢焊条
SL	渗铝钢焊条
X	向下立焊用焊条
XG	管子用向下立焊用焊条
Z	重力焊条
Z15	重力焊条，其名义熔敷率150%
CuP	含Cu和P的耐大气腐蚀焊条
CrNi	含Cr和Ni的耐海水腐蚀焊条

(1)结构钢焊条。结构钢焊条包括碳钢和低合金高强钢用的焊条。牌号首位字母“J”或汉字“结”字表示结构钢焊条;后面第1、第2位数字表示熔敷金属抗拉强度的最小值(kgf/mm^2),第3位数字表示药皮类型和焊接电源,如图2-2所示。

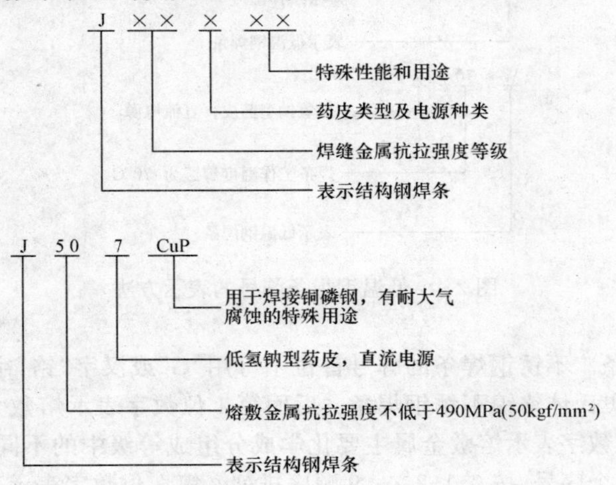

图2-2 结构钢焊条牌号的表示方法

(2)钼和铬钼耐热钢焊条。钼和铬钼耐热钢焊条的牌号首位字母用“R”或汉字“热”字表示。第1位数字表示熔敷金属主要化学成分组成等级,第2位数字表示熔敷金属主要化学成分组成等级中的不同牌号,同一组成等级的焊条,可有10个序号,按0,1,2,…,9顺序排列。第3位数字表示药皮类型和电源种类,见图2-3。

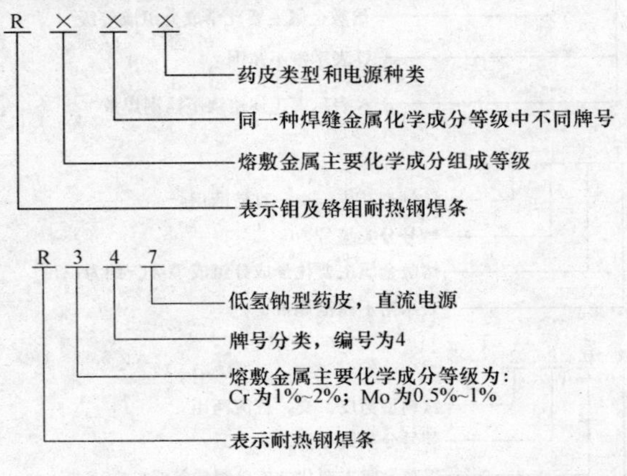

图2-3 钼和铬钼耐热钢焊条牌号的表示方法

(3)低温钢焊条。低温钢焊条牌号的牌号首字母用“W”或汉字“温”字表示,后面两位数字表示焊接工作温度级别。第3位数字表示药皮类型和焊接电源种类,见图2-4。

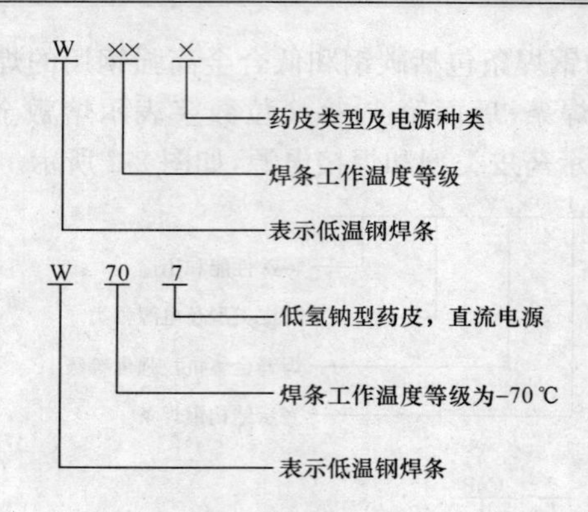

图 2-4 低温钢焊条牌号的表示方法

(4)不锈钢焊条。不锈钢焊条的牌号首位字母用“G”或汉字“铬”字表示，如果为“A”或汉字“奥”，表示奥氏体铬镍不锈钢焊条。后面第1位数字表示熔敷金属主要化学成分组成等级。第2位数字表示熔敷金属主要化学成分组成等级中的不同牌号，同一组成等级的焊条，可有10个序号，按0，1，2，…，9顺序排列。第3位数字表示药皮类型和电源种类，见图2-5。

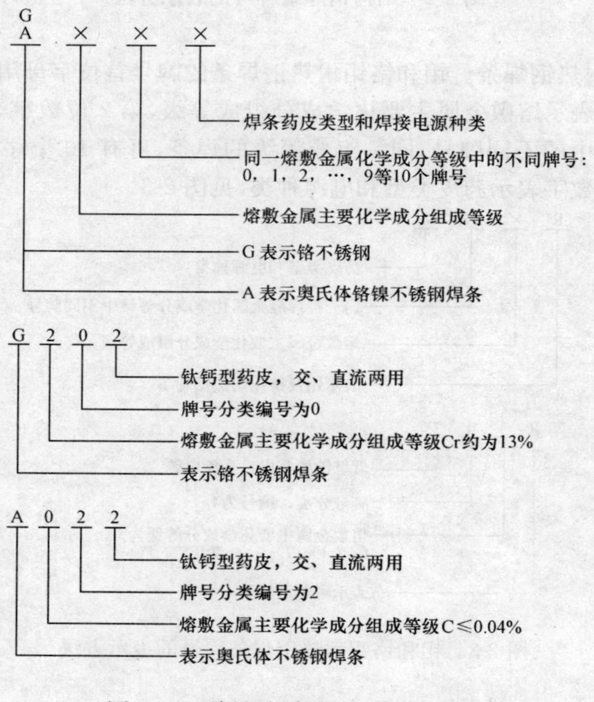

图 2-5 不锈钢焊条牌号的表示方法

(5)堆焊焊条。堆焊焊条的牌号首位字母用“D”或汉字“堆”字表示。后面第1位数字表示焊条的主要用途，组织或熔敷金属主要成分。第2位数字表示同一主要成分中的不同牌号，同一组成等级的焊条可有10个序号，按0，1，2，…，9顺序排列。第3位数字表示药皮类型和电源种类，见图2-6。

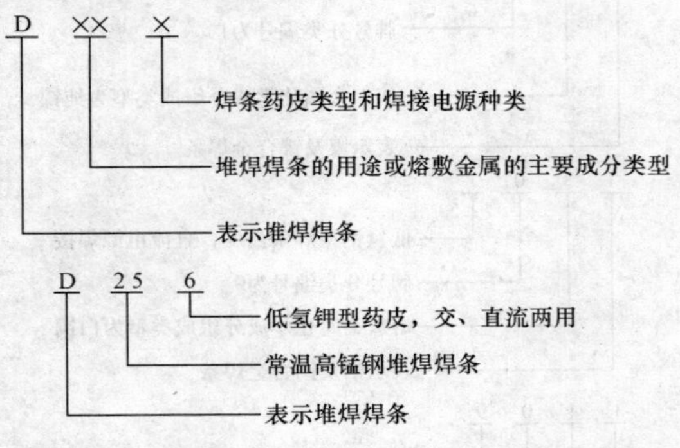

图2-6　堆焊焊条牌号的表示方法

(6)铸铁焊条。铸铁焊条的牌号首位字母用“Z”或汉字“铸”字表示，后面第1位数字表示熔敷金属化学成分组成类型。第2位数字表示同一主要成分组成在类型中的不同编号，有10个序号，按0，1，2，…，9顺序排列。第3位数字表示药皮类型和电源种类，见图2-7。

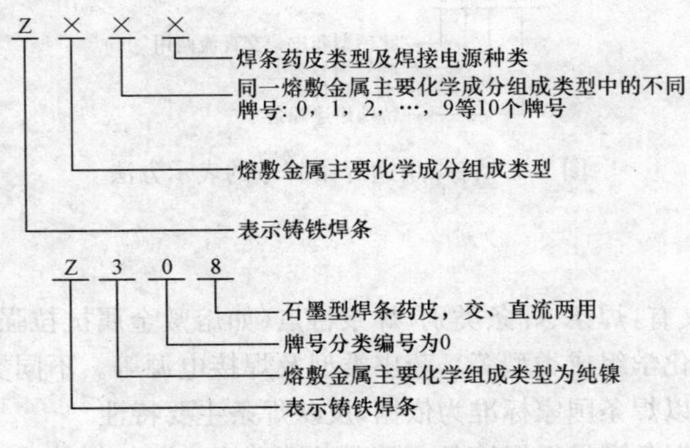

图2-7　铸铁焊条牌号的表示方法

(7)有色金属焊条。有色金属焊条包括镍及镍合金焊条、铜及铜合金焊条和铝及铝合金焊条的牌号。牌号首位字母分别用“Ni”或汉字“镍”字、“T”或汉字“铜”和“L”或汉字“铝”表示。后面第1位数字表示熔敷金属主要化学成分组成类型，第2位数字表示熔敷金属主要化学成分组成等级的不同牌号，同一组成等级的焊条可有10个序号，按0，1，2，…，9顺序排列。第3位数字表示药皮类型和电源种类，见图2-8。

(8)特殊用途焊条。特殊用途焊条牌号的首位以字母“TS”或汉字“特”表示，后面第1位数字表示用途。第2位数字表示同一用途的不同编号。第3位数字表示药皮类型和电源种类，见图2-9。

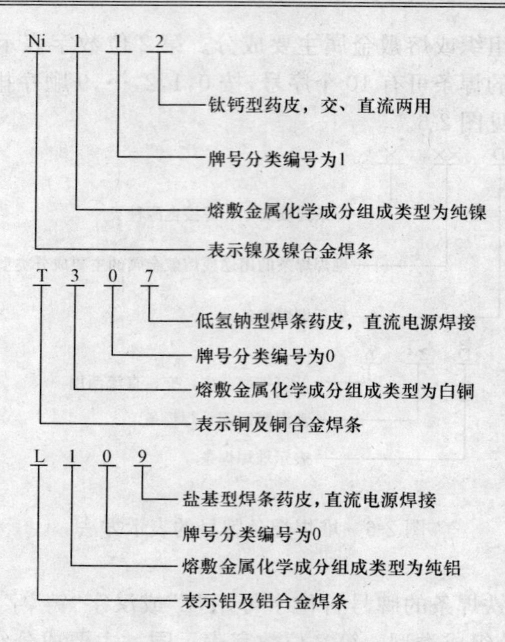

图 2-8　有色金属焊条牌号的表示方法

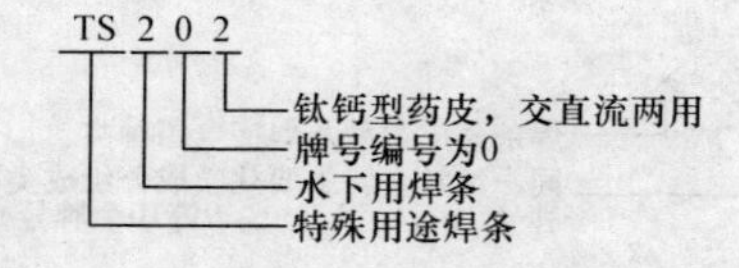

图 2-9　特殊用途焊条牌号的表示方法

2. 焊条型号

焊条型号的含义有：焊条、焊条类别、焊条特点（如熔敷金属抗拉强度、使用温度、焊芯金属类型、熔敷金属化学组成类型等）、药皮类型及焊接电源等。不同类型的焊条，其型号表示方法不同，一般以焊条国家标准为依据，反映焊条主要特性。

(1)碳钢焊条。焊条型号根据熔敷金属的力学性能、药皮类型、焊接位置和焊接电流种类划分见表 2-5，表示方法见图 2-10。

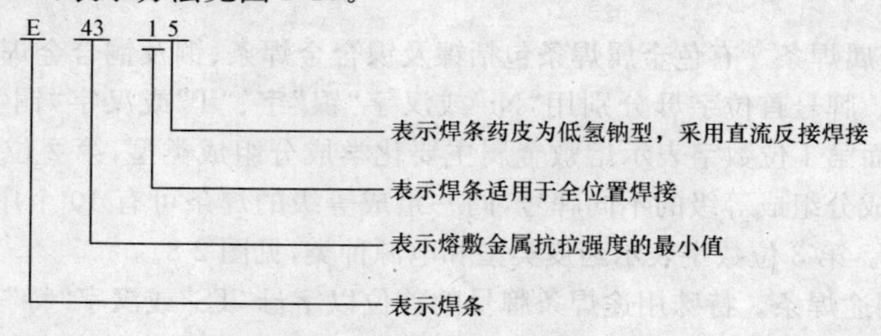

图 2-10　碳钢焊条型号的表示方法

表 2-5　　碳钢焊条型号划分

焊条型号	药皮类型	焊接位置	电流各类
E43 系列——熔敷金属抗拉强度≥420MPa(43kgf/mm²)			
E4300	特殊型	平、立、仰、横	交流或直流正、反接
E4301	钛铁矿型		
E4303	钛钙型		
E4310	高纤维素钠型		直流反接
E4311	高纤维素钾型	平、立、仰、横	交流或直流反接
E4312	高钛钠型		交流或直流正接
E4313	高钛钾型		交流或直流正、反接
E4315	低氢钠型		直流反接
E4316	低氢钾型		交流或直流反接
E4320	氧化铁型	平	交流或直流正、反接
		平角焊	交流或直流正接
E4322		平	交流或直流正接
E43 系列——熔敷金属抗拉强度≥420MPa(43kgf/mm²)			
E4323	铁粉钛钙型	平、平角焊	交流或直流正、反接
E4324	铁粉钛型		
E4327	铁粉氧化铁型	平	交流或直流正、反接
		平角焊	交流或直流正接
E4328	铁粉低氢型	平、平角焊	交流或直流反接
E50 系列——熔敷金属抗拉强度≥490MPa(50kgf/mm²)			
E5001	钛铁矿型	平、立、仰、横	交流或直流正、反接
E5003	钛钙型		
E5010	高纤维素钠型		直流反接
E5011	高纤维素钾型		交流或直流反接
E5014	铁粉钛型		交流或直流正、反接
E5015	低氢钠型		直流反接
E5016	低氢钾型		交流或直流反接
E5018	铁粉低氢钾型		
E5018M	铁粉低氢型		直流反接
E5023	铁粉钛钙型	平、平角焊	交流或直流正、反接
E5024	铁粉钛型		交流或直流正、反接
E5027	铁粉氯化铁型	平、平角焊	交流或直流正接
E5028	铁粉低氢型		交流或直流反接
E5048		平、仰、横、立向下	

注：1. 焊接位置：平—平焊；立—立焊；横—横焊；仰—仰焊；平角焊—水平角焊；立向下—立向下焊。

2. E4322 型焊条适宜单道焊。

3. 直径不大于 4.0mm 的 E5014、E5015、E5016、E5018 焊条以及直径不大于 5.0mm 的其他型号焊条，可适用于立焊和仰焊。

焊条型号编制方法如下：字母“E”表示焊条；前两位数字表示熔敷金属抗拉强度的最小；第3位数字表示焊条的焊接位置。“0”及“1”表示焊条适用于全位置焊接（平、立、仰、横），“2”表示焊条适用于平焊及平面焊，“4”表示焊条适用于向下立焊；第3位和第4位数组合时表示焊接电流种类及药皮类型。在第四位数字后附加“R”表示耐吸潮焊条；附加“M”表示耐吸潮和力学性能有特殊规定的焊条；附加“-1”表示冲击性能有特殊规定的焊条。

(2)低合金钢焊条。焊条根据熔敷金属的力学性能、化学成分、药皮类型、焊接位置及电流种类划分型号，见表2-6和图2-11。

焊条型号编制方法如下：字母“E”表示焊条；前两位数字表示熔敷金属抗拉强度的最小值；第3位数字表示焊条的焊接位置，“0”及“1”表示焊条适用于全位置焊接（平焊、立焊、仰焊及横焊），“2”表示焊条适用于平焊及平角焊；第3位和第4位数字组合时表示焊接电流种类及药皮类型；后缀字母为熔敷金属的化学成分分类代号，并以短画“—”与前面数字分开，若还具有附加化学成分时，附加化学成分直接用元素符号表示，并以短画“—”与前面后缀字母分开。对于E50××—×、E55××—×、E60××—×型低氢焊条的熔敷金属化学成分分类后缀字母或附加化学成分后面加字母“r”时，表示耐吸潮焊条。

表2-6　　低合金钢焊条型号划分

<table>
<tr><th>焊条型号</th><th>药皮类型</th><th>焊接位置</th><th>电流种类</th></tr>
<tr><td colspan="4">E50系列——熔敷金属抗拉强度≥490MPa(50kgf/mm²)</td></tr>
<tr><td>E5003—×</td><td>钛钙型</td><td rowspan="6">平、立、仰、横</td><td>交流或直流正、反接</td></tr>
<tr><td>E5010—×</td><td>高纤维素钠型</td><td>直流反接</td></tr>
<tr><td>E5011—×</td><td>高纤维素钾型</td><td>交流或直流反接</td></tr>
<tr><td>E5015—×</td><td>低氢钠型</td><td>直流反接</td></tr>
<tr><td>E5016—×</td><td>低氢钾型</td><td rowspan="2">交流或直流反接</td></tr>
<tr><td>E5018—×</td><td>铁粉低氢型</td></tr>
<tr><td rowspan="2">E5020—×</td><td rowspan="2">高氧化铁型</td><td>平角焊</td><td>交流或直流正接</td></tr>
<tr><td>平</td><td>交流或直流正、反接</td></tr>
<tr><td rowspan="2">E5027—×</td><td rowspan="2">铁粉氧化铁型</td><td>平角焊</td><td>交流或直流正接</td></tr>
<tr><td>平</td><td>交流或直流正、反接</td></tr>
<tr><td colspan="4">E55系列——熔敷金属抗拉强度≥540MPa(55kgf/mm²)</td></tr>
<tr><td>E5500—×</td><td>特殊型</td><td rowspan="8">平、立、仰、横</td><td rowspan="2">交流或直流正、反接</td></tr>
<tr><td>E5503—×</td><td>钛钙型</td></tr>
<tr><td>E5510—×</td><td>高纤维素钠型</td><td>直流反接</td></tr>
<tr><td>E5511—×</td><td>高纤维素钾型</td><td>交流或直流反接</td></tr>
<tr><td>E5513—××</td><td>高钛钾型</td><td>交流或直流正、反接</td></tr>
<tr><td>E5515—×</td><td>低氢钠型</td><td>直流反接</td></tr>
<tr><td>E5516—×</td><td>低氢钾型</td><td rowspan="2">交流或直流反接</td></tr>
<tr><td>E5518—×</td><td>铁粉低氢型</td></tr>
</table>

（续）

焊条型号	药皮类型	焊接位置	电流种类
E60 系列——熔敷金属抗拉强度≥590MPa(60kgf/mm^2)			
E6000—×	特殊型	平、立、仰、横	交流或直流正、反接
E6010—×	高纤维素钠型		直流反接
E6011—×	高纤维素钾型		交流或直流反接
E6013—×	高钛钾型		交流或直流正、反接
E6015—×	低氢钠型		直流反接
E6016—×	低氢钾型		交流或直流反接
E6018—×	铁粉低氢型		
E70 系列——熔敷金属抗拉强度≥690MPa(70kgf/mm^2)			
E7010—×	高纤维素钠型	平、立、仰、横	直流反接
E7011—×	高纤维素钾型		交流或直流反接
E7013—×	高钛钾型		交流或直流正、反接
E7015—×	低氢钠型		直流反接
E7016—×	低氢钾型		交流或直流反接
E7018—×	铁粉低氢型		
E75 系列——熔敷金属抗拉强度≥740MPa(75kgf/mm^2)			
E7515—×	低氢钠型	平、立、仰、横	直流反接
E7516—×	低氢钾型		交流或直流反接
E7518—×	铁粉低氢型		
E80 系列——熔敷金属抗拉强度≥780MPa(80kgf/mm^2)			
E8015—×	低氢钠型	平、立、仰、横	直流反接
E8016—×	低氢钾型		交流或直流反接
E8018—×	铁粉低氢型		
E85 系列——熔敷金属抗拉强度≥830MPa(85kgf/mm^2)			
E8515—×	低氢钠型	平、立、仰、横	直流反接
E8516—×	低氢钾型		交流或直流反接
E8518—×	铁粉低氢型		
E90 系列——熔敷金属抗拉强度≥880MPa(90kgf/mm^2)			
E9015—×	低氢钠型	平、立、仰、横	直流反接
E9016—×	低氢钾型		交流或直流反接
E9018—×	铁粉低氢型		
E100 系列——熔敷金属抗拉强度≥980MPa(100kgf/mm^2)			
E10015—×	低氢钠型	平、立、仰、横	直流反接
E10016—×	低氢钾型		交流或直流反接
E10018—×	铁粉低氢型		

注：1. 后缀字母 X 代表熔敷金属化学成分分类代号，如 A1、B1、B2 等（表 2-7）。

2. 焊接位置栏中文字含义：平——平焊；立——立焊；仰——仰焊；横——横焊；平角焊——水平角焊。

3. 表中立和仰是指适用于立焊和仰焊的直径不大于 4.0mm 的 EXX15—×、EXX16—×及 EXX18—×型及直径不大于 5.0mm 的其他型号焊条。

表 2-7　低合金钢焊条化学成分　%

焊条型号	化学成分												
	C	Mn	P	S	Si	Ni	Cr	Mo	V	Nb	W	B	Cu
碳钼钢焊条													
E5010—A1	0.12	0.60	0.035	0.035	0.40	—	—	0.40～0.65	—	—	—	—	—
E5011—A1													
E5003—A1													
E5015—A1		0.90			0.60								
E5016—A1													
E5018—A1					0.80								
E5020—A1		0.60			0.40								
E5027—A1		1.00											
E5500—B1	0.05～0.12	0.90			0.60		0.40～0.65	0.40～0.65	—	—	—	—	
E5503—B1													
E5515—B1													
E5516—B1													
E5518—B1					0.80								
E5515—B2					0.60		0.80～1.50		—				
E5515—B2L	0.05				1.00								
E5516—B2	0.05～0.12				0.60								
E5518—B2					0.80								
E5518—B2L	0.05												
E5500—B2—V	0.05～0.12				0.60				0.10～0.35				
E5515—B2—V													
E5515—B2—VNb								0.70～1.00	0.15～0.40	0.10～0.25			
E5515—B2—VW		0.70～1.10							0.20～0.35	—	0.25～0.50		
E5500—B3—VWB		1.00					1.50～2.50	0.30～0.80	0.20～0.60		0.20～0.60	0.001～0.003	
E5515—B3—VWB													
E5515—B3—VNb							2.40～3.00	0.70～1.00	0.25～0.50	0.35～0.65	—	—	
E6000—B3		0.90					2.00～2.50	0.90～1.20	—	—			
E6015—B3L	0.05				1.00								
E6015—B3	0.05～0.12				0.60								
E6016—B3													
E6018—B3					0.80								
E6018—B3L	0.05												
E5515—B4L					1.00		1.75～2.25	0.40～0.65					
E5516—B5	0.07～0.15	0.40～0.70			0.30～0.60		0.40～0.60	1.00～1.25	0.05				

（续一）

焊条型号	化学成分											
	C	Mn	P	S	Si	Ni	Cr	Mo	V	Nb	W	B	Cu
镍钢焊条													
E5515—C1					0.60								
E5516—C1	0.12												
E5518—C1					0.80	2.00~2.75							
E5015—C1L													
E5016—C1L	0.05				0.50								
E5018—C1L		1.25	0.035	0.035			—	—	—				
E5516—C2	0.12				0.60					—	—	—	
E5518—C2					0.80								
E5015—C2L						3.00~3.75							
E5016—C2L	0.05				0.50								
E5018—C2L													
E5515—C3													
E5516—C3	0.12	0.40~1.25	0.03	0.03	0.80	0.80~1.10	0.15	0.35	0.05				
E5518—C3													
镍钼钢焊条													
E5518—NM	0.10	0.80~1.25	0.02	0.03	0.60	0.80~1.10	0.05	0.40~0.65	0.02	—	—	—	0.10
锰钼钢焊条													
E6015—D1					0.60								
E6016—D1		1.25~1.75											
E6018—D1					0.80								
E5515—D3	0.12				0.60								
E5516—D3		1.00~1.75	0.035	0.035		—	—	0.25~0.45	—	—			—
E5518—D3					0.80								
E7015—D2					0.60								
E7016—D2		1.65~2.00											
E7018—D2	0.15				0.80								

（续二）

焊条型号	化学成分												
	C	Mn	P	S	Si	Ni	Cr	Mo	V	Nb	W	B	Cu
所有其他低合金钢焊条													
E××03—G	—	≥1.00	—	—	≥0.80	≥0.50	≥0.30	≥0.20	≥0.10	—	—	—	—
E××10—G													
E××11—G													
E××13—G													
E××15—G													
E××16—G													
E××18—G													
E5020—G													
E6018—M	0.10	0.60～1.25	0.03	0.3	0.80	1.40～1.80	0.15	0.35	0.05				
E7018—M		0.75～1.70			0.60	1.40～2.10	0.35	0.25～0.50					
E7518—M		1.30～1.80				1.25～2.50	0.40						
E8518—M		1.30 2.25				1.75～2.50	0.30～1.50	0.30～0.55					
E8518—M1	0.12	0.80～1.60	0.015	0.012	0.65	3.00～3.80	0.65	0.20～0.30					
E5018—M1		0.40～0.70	0.025	0.025	0.40～0.70	0.20～0.40	0.15～0.30	—	0.08				0.30～0.60
E5518—W		0.50～1.30	0.035	0.035	0.35～0.80	0.40～0.80	0.45～0.70		—				0.30～0.75

注：1. 焊条型号中的“XX”代表焊条的不同抗拉强度等级(50、55、60、70、75、80、85、90及100)。

2. 表中单值除特殊规定外，均为最大百分比。

3. E5518—NM型焊条铝不大于0.05%。

4. EXXXX—G型焊条只要1个元素符合表中规定即可，当有－40℃冲击性能要求≥54J时，该焊条型号标志为EXXXX—E。

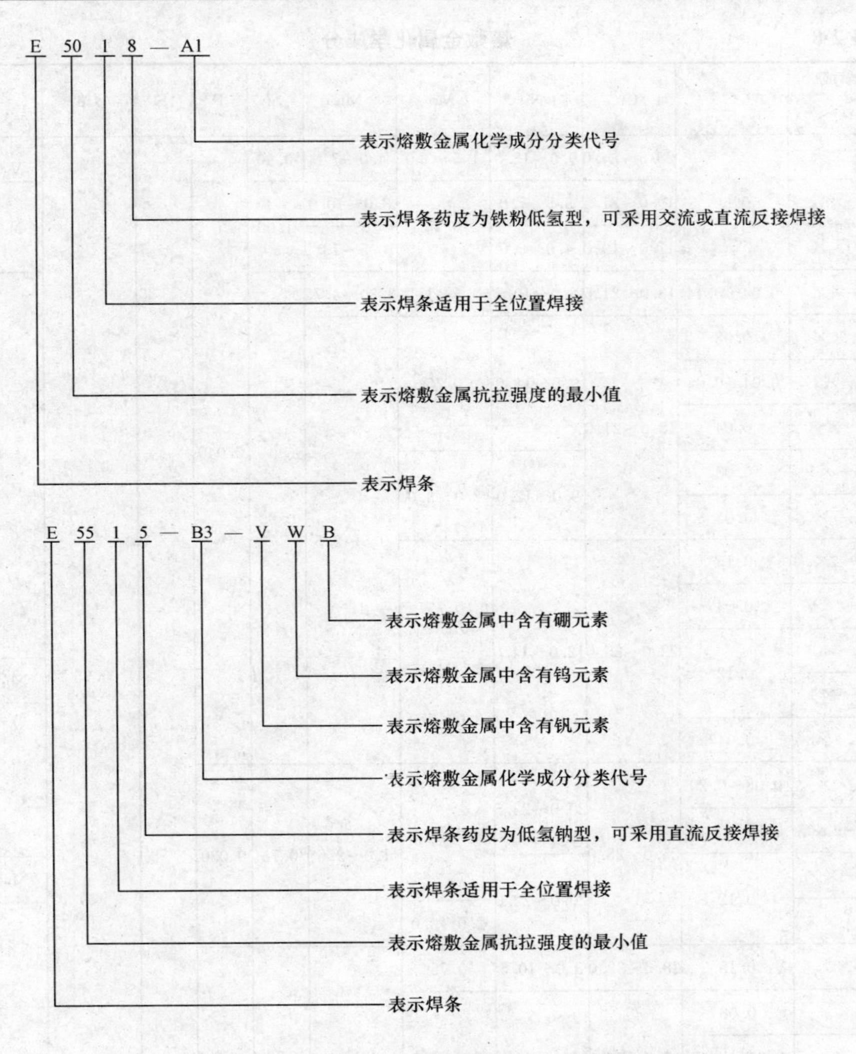

图 2-11　低合金钢焊条型号的表示方法

(3)不锈钢焊条。不锈钢焊条根据熔敷金属的化学成分、药皮类型、焊接位置及焊接电流种类划分型号，见表 2-8、表 2-9。

不锈钢焊条的型号编制如下：字母“E”表示焊条，“E”，后面的数字表示熔敷金属化学成分分类代号，如有特殊要求的化学成分，该化学成分用元素符号表示放在数字的后面。短画“—”后面的两位数字表示焊条药皮类型、焊接位置及焊接电流种类，见图 2-12。

表 2-8　　熔敷金属化学成分

焊条型号＼化学成分	C	Cr	Ni	Mo	Mn	Si	P	S	Cu	其他
E209—××		20.5～24.0	9.5～12.0	1.5～3.0	4.0～7.0	0.90				N:0.10～0.30 V:0.10～0.30
E219—××	0.60	19.0～21.5	5.5～7.0	0.75	8.0～10.0	1.00				N:0.10～0.30
E240—××		17.0～19.0	4.0～6.0		10.5～13.5					
E307—××	0.04～0.14	18.0～21.5	9.0～10.7	0.5～1.5	3.30～4.75					
E308—××	0.08									
E308H—××	0.04～0.08		9.0～11.0	0.75						
E308L—××	0.04	18.0～21.0								
E308Mo—××	0.08		9.0～12.0	2.0～3.0			0.040			—
E308MoL—××	0.04					0.90				
E309—××	0.15				0.5～2.5					
E309L—××	0.04			0.75						
E309Nb—××	0.12	22.0～25.0	12.0～14.0						0.75	Nb:0.70～1.00
E309Mo—××				2.0～3.0						
E309MoL—××	0.04									
E310—××	0.08～0.20		20.0～22.5					0.030		—
E310H—××	0.35～0.45	25.0～28.0		0.75						
E310Nb—××	0.12		20.0～22.0		1.0～2.5	0.75	0.030			Nb:0.70～1.00
E310Mo—××				2.0～3.0						
E312—××	0.15	28.0～32.0	8.0～10.5	0.75						
E316—××	0.08									
E316H—××	0.04～0.08	17.0～20.0	11.0～14.0	2.0～3.0						
E316L—××	0.04						0.040			—
E317—××	0.08			3.0～4.0						
E317L—××	0.04				0.5～2.5	0.90				
E317MoCu—××	0.08	18.0～21.0	12.0～14.0	2.0～2.5			0.035		2	
E317MoCuL—××	0.04									
E318—××	0.08	17.0～20.0	11.0～14.0	2.0～3.0			0.040		0.75	Nb:6×C～1.00
E318V—××				2.0～2.5			0.035		0.5	V:0.30～0.70
E320—××	0.07	19.0～21.0	32.0～36.0	2.0～3.0		0.60	0.040		3.0～4.0	Nb:8×C～1.00
E320LR—××	0.03				1.5～2.5	0.30	0.020	0.015		Nb:8×C～0.40

（续）

焊条型号 \ 化学成分	C	Cr	Ni	Mo	Mn	Si	P	S	Cu	其他
E330—××	0.18～0.25	14.0～17.0	33.0～17.0	0.75	1.0～2.5	0.90	0.040		0.75	—
E330H—××	0.35～0.45									
E330MoMn WNb—××	0.20	15.0～17.0		2.0～3.0	3.5	0.70	0.035		0.5	Nb:1.0～2.0 W:2.0～3.0
E347—××	0.08		9.0～11.0	0.75				0.030		Nb:8×C～1.00
E349—××	0.13	18.0～21.0	8.0～10.0	0.35～0.65	0.5～2.5	0.90	0.040		0.75	Nb:0.75～1.20 V:0.10～0.30 Ti:0.15 W:1.25～1.75
E383—××	0.03	26.5～29.0	30.0～33.0	3.2～4.2						
E385—××		19.5～21.5	24.0～26.0	4.2～5.2	1.0～2.5	0.75	0.020	0.020	0.6～1.5	
E410—××	0.12	11.0～13.5	0.7	0.75			0.030		1.2～2.0	
E410NiMo—××	0.06	11.0～12.5	4.0～5.0	0.40～0.70						—
E430—××	0.10	15.0～18.0	0.6	0.75	1.0	0.90		0.030	0.75	
E502—××	0.10	4.0～6.0	0.4	0.45～0.65			0.040			
E505—××		8.0～10.5		0.85～1.20						
E630—××	0.05	16.00～16.75	4.5～5.0	0.75	0.25～0.75	0.75			3.25～4.00	Nb:0.15～0.30
E16-8-2—××	0.10	14.5～16.5	7.5～9.5	1.0～2.0		0.60	0.030		0.75	—
E16-25MoN—××	0.12	14.0～18.0	22.0～27.0	5.0～7.0	0.5～2.5		0.035		0.5	N≥0.1
E7Cr—××	0.10	6.0～8.0	0.40	0.45～0.65	1.0	0.90	0.040		0.75	—
E5MoV—××	0.12	4.5～6.0	—	0.40～0.70	0.5～0.9					V:0.10～0.35
E9Mo—××	0.15	8.5～10.0		0.70～1.00				0.030		—
E11MoVNi—××	0.19	9.5～11.5	0.60～0.90	0.60～0.90	0.5～1.0	0.50	0.035		0.5	V:0.20～0.40
E11MoVNiW—××		9.5～12.0	0.40～1.10	0.80～1.00						V:0.20～0.40 W:0.40～0.70
E2209—××	0.04	21.5～23.5	8.5～10.5	2.5～3.5	0.5～2.0	0.90	0.040		0.75	N:0.08～0.20
E2553—××	0.06	24.0～27.0	6.5～8.5	2.9～3.9	0.5～1.5	1.0			1.5～2.5	N:0.10～0.25

注：1. 表中单值均为最大值。

2. 当对表中给出的元素进行化学分析还存在其他元素时，这些元素的总量不得超过 0.5%（铁除外）。

3. 焊条型号中的字母 L 表示碳含量较低，H 表示碳含量较高，R 表示碳、磷、硅含量较低。

4. 后缀—××表示—15、—16、—17、—25 或—26。

表 2-9　　焊接电流及焊接位置

焊条型号	焊接电流	焊接位置
EXXX(X)—15	直流反接	全位置
EXXX(X)—25		平焊、横焊
EXXX(X)—16	交流或直流反接	全位置
EXXX(X)—17		
EXXX(X)—26		平焊、横焊

注：直径等于和大于 5.0mm 焊条不推荐全位置焊接。

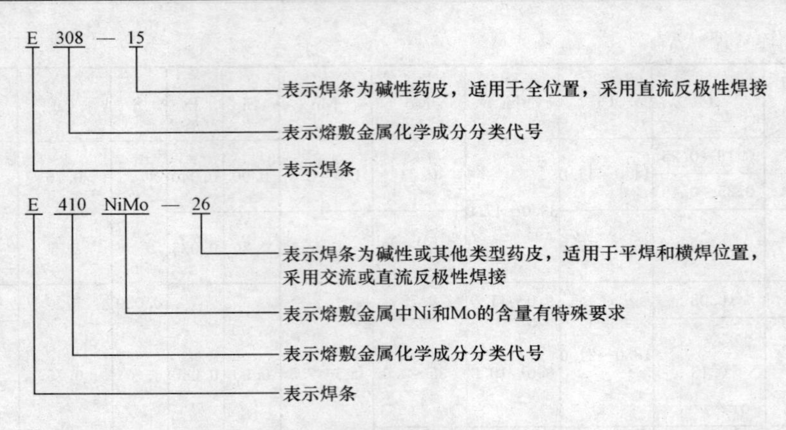

图 2-12　不锈钢焊条型号的表示方法

(4)堆焊焊条。堆焊焊条型号根据熔敷金属的化学成分、药皮类型和焊接电流种类划分,仅有碳化钨管状焊条型号根据芯部碳化钨粉的化学成分和粒度划分,见表2-10。

堆焊焊条型号如图2-13所示。其中第一字母"E"表示焊条;第二字母"D"表示用于表面耐磨堆焊;后面用一或两位字母、元素符号表示焊条熔敷金属化学成分分类代号(表2-10),还可附加一些主要成分的元素符号;在基本符号内可用数字、字母进行细分类,细分类代号也可用短画"—"与前面符号分开;型号中最后两位数字表示药皮类型和焊接电流种类,用短画"—"与前面符号分开(表2-11)。药皮类型和焊接电流种类不要求限定时,型号可以简化,如EDPCrM—A1—03可简化成EDPCrMo—A1。

表2-10　　熔敷金属化学成分分类

型号分类	熔敷金属化学成分分类	型号分类	熔敷金属化学成分分类
EDP××—××	普通低中合金钢	EDZ××—××	合金铸铁
EDR××—××	热强合金钢	EDZCr××—××	高铬铸铁
EDCr××—××	高铬钢	EDCoCr××—××	钴基合金
EDMn××—××	高锰钢	EDW××—××	碳化钨
EDCrMn××—××	高铬锰钢	EDT××—××	特殊型
EDCrNi××—××	高铬镍钢	EDNi××—××	镍基合金
EDD××—××	高速钢		

表2-11　　药皮类型和焊接电流种类

型　号	药皮类型	焊接电流种类
ED××—00	特殊型	交流或直流
ED××—03	钛钙型	
ED××—15	低氢钠型	直流
ED××—16	低氢钾型	交流或直流
ED××—08	石墨型	

对于碳化钨管状焊条，其型号中第一字母“E”表示焊条；第二字母“D”表示用于表面耐磨堆焊；后面用字母“G”和元素符号“WC”表示碳化钨管状焊条，其后用数字1、2、3表示芯部碳化钨粉化学成分分类代号(表2-12)；短画“—”后面为碳化钨粉粒度代号，用通过筛网和不通过筛网的两个目数表示，以斜线“/”相隔，或者只用通过筛网的一个目数表示(表2-13)。

表 2-12　碳化钨粉的化学成分　%

型号	C	Si	Ni	Mo	Co	W	Fe	Th
EDGWC1—××	3.6～4.2	≤0.3	≤0.3	≤0.6	≤0.3	≥94.0	≤1.0	≤0.01
EDGWC2—××	6.0～6.2					≥91.5	≤0.5	
EDGWC3—××	由供需双方商定							

表 2-13　碳化钨粉的粒度

型　号	粒度分布
EDGWC×—12/30	1.70mm～600μm(−12目+30目)
EDGWC×—20/30	850μm～600μm(−20目+30目)
EDGWC×—30/40	600μm～425μm(−30目+40目)
EDGWC×—40	<425μm(−40目)
EDGWC×—40/120	425μm～125μm(−40目+120目)

注：1. 焊条型号中的“×”代表“1”、“2”或“3”。
2. 允许通过(“−”)筛网的筛上物≤5%，不通过(“+”)筛网的筛下物≤20%。

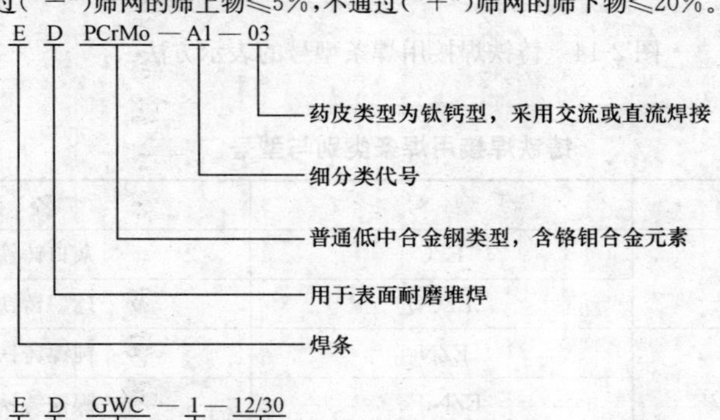

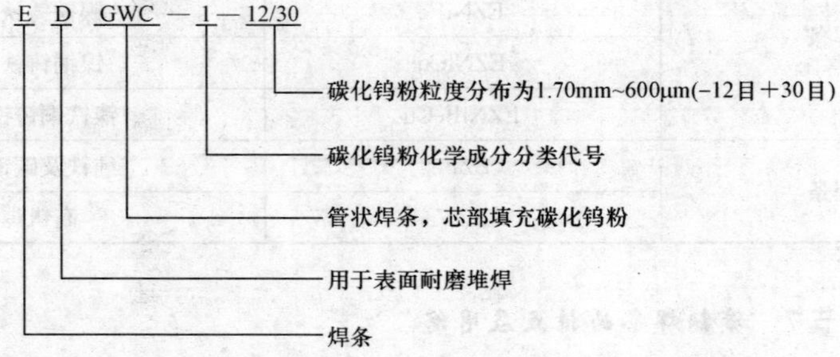

图 2-13　堆焊焊条型号的表示方法

(5)铸铁焊条。铸铁焊接用纯铁及碳钢焊条根据焊芯化学成分分类,其他型号铸铁焊条根据熔敷金属的化学成分及用途划分型号,见表2-14。

型号编制方法如下:字母“E”表示焊条,字母“Z”表示用于铸铁焊接,在“EZ”字母后用熔敷金属的主要化学元素符号或金属类型代号表示,再细分时用数字表示,如图2-14所示。

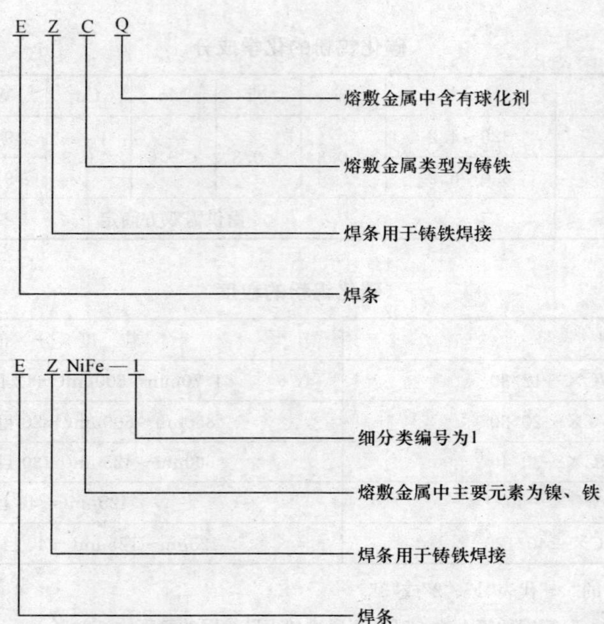

图2-14 铸铁焊接用焊条型号的表示方法

表2-14 铸铁焊接用焊条类别与型号

类别	型号	名称
铁基焊条	EZC	灰口铸铁焊条
	EZCQ	球墨铸铁焊条
镍基焊条	EZNi	钝镍铸铁焊条
	EZNiFe	镍铁铸铁焊条
	EZNiCu	镍铜铸铁焊条
	EZNiFeCu	镍铁铜铸铁焊条
其他焊条	EZFe	纯铁及碳钢焊条
	EZV	高钒焊条

关键细节7 碳钢焊条的特点及用途

碳钢的焊接是被焊金属中量最大、覆盖面最广的一种。碳钢焊条的焊缝强度通常小于540MPa(55kgf/mm²),在碳钢焊条国家标准中只有E43系列和E50系列两种型号。目前焊接中大量使用的是490MPa级以下的焊条。常用的结构钢焊条牌号和主要用途,可参见表2-15。

表2-15 常用的结构钢焊条牌号和主要用途

焊条牌号	国标型号	药皮类型	焊接电源	主要用途
J422	E4303	钛钙型	交直流	焊接低碳钢结构和同等级的低合金钢
J422Fe	E4303	钛钙型	交直流	焊接较重要的低碳结构钢
J422Fe13	E4323	铁粉钛钙型	交直流	焊接较重要的低碳结构钢
J426	E4316	低氢钾型	交直流	焊接重要的低碳钢及某些低合金钢,如Q235等
J427	E4315	低氢钠型	直流	焊接重要的低碳钢及某些低合金钢,如Q235等
J427Ni	E4315	低氢钠型	直流	焊接重要的低碳钢及某些低合金钢,如Q235等
J502	E5003	钛钙型	交直流	焊接16Mn及同等级低合金钢一般结构
J502Fe	E5003	钛钙型	交直流	焊接16Mn及同等级低合金钢一般结构
J506	E5016	低氢钾型	交直流	焊接中碳钢及重要的低合金钢结构,如16Mn
J507	E5015	低氢钠型	直流	焊接中碳钢及16Mn等重要的低合金钢结构
J507H	E5015	低氢钠型	直流	焊接中碳钢及16Mn等重要的低合金钢结构
J507R	E5015—G	低氢钠型	直流	用于压力容器的焊接
J557	E5515—G	低氢钠型	直流	焊接中碳钢及相应强度的低合金钢结构,如15MnTi、15MnV等
J557Mo	E5515—G	低氢钠型	直流	焊接中碳钢及相应强度的低合金钢结构,如15MnTi、15MnV等
J556—RH	E5016—G	低氢钾型	交直流	用于海上平台、船舶和压力容器等低合金钢结构
J606	E6016—D_1	低氢钾型	交直流	用于焊接中碳钢及低合金钢结构,如15MnVN等
J607	E6015—D_3	低氢钠型	直流	用于焊接中碳钢及低合金钢结构,如15MnVN等
J607Ni	E6015—G	低氢钠型	直流	焊接相应强度等级并有再热裂纹倾向的结构
J607—RH	E6015—G	低氢钠型	直流	用于焊接压力容器、桥梁、海洋结构,如CF60钢等
J707	E7015—D2	低氢钠型	直流	焊接相应强度等级的低合金钢重要结构,如18MnMoNb等
J757	E7515—G	低氢钠型	直流	焊接相应强度等级的低合金钢重要结构,如18MnMoNb等
J757Ni	E7515—G	低氢钠型	直流	焊接同等级的低合金钢结构,如14MnMoNbB等
J857	E8515—G	低氢钠型	直流	焊接同强度等级低合金钢重要结构,如30CrMo等
J107	E10015—G	低氢钠型	直流	焊接同强度等级低合金钢重要结构,如30CrMnSi等

关键细节8 不锈钢焊条的特点及用途

不锈钢电焊条分为铬不锈钢和铬镍不锈钢两类。铬不锈钢焊条主要用于铬不锈钢的焊接。常见铬不锈钢焊条及主要用途见表2-16。奥氏体不锈钢焊条除用于焊接相应的奥氏体不锈钢外,还作为修复复合钢、异种钢、淬火倾向大的碳钢和高铬钢的焊接。常用奥氏体不锈钢焊条牌号及主要用途见表2-17。

表 2-16　常用铬不锈钢焊条牌号及主要用途

焊条牌号	国标型号	药皮类型	焊接电源	用　途
G202	E140—16	钛钙型	交直流	焊接0Cr13、1Cr13钢及耐磨、耐蚀表面的堆焊
G207	E410—15	低氢钠型	直流	
G302	E430—16	钛钙型	交直流	焊接Cr17不锈钢
G307	E430—15	低氢钠型	直流	
G217		低氢钠型	直流	焊接0Cr13、1Cr13、2Cr13和耐磨、耐蚀表面的堆焊

表 2-17　常用奥氏体不锈钢焊条牌号及主要用途

焊条牌号	国标型号	药皮类型	焊接电源	用　途
A002	E308L—16	钛钙型	交直流	焊接超低碳Cr10Ni11或0Cr19Ni10不锈钢，如合成纤维、化肥、石油等设备
A022	E316L—16			焊接尿素、合成纤维设备
A032	E317MoCuL—16			在稀、中浓硫酸介质中的超低碳不锈钢设备
A042	E309MoL—16			焊接尿素塔衬板及堆焊超低碳不锈钢
A062	E309L—16			焊接石油、化工设备的同类不锈钢及异种钢
A102	E308—16			焊接工作温度低于300℃的0Cr19Ni9及Cr9Ni11Ti的不锈钢
A107	E308—15	低氢型	直流	
A132	E347—16	钛钙型	交直流	焊接0Cr19Ni11Ti不锈钢设备
A137	E347—15	低氢型	直流	焊接0Cr19Ni11Ti
A202	E316—16	钛钙型	交直流	焊接0Cr17Ni12Mo2不锈钢结构，如在有机、无机酸介质中的设备
A207	E316—15	低氢型	直流	
A212	E318V16	钛钙型	交直流	焊接重要的0Cr17Ni12Mo2不锈钢设备，如尿素设备等
A302	E309—16			焊接同类型不锈钢或异种钢
A307	E309—15	低氢型	直流	
312	E309Mo—16	钛钙型	交直流	焊接耐硫酸介质的不锈钢结构
A402	E310—16			焊接高温耐热不锈钢及Cr5Mo、Cr9Mo、Cr13等，也可用于焊接异种钢
A407	E310—15	低氢型	直流	
A412	E310Mo—16	钛钙型	交直流	焊接高温条件下耐热不锈钢及异种钢
A423	E310H—16			焊接HK—40耐热不锈钢
A502	E16—25MoN—16			焊接淬火状态的低合金钢或中合金钢，如30MnSi等
A507	E16—25MoN—15	低氢型	直流	
A607	E330MoMnWNb—15			用于850～900℃下工作的耐热不锈钢，如Cr20Ni32B、Cr18Ni37

关键细节 9 钼和铬耐热钢焊条的特点及用途

钼和铬耐热钢焊条主要用于焊接珠光体耐热钢，目前国内有 20 多种珠光体耐热钢焊条，常用的耐热钢焊条及主要用途见表 2-18，可按不同钢种和工作温度进行选用。

表 2-18 常用珠光体耐热钢焊条牌号及主要用途

焊条牌号	国标型号	药皮类型	焊接电源	主 要 用 途
R107	E501—A1	低氢型	直流	用于工作温度 510℃以下的 15Mo 等耐热钢焊接
R202	E5503—B1	钛钙型	交直流	用于工作温度 510℃以下的 12CrMo 等耐热钢焊接
R207	E5515—B1	低氢型	直流	
R307	E5515—B2			用于工作温度 520℃以下的 15CrMo 等耐热钢焊接
R312	E5503—B2—V	钛钙型	交直流	用于工作温度 540℃以下的 12CrMoV 等耐热钢焊接，如锅炉管道等
R317	E5515—B2—V	低氢型	直流	
R407	E6015—B3			用于 Cr2.5Mo 珠光体耐热钢的焊接
R507	E502—15			用于 Cr5MoV 等珠光体耐热钢的焊接

关键细节 10 铸铁焊条的特点及用途

铸铁焊条要根据铸铁材料种类，焊后是否切削加工等要求连行选择。常用的焊条牌号及主要用途见表 2-19。

表 2-19 铸铁焊条牌号及主要用途

焊条牌号	国标型号	药皮类型	焊缝金属类型	主 要 用 途
Z100	EZFe	氧化型	碳钢	一般非加工面灰口铸铁焊补
Z116	EZV	低氢型(含大量钒铁)	高钒钢	高强度灰口铸铁及球墨铸铁焊补
Z117				
Z208	EZC	石墨型	铸铁	一般灰口铸铁焊补
Z238	EZCQ	石墨型	球墨铸铁	球墨铸铁焊补
Z248	EZC	石墨型	铸铁	灰口铸铁焊补
Z258	EZCQ	石墨型(加球化剂)	球墨铸铁	球墨铸铁焊补
Z308	EZNi—1	石墨型	纯镍	重要灰口铸铁焊补
Z408	EZNiFe—1		镍铁合金	高强度灰口铸铁焊补
Z508	EZNiCu		镍铜合金	强度不高的灰口铸铁焊补
Z607	EZFeCu	低氢型	铜铁合金	一般灰口铸铁非加工面的焊补
Z612	—	钛钙型		

关键细节11 特殊用途焊条的特点及用途

国产常用的特殊用途焊条及用途见表2-20。

表2-20 国产常用的特殊用途焊条

名称	焊条牌号	特征	主要用途
水下焊焊条	TS202	焊条药皮有抗水外层，采用直流电源，能在淡水和海水中进行全位置焊接	专供水下焊接一般结构钢
水下割条	TS304	空心的钢管外涂一层稳弧剂，中心小孔用来通入氧气，采用直流反接。可长期放置在淡水及海水中，药皮不脱落，适用于水下全位置切割	水下电弧-氧割条
开槽割条	TS404	一种氧化铁型药皮的开槽割条，交直流两用，电弧吹力大，割槽较光洁，熔渣易清理。开槽时，割条与工件直接接触，并保持10°～20°倾角，当铁水熔化到一定程度，割条应在槽内作前后移动，以利于吹走铁水	可用于铸铁件的修补开槽，也可用于合金钢、含碳量大于0.45%的中碳钢等清除缺陷，焊补前开坡口及刨掉耐磨堆焊的疲劳层
铁锰铝焊条	TS607	低氢钠型药皮，采用直流反接电源，焊接工艺性良好，焊缝具有抗高温氧化，抗硫腐蚀性能	用于焊接高温抗硫腐蚀的含铝钢，如15Al3MoWTi炉管等材料
高硫堆焊焊条	TS700	采用硫化铁型药皮，含硫量高（S含量4.0%～4.4%），可交直流两用。堆焊时，采用上坡堆焊，以阻止熔池铁水流动	堆焊专用焊条，主要用于滑动或摩擦面的堆焊，如轧钢机、铜镍合金轴瓦表面等

四、焊条的使用与管理

焊条采购入库时，必须有焊条生产厂的质量合格证，凡无质量合格证或对其质量有怀疑时，应按批抽查试验；对重要的焊接结构进行焊接时，焊前应对所选用的焊条进行性能鉴定；对于长时间存放的焊条，焊前应进行技术鉴定；对于焊芯有锈迹的焊条，应经试验鉴定合格后使用；对于受潮严重的焊条，应进行烘干后使用；对于药皮脱落的焊条，应作报废处理。

关键细节12 焊条受潮的判断

出厂的焊条都已经过高温烘干，并用防潮材料（塑料袋、纸盒等）加以包装，在一定程度上可以防止药皮受潮，但实际上，如果保管不当，就很容易受潮。焊条的受潮情况，除了可在实验室中测定药皮的含水量外，在现场可以从下列几个方面进行判断。

(1)包装：包装有破损（如塑料袋未封口、破损等）时，焊条通常受潮严重。

(2)制造日:储存期长的焊条,药皮表面易出现白霉状的斑点,如焊芯有锈迹,表明焊条已受潮严重。

(3)从不同位置取出几根焊条,用两手的拇指和食指将焊条支撑起来轻轻摇动或敲击。如果焊条是干燥的,就产生硬而脆的金属声音;如果焊条受潮,声音发钝。烘干过的焊条和受潮焊条的声音是不同的。

(4)用受潮焊条焊接时,如果焊条含水量非常高,甚至可以看到焊条表面有水蒸气蒸发出来;或者当焊条燃烧完大部分时,发现焊缝尾部有裂纹和气孔现象存在。

(5)受潮的焊条施焊时通常会出现电弧吹力大、熔深增加、飞溅增大等情况。

(6)钛钙型焊条会出现熔渣覆盖不良,成形变差的情况。

(7)低氢型焊条施焊时熔渣的表面通常会出现许多气孔。

关键细节 13 焊条的烘干方法

(1)碱性低氢型焊条在使用前必须烘干,一般在350～400℃下烘干1h。焊条要在常温下放入炉中,不能将焊条直接放入高温炉中,以免药皮开裂。应缓慢加热、保温、缓慢冷却,经过烘干后的焊条应放在低温烘箱中存放。

(2)酸性焊条一般在使用前不需烘干,如果有特殊需要,也可在60～150℃温度下烘干1h。

(3)烘干焊条时,每层焊条堆放不能太厚,以免焊条受热不均。直径大于4mm的焊条在烘箱中叠起层数为1层或2层,ϕ4mm焊条不超过3层,ϕ3.2mm焊条不超过5层。

(4)焊条烘干时一般采用专用的带自动控制温度的烘箱,采取用多少烘多少、随烘随用的原则,烘干后在室外露放最长时间不超过4h。

(5)如果焊条烘干后长时间未使用,再使用时需重新烘干,重新烘干次数最多为2次,即每批焊条烘干的总次数最多为3次。

(6)高强度钢结构件焊接用焊条的焊前烘干条件如表2-21所示。

表2-21　高强度结构钢构件焊接用焊条的焊前烘干条件

焊接结构	抗拉强度/MPa	选用焊条	烘干条件		保存温度/℃	空气中存放时间/h	备注
			温度/℃	时间/min			
桥梁	590	E6016	300～400	45～75	120	4	烘干2次
	690～790	690～790MPa级低氢焊条	380～450	45～75	120	1.5	
水压管道	590	E6016	300～350	60	100	3	扩散氢在2mL/100g以下
	690	690MPa级低氢焊条	350～400	60～75	150	2	
	790	790MPa级低氢焊条	350～400	60～75	150	1	烘干1或2次

(7)其他金属材料焊接用各类焊条的烘干工艺参数如表2-22所示。

表 2-22　　各类焊条的烘干参数

焊条种类	药皮类型	烘干的工艺参数			
		烘干温度/℃	保温时间/min	烘干后允许存放时间/h	允许重复烘干次数/次
碳钢焊条	纤维素型	70～100	30～60	6	3
	钛型 钛钙型 钛铁矿型	70～150	30～60	8	5
	低氢型	300～350	30～60	4	3
低合金焊条（含高强度钢、耐热钢、低温钢）	非低氢型	75～150	30～60	4	3
	低氢型	350～400	60～90	4(E50××) 2(E55××) 1(E60××)	3
				05 (E70×100××)	2
铬不锈钢焊条	低氢型	300～350	30～60	4	3
	钛钙型	200～250			
奥氏体不锈钢焊条	低氢型	250～300	30～60	4	3
	钛型、钛钙型	150～250			
堆焊焊条	钛钙型	150～250	30～60	4	3
	低氢型（碳钢芯）	300～350			
	低氢型（合金钢芯）	150～250			
	石墨型	75～150			
铸铁焊条	低氢型	300～350	30～60	4	3
	石墨型	70～120			
铜、镍及其合金焊条	钛钙型	200～250	30～60	4	3
	低氢型	300～350			
铝及铝合金焊条	盐基型	150	30～60	4	3

关键细节 14　焊条的保管

(1)焊条入库前，应首先检查入库通知单或生产厂的质量证明书，按种类、牌号、批次、规格、入库时间等分类堆放。应该有明确标注，避免混放。

(2)焊条入库后,焊条应储存在通风良好的库内,不允许放置有害气体和腐蚀性介质,并应保持整洁。库内的焊条应存放在架子上,架子离地面高度不小于300mm,离墙壁距离不小于300mm,架子上应放置干燥剂,严防焊条受潮。

(3)焊条在供应给使用单位之后应遵循“先入库的先使用,后入库的后使用”的原则,并且要保证至少6个月的用量。为了防止吸潮,在焊条使用前,不能随意拆开,尽量做到现用现拆,必要时须对剩余的焊条进行烘干处理后再封存起来。

(4)特种焊条储存与保管要求高于一般性焊条,特种焊条应堆放在专用仓库或指定区域,受潮或包装损坏的焊条未经处理不许入库,对于受潮、药皮变色、焊芯有锈迹的焊条,必须烘干后进行质量评定。在各项性能指标满足要求后方可入库。

(5)一般焊条一次出库量不得超过2天的用量,已经出库的焊条,焊工必须保管好。

(6)焊条储存库内,应设置温度计和湿度计。对低氢型焊条室内温度不得低于10℃,相对湿度低于60%。

(7)一般情况下,储存时间1年以上的焊条,应请质检部门进行复验。复验合格后方可发放,否则不准按合格品发放使用,应报请主管部门及时处理。

(8)仓库管理人员应认真负责,账、物、卡相符,防止焊条储存时错发、错用,造成质量事故。库管人员还应熟知焊条的一般性能和要求,定期查看所管理的焊条有无受潮、污染等情况,在储存中发现焊条质量问题应及时报告有关部门,妥善处理解决。

关键细节15 过期焊条的处理

所谓过期焊条,并不是指存放时间超过某一特定界限,而是指焊条质量发生了不同程度的变化(变质)。过期焊条的处理主要有以下几点:

(1)存放多年的焊条应进行工艺性能试验,焊前按规定温度烘干:试焊时没有发现焊条工艺性能有异常的变化,如药皮成块脱落,以及气孔、裂纹等缺欠,则焊条可以继续使用。

(2)焊条由于受潮,焊芯有轻微锈迹,在焊接质量要求高时可以使用,一般不会影响使用性能,若焊条受潮锈迹严重,可酌情降级使用或用于一般构件焊接,最好按国家标准做力学性能试验,然后决定其使用范围。

(3)如果焊条药皮中含有大量铁粉(如低氢型高效铁粉焊条),在相对湿度很高、存放时间较长、焊条受潮严重等条件下,经烘干后,焊接时仍会产生气孔或者扩散氢含量很高,此时不应再继续使用。对于各类铁粉焊条,除要求改进包装防止焊条吸潮外,在存储中必须妥善保管。

(4)各类焊条如果严重变质,药皮有严重脱落现象,应予报废。

第二节 焊 丝

一、焊丝的分类

焊丝是指焊接时作为填充金属或同时作为导电体的金属丝。在气焊和钨极气体保护电弧焊时，焊丝用做填充金属；在埋弧焊、电渣焊和其他熔化极气体保护电弧焊时，焊丝既是填充金属，同时也是导电电极。

焊丝按其结构可分为实芯焊丝和药芯焊丝。实芯焊丝多为冷拔钢丝，使用的历史较长，为目前主要使用的焊丝。药芯焊丝则是由薄钢带纵向折叠并加入药粉后，再行拉拔而成。其比实芯焊丝的使用期晚了许多，但因其具有很多优点，在生产中的使用逐渐增多。

按使用的焊接工艺方法不同，焊丝可分为埋弧焊用焊丝、气体保护焊用焊丝、电渣焊用焊丝、堆焊用焊丝和气焊用焊丝等。

关键细节 16　实芯焊丝的分类及其适用范围

(1)气体保护焊焊丝适用于碳素钢、低合金钢熔化极气体保护焊用的实芯焊丝，推荐用于钨极氩弧焊和等离子弧焊的填充焊丝。

(2)气体保护焊用钢丝适用低碳钢和低合金钢的气体 CO_2、CO_2+O_2、CO_2+Ar 保护焊，是冷拉钢丝。共表面状态有镀铜(DT)和未镀铜两种，交货状态为捆(盘)状(KI)和缠轴(CT)。钢丝牌号有 H08MnSi、H08Mn2Si、H08Mn2SiA、H11MnSi、IK11Mn2siA 五种。

(3)熔化焊用钢丝适用于埋弧焊、电渣焊和气焊的冷拉钢丝。焊丝牌号以字母“H”开头。对低碳钢焊件，使用的牌号有 H08A、H08MnA、H10Mn2 等，其中 H08A 使用最为普遍。熔化焊用钢丝的公称直径有 1. 6mm、2mm、2. 5mm、3mm、3. 2mm、4mm、5. 0mm、6. 0mm等多种。

二、埋弧焊用焊丝

埋弧焊丝有实芯焊丝和药芯焊丝。一般使用实芯焊丝，在特殊要求时使用药芯焊丝。焊丝按所焊金属材料的不同，分为碳素结构钢焊丝、合金结构钢焊丝、高合金钢焊丝、不锈钢及紫铜焊丝。实芯焊丝的牌号都是以字母“H”开头，后面的符号及数字用来表示该元素的近似含量。具体表示方法如图 2-15 所示。

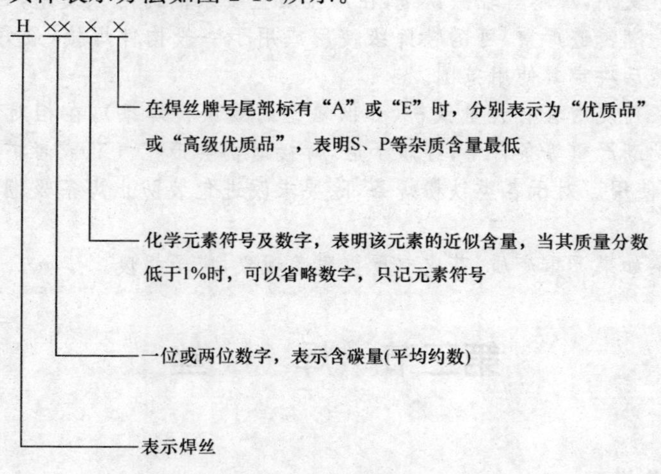

图 2-15　埋弧焊丝有实芯焊丝牌号的表示方法

关键细节 17　埋弧焊用焊丝适用范围

常用的埋弧焊药芯焊丝牌号和用途见表 2-23。

表 2-23　埋弧焊药芯焊丝的牌号和用途

牌　号	主要化学成分（质量分数,%）	堆焊层硬度 HRC	主要用途
HYD047	C≤1.7 Cr4.0～7.0 Mo1.5～3.0 Ni≤3.0	≥55	堆焊辊压机挤压辊表面
HYD117Mn	C≥0.1 Mn1.2～1.6 Cr+Mo1.5～2.5	—	用于 HYD616Nb 的打底焊,特别严重磨料磨损耐磨层的修复和堆焊
YD616－2	C3.0～3.5 Cr13.5～15.5 Mn0.9～1.2 Mo0.3～0.6 Si0.7～1.0	46～53	堆焊耙路机的齿、破碎机锤头和挖土机齿等

关键细节 18　埋弧焊用焊丝的选用要求

(1)焊接碳钢或低合金钢时,应该根据等强度的原则选用焊丝,所选用的焊丝应该保证焊缝的力学性能。

(2)焊接耐热钢或不锈钢时,应尽可能保证焊缝的化学成分与焊件的相同或相近,同时还要考虑满足焊缝的力学性能。

(3)焊接碳钢和低合金钢时,通常选择强度等级较低、抗裂性较好的焊丝。

(4)焊接低温钢时,主要是根据低温韧性来选择焊丝。

(5)在焊丝的合金系统选择上,主要是在保证等强度的前提下,重点考虑焊缝金属对冲击韧度的要求。

三、气体保护焊用焊丝

气体保护焊通常按照电极是否熔化和保护气体不同,分为非熔化极(钨极)惰性气体保护焊(TIG)和熔化极气体保护焊(GMAW)。其中熔化极气体保护焊包括惰性气体保护焊(MIG)、氧化性混合气体保护焊(MAG)、CO_2 气体保护焊、管状焊丝气体保护焊(FCAW)。

在熔化极气体保护焊的焊接过程中,气体的成分直接影响到合金元素的烧损,从而影响到焊缝金属的化学成分和力学性能,所以焊丝成分应该与焊接用的保护气体成分相匹配。对于氧化性较强的保护气体应该采用高锰、高硅焊丝;对于氧化性较弱的保护气体,可以采用低锰、低硅焊丝。

钨极惰性气体保护电弧焊用焊丝的型号表示方法如图 2-16 所示。

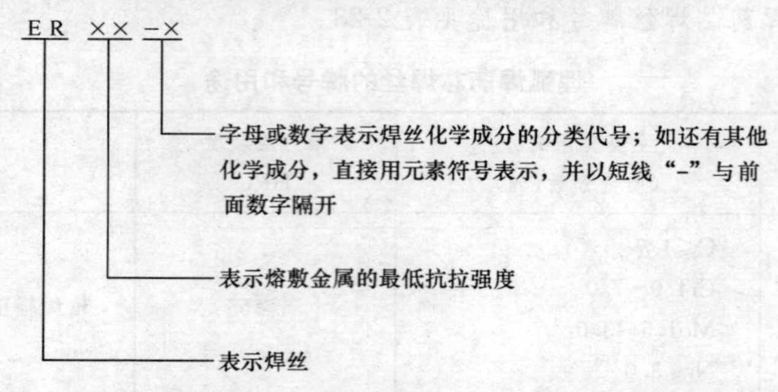

图 2-16　钨极惰性气体保护电弧焊用焊丝的型号表示方法

在 CO_2 气体保护焊过程中，强烈的氧化反应使大量的合金元素烧损，所以，CO_2 焊用焊丝成分中应该有足够数量的脱氧剂，如 Si、Mn、Ti 等元素。否则，不仅焊缝的力学性能(特别是韧性)明显下降，而且，由于脱氧不充分，还将导致焊缝中产生气孔。

CO_2 气体保护焊实心焊丝的型号与牌号的表示参照钨极熔化极惰性气体保护焊及埋弧焊用焊丝的相关内容。

关键细节 19　钨极非熔化极气体保护电焊用焊丝的选用

目前我国尚无专用 TIG 焊丝标准，一般选用熔化极气体保护焊用焊丝或焊接用钢丝。

(1)焊接低碳及低合金高强度钢时一般按照等强度原则选择焊接用钢丝。

(2)焊接铜、铝、不锈钢时一般按照等成分原则选择熔化极气体保护焊焊丝。

(3)焊接异种钢时，如果两种钢的组织不同，在选用焊丝时应考虑抗裂性及碳的扩散问题；如果两种钢的组织相同，而机械性能不同，则最好选用成分介于两者之间的焊丝。

常用钢种的推荐焊丝牌号见表 2-24。

表 2-24　　常用钢种的推荐焊丝牌号表

钢材		选用的焊丝牌号
类别	牌号	
碳钢	Q235、Q235F、Q235g	H08Mn2Si
	10g、15g、20g、22g、25g	H05MnSiAlTiZr
低合金钢	16Mn、16Mng	H10Mn2
	16MnR、25Mn	H08Mn2Si
	15MnV、16MnVCu	H08MnMoA
	15MnVN、19Mn5	H08Mn2SiA
	20MnMo	

（续）

钢材		选用的焊丝牌号
类别	牌号	
低合金耐热钢	18MnMoNb、14MnMoV	H08Mn2SiMo
	12CrMo、15CrMo	H08CrMoA、H08CrMo Mn2Si
	20CrMo、30CrMoA	H05CrMoVTiRe
	12CrMoV、15Cr1MoV 20CrMoV	H08CrMoV H05CrMoVTiRe
	15CrMoV、20Cr1MoV	H08CrMnSiMoV
	12Cr2MoWVTiB	H10Cr2MnMoWVTiB
	(G102)	H08Cr2MoWVNbB
	G106 钢	H10Cr5MoVNbB
不锈钢	0Cr18Ni9、1Cr18Ni9	H0Cr18Ni9
	1Cr18Ni9Ti	H0Cr18Ni9Ti
	00Cr17Ni13Mo2	H0Cr18Ni12Mo2Ti
低温钢	09Mn2V	H05Mn2Cu、H05Ni2.5
	06AlCuNbN	H08Mn2WCu
	3.5Ni、06MnNb 06A1CuNbN	H00Ni4.5Mo H05Ni4Ti
	9Ni	H00Ni11Co H06Cr20Ni60Mn3Nb
异种钢	C102+12CrMoV G102+15CrMo	H08CrMoV
	G102+碳钢	H08Mn2Si H08CrMoV H13CrMo
	G102+1Cr18NiTi G102+G106	镍基焊丝
	12Cr1MoV+碳钢	H08Mn2Si、H05MnSiA1TiZr
	12CrMoV+15CrMo	H13CrMo、H08CrMoV

关键细节 20 焊接碳钢或低合金钢用焊丝的选择

(1)要满足焊缝金属与母材等强度及对其他力学性能指标的要求。

(2)满足焊缝金属的化学成分与母缝的一致性。

(3)焊接某些刚度较大的焊接结构时，应该采用低匹配的原则，选用焊缝金属的强度低于母材的焊丝焊接。

(4)焊接中碳调质钢时，因为焊后要进行调质处理，所以，选择焊丝时，要力求金属的主要合金成分与母材相近，同时还要严格控制焊缝金属中的S、P杂质。

关键细节21 焊接耐热钢用焊丝的选择

(1)焊缝的化学成分和力学性能与母材尽量一致，使焊缝在工作温度下具有良好的抗氧化、抗气体介质腐蚀的能力，以及一定的高温强度。

(2)考虑母材的焊接性，避免选用强度较高或杂质含量较多的焊丝。

关键细节22 焊接低温钢用焊丝的选择

(1)选择便于焊缝金属在低温工作条件下，具有足够的强度、塑性和韧性的焊丝。

(2)考虑焊缝金属对时效脆性和回火脆性的敏感性要小，以保证焊接接头在脆性转变温度低于最低工作温度时，具有足够的抗裂能力。

关键细节23 焊接不锈钢用焊丝的选择

焊接不锈钢用焊丝的选择，见表2-25。

表2-25 焊接不锈钢用焊丝的选择

序号	项目	选择要求
1	焊接马氏体型不锈钢用焊丝的选择	(1)如果焊后需用热处理来调整焊缝性能，应尽量使用能满足焊缝金属成分和母材成分相近的焊丝； (2)如果焊后不能进行热处理，可用奥氏体焊丝焊接，但焊缝的强度必然低于母材
2	焊接奥氏体型不锈钢用焊丝的选择	(1)选择能保证焊缝金属合金成分与母材成分一致或相近的焊丝焊接； (2)在无裂纹的前提下，选择保证焊缝金属的耐腐蚀性能、力学性能和母材基本相近或略高的焊丝焊接； (3)在不影响焊缝耐腐蚀性能的条件下，希望用焊后焊缝金属能含有一定数量的铁素体组织的焊丝焊接，这样既能保证焊缝具有良好的耐腐蚀性，又能保证焊缝金属具有良好的抗裂性能
3	焊接铁素体型不锈钢用焊丝的选择	为了改善铁素体不锈钢的焊接性能和焊缝韧性，应选择含C、N、S、P等有害元素少的焊丝焊接。为了降低焊缝缺口敏感性，提高焊接接头的抗裂能力，也可以采用奥氏体型的高Ni、Cr焊丝焊接

四、焊丝的使用与保管

(1)焊丝一般以焊丝盘、焊丝卷及焊丝筒的形式供货。焊丝表面应平整光滑；若焊丝生锈，须用焊丝除锈机除去表面氧化物才能使用。

（2）对同一型号的焊丝，当使用 Ar、O_2 为保护气体焊接时，熔敷金属的化学成分与焊丝的化学成分差别不大。但当使用纯 CO_2 为保护气体焊接时，熔敷金属中的 Mn、Si 和其他脱氧元素的含量会大大减少，故在选择焊丝和保护气体时应予以注意。

（3）一般情况下，实芯焊丝对水分的影响不敏感，故不需做烘干处理。

（4）施焊前，焊件应做除油、除锈处理。

（5）焊丝购货后应存放于专用焊材库（库中相对湿度应低于 60%），对已打开包装的未镀铜焊丝，如无专用焊材库，应在半年内用完。

（6）采用焊剂保护进行焊接时，使用前应对焊剂做烘干处理；采用气体保护进行焊接时，应控制气体中的含水量；焊接时环境风速大于 2m/s 时，应停止焊接。

关键细节 24 焊丝的保管要求

（1）要求在推荐的保管条件下，原始未打开包装的焊丝，至少有 12 个月可保持在“工厂新鲜”状态。最大的保管时间取决于周围的大气环境（温度、湿度等）。仓库推荐的保管条件为室温 10～15℃（最高 40℃）以上，最大相对湿度为 60%。

（2）焊丝应存放在干燥、通风良好的库房中，不允许露天存放或放在有有害气体和腐蚀性介质（如 SO_2 等）的室内。室内应保持整洁。堆放时不宜直接放在地面上，最好放在离地面和墙壁不小于 250mm 的架子上或垫板上，以保持空气流通，防止受潮。

（3）由于焊丝适用的焊接方法很多，适用的钢种也很多，故焊丝卷的形状及捆包状态也多种多样。根据送丝机的不同，卷的形状又可分为盘状、捆状及筒状，在搬运过程中，要避免乱扔乱放，防止包装破损。一旦包装破损，可能会引起焊丝吸潮、生锈。对于捆状焊丝，要防止钢丝架变形，不能装入送丝机。对于筒状焊丝，搬运时切勿滚动，容器也不能放倒或倾斜，以免筒内焊丝缠绕，妨碍使用。

关键细节 25 焊丝使用中的管理

（1）开包后的焊丝应在两天内用完。

（2）开包后的焊丝要防止其表面被冷凝结露，或被锈、油脂及其他碳氢化合物所污染，保持焊丝表面干净、干燥。

（3）焊丝清洗后应及时使用，如放置时间较长，应重新清洗。不锈钢焊丝或有色金属焊丝使用前最好用化学方法去除其表面的油锈，以防止造成焊缝缺陷。

（4）当焊丝没用完，需放在送丝机内过夜时，要用帆布、塑料布或其他物品将送丝机（可焊丝盘）罩住，以减少与空气中的湿气接触。

（5）3d 以上不用的焊丝，要从送丝机内取下，放回原包装内，封口密封，然后再放入具有良好保管条件的仓库中。

关键细节 26 焊丝的质量管理

（1）购入的焊丝，每批产品都应有生产厂的质量保证书。经检验合格的产品，每包中必须带有产品说明书和检验产品合格证。每件焊丝内包装上应用标签或用其他方法标明焊丝型号和相应国家标准号、批号、检验号、规格、净质量、制造厂名称及厂址。

(2)要按焊丝的类别、规格分别堆放,防止错用。

(3)按照“先进先出”的原则发放焊丝,尽量减少焊丝的存放期。

(4)发现焊丝包装破损,要认真检查。对于有明显机械损伤或有过量锈迹的焊丝,不能用于焊接,应退回至检查员或技术负责人处检查及做使用认可。

第三节 焊 剂

一、焊剂的分类

焊接时,能够熔化形成熔渣和气体,对熔化金属起保护和冶金处理作用的一种物质叫做焊剂。用于埋弧焊的为埋弧焊剂,用于钎焊时有硬钎焊钎剂和软钎焊钎剂。

焊剂根据制造方法可分为熔炼焊剂、烧结焊剂和粘结焊剂等。

(1)熔炼焊剂:将一定比例的各种配料放在炉内熔炼,然后经过水冷,使焊剂形成颗粒状,经烘干、筛选而制成的一种焊剂。优点是化学成分均匀,可以获得性能均匀的焊缝。由于高温熔炼过程中,合金元素会被氧化,所以不能依靠熔炼焊剂来向焊缝大量添加合金。熔炼焊剂是目前生产中使用最广泛的一类焊剂。

(2)烧结焊剂:将一定比例的各种粉状配料加入适量的粘结剂,混合搅拌后经高温(400～1000℃)烧结成块,然后粉碎、筛选而制成的一种焊剂。

(3)粘结焊剂:将一定比例的各种粉状配料加入适量粘结剂,经混合搅拌、粒化和低温(400℃以下)烘干而制成的一种焊剂,以前称陶质焊剂。

后两种焊剂都属于非熔炼焊剂,由于没有熔炼过程,所以化学成分不均匀,因而造成焊缝性能不均匀,但可以在焊剂中添加铁合金,增大焊缝金属合金化。目前这两种焊剂在生产中应用还不广泛。

关键细节 27 不同种类焊剂的用途

焊剂的类型及其用途见表2-26。

表2-26 焊剂的主要用途

焊剂类型	主 要 用 途
高硅型熔炼焊剂	根据MnO含量的不同,分为高锰高硅、中锰高硅、低锰高硅、无锰高硅4种焊剂,可向焊缝中过渡硅,锰的过渡量与SiO_2含量有关,也与焊丝中的含Mn量有关。应根据焊剂中MnO的含量来选择焊丝。该焊剂用于焊接低碳钢和某些低合金结构钢
中硅型熔炼焊剂	碱度较高,大多数属于弱氧化性焊剂,焊缝金属含氢量低,韧性较高,配合适当的焊丝焊接合金结构钢,加入一定量的FeO成为中硅性氧化焊剂,可焊接高强度钢
低硅型熔炼焊剂	对焊缝金属没有氧化作用,配合相应的焊丝可焊接高合金钢,如不锈钢、热强钢等

（续）

焊剂类型	主 要 用 途
氟碱型烧结焊剂	碱性焊剂，焊缝金属有较高的低温冲击韧性度，配合适当的焊丝焊接各种低合金结构钢，用于重要的焊接产品。该焊剂可用于多丝埋弧焊，特别是用于大直径容器的双面单道焊
硅钙型烧结焊剂	中性焊剂，配合适当的焊丝可焊接普通结构钢、锅炉用钢、管线用钢，用多丝快速焊接，特别适用于双面单道焊，由于是短渣，可焊接小直径管线
硅锰型烧结焊剂	配性焊剂，配合适当的焊丝可焊接低碳钢及某些低合金钢，用于机车车辆、矿山机械等金属结构的焊接
铝钛型烧结焊剂	酸性焊剂，有较强的抗气孔能力，对少量的铁锈及高温氧化膜不敏感，配合适当的焊丝可焊接低碳钢及某些低合金结构钢，如锅炉、船舶、压力容器，可用于多丝快速焊，特别适用于双面单道焊
高铝型烧结焊剂	中等碱度，为短渣熔剂，工艺性能好，特别是脱渣性能优良，配合适当的焊丝可用于焊接小直径、深坡口、窄间隙等低合金构钢，如锅炉、船舶、化工设备等

二、焊剂的型号与牌号

1. 焊剂的型号

(1)碳素钢埋弧焊用焊剂型号。碳素钢埋弧焊用焊剂的型号根据焊丝-焊剂组合的熔敷金属力学性能、热处理状态进行划分，焊剂型号表示方法如图 2-17 所示。

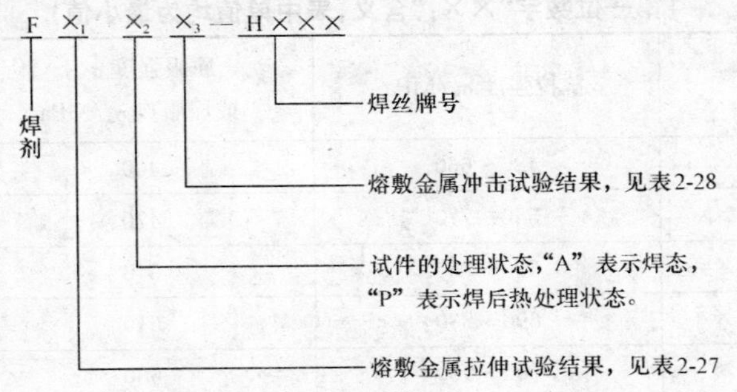

图 2-17　焊剂型号表示方法

表 2-27　熔敷金属拉伸试验结果
（第一位数字"$\times_1$"含义）

焊剂型号	抗拉强度 σ_b/MPa	屈服点 σ_s/MPa	伸长率 δ(%)
F4$\times_2\times_3$—H×××	415～550	≥330	≥22
F5$\times_2\times_3$—H×××	480～650	≥400	≥22

表 2-28 熔敷金属冲击试验结果

（第三位数字"$\times_3$"含义）

焊剂型号	试验温度/℃	冲击吸收功/J
F$\times_1\times_2$0—H×××	0	
F$\times_1\times_2$2—H××××	−20	≥27
F$\times_1\times_2$3—H×××	−30	
F$\times_1\times_2$4—H×××	−40	
F$\times_1\times_2$5—H×××	−50	
F$\times_1\times_2$6—H×××	−60	

（2）低合金埋弧焊用焊剂型号。低合金埋弧焊用焊剂型号根据焊丝-焊剂组合的熔敷金属力学性能、热处理状态进行划分，焊剂型号表示方法如图 2-18 所示。

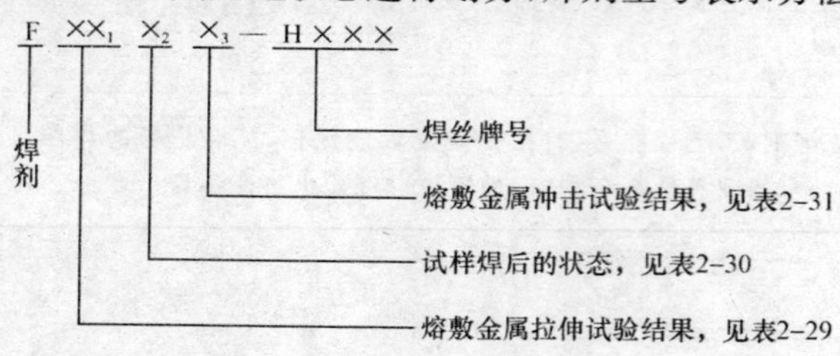

图 2-18 焊剂型号表示方法

表 2-29 熔敷金属拉伸试验结果

（第一位数字"$\times\times_1$"含义，表中单值均为最小值）

焊剂型号	抗拉强度 σ_b/MPa	屈服强度 $\sigma_{0.2}$ 或屈服点 σ_s/MPa	伸长率 δ(%)
F48$\times_2\times_3$—H×××	480～660	400	22
F55$\times_2\times_3$—H×××	550～770	470	20
F62$\times_2\times_3$—H×××	620～760	540	17
F69$\times_2\times_3$—H×××	690～830	610	16
F76$\times_2\times_3$—H×××	760～900	680	15
F83$\times_2\times_3$—H×××	830～970	740	14

表 2-30 试样焊后的状态

（第二位数字"$\times_2$"含义）

焊剂型号	试样的状态
F$\times\times_1$A$\times_3$—H×××	焊态下测试的力学性能
F$\times\times_1$P$\times_3$—H×××	经热处理后测试的力学性能

表 2-31　熔敷金属冲击试验结果（第三位数字“$\times_3$”含义）

焊剂型号	试验温度/℃	冲击吸收功 A_{KV}/J
F$\times\times_1\times_2$0—H$\times\times\times$	0	≥27
F$\times\times_1\times_2$2—H$\times\times\times$	−20	
F$\times\times_1\times_2$3—H$\times\times\times$	−30	
F$\times\times_1\times_2$4—H$\times\times\times$	−40	
F$\times\times_1\times_2$5—H$\times\times\times$	−50	
F$\times\times_1\times_2$6—H$\times\times\times$	−60	
F$\times\times_1\times_2$7—H$\times\times\times$	−70	
F$\times\times_1\times_2$10—H$\times\times\times$	−100	
F$\times\times_1\times_2$Z—H$\times\times\times$	不要求	

2. 焊剂的牌号

焊剂牌号是焊剂的商品代号，其编制方法与焊剂型号不同，焊剂牌号所表征的是焊剂中的主要化学成分。

(1)熔炼焊剂的牌号(图 2-19)。

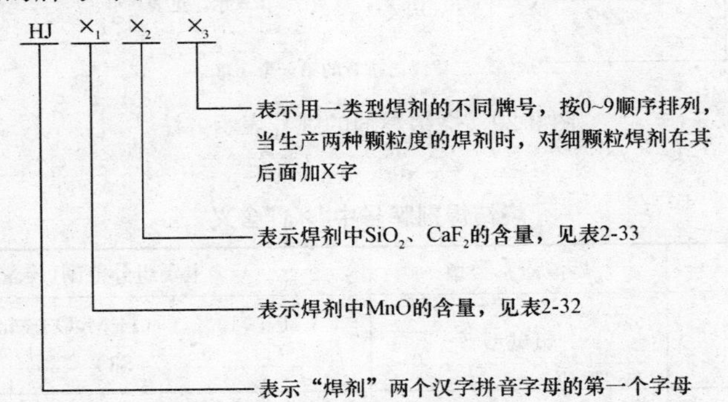

图 2-19　熔炼焊剂的牌号表示方法

表 2-32　熔炼焊剂牌号第一个字母“$\times_1$”含义

牌　号	焊剂类型	焊剂中 MnO 平均质量分数(%)
HJ1$\times_2\times_3$	无锰	<2
HJ2$\times_2\times_3$	低锰	2～5
HJ3$\times_2\times_3$	中锰	15～30
HJ4$\times_2\times_3$	高锰	>30

表 2-33　　熔炼焊剂牌号第二个字母“$\times_2$”含义

焊剂牌号	焊剂类型	平均质量分数(%)	
		SiO_2	CaF_2
HJ$\times_1$1$\times_3$	低硅低氟	<10	<10
HJ$\times_1$2$\times_3$	中硅低氟	10～30	<10
HJ$\times_1$3$\times_3$	高硅低氟	>30	<10
HJ$\times_1$4$\times_3$	低硅中氟	<10	10～30
HJ$\times_1$5$\times_3$	中硅中氟	10～30	10～30
HJ$\times_1$6$\times_3$	高硅中氟	>30	10～30
HJ$\times_1$7$\times_3$	低硅高氟	<10	>30
HJ$\times_1$8$\times_3$	中硅高氟	10～30	>30
HJ$\times_1$9$\times_3$	高硅高氟	—	—

(2)烧结焊剂的牌号(图 2-20)。

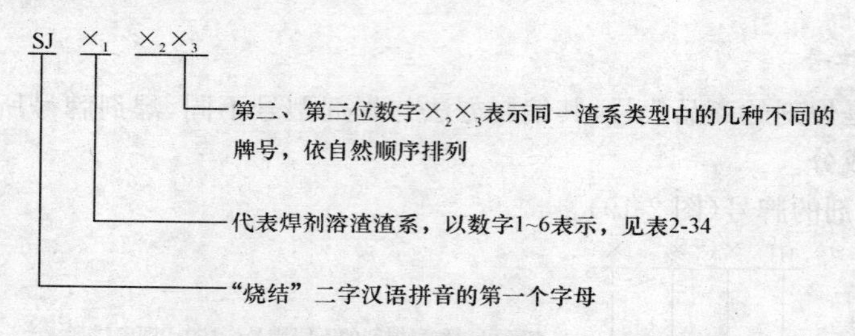

图 2-20　烧结焊剂的牌号表示方法

表 2-34　　烧结焊剂牌号中“$\times_1$”含义

焊剂牌号	熔渣渣系类型	主要组分范围(质量分数)
SJ1$\times_2\times_3$	氟碱型	$CaF_2\geqslant15\%$, $CaO+MgO+MnO+CaF_2\geqslant50\%$ $SiO_2<20\%$
SJ2$\times_2\times_3$	高铝型	$Al_2O_3\geqslant20\%$, $Al_2O_3+CaO+MgO>45\%$
SJ3$\times_2\times_3$	硅钙型	$CaO+MgO+SiO_2>60\%$
SJ4$\times_2\times_3$	硅锰型	$MnO+SiO_2>50\%$
SJ5$\times_2\times_3$	铝钛型	$Al_2O_3+TiO_2>45\%$
SJ6$\times_2\times_3$	其他型	—

关键细节 28　低碳钢埋弧焊焊剂的选择

(1)采用沸腾钢焊丝进行埋弧焊时，为了保证焊缝金属能通过冶金反应得到必要的硅锰渗合金，形成致密的、具有足够强度和韧性的焊缝金属，必须选用高锰高硅焊剂。

(2)在中厚板对接大电流单面开I形坡口埋弧焊焊接时，为了提高焊缝金属的抗裂性，应选用氧化性较高的高锰高硅焊剂配用H08A或H08MnA焊丝进行焊接。

(3)进行厚板埋弧焊时，为了得到冲击韧度较高的焊缝金属，应选用中锰中硅焊剂配用H10Mn2高锰焊丝。

(4)薄板用埋弧焊高速焊接时，对焊缝的强度和韧性的要求不是很高，但要充分考虑薄板在高速焊接时的良好焊缝熔合及成形，故应选用烧结焊剂SJ501配用强度相宜的焊丝。

(5)SJ501焊剂抗锈能力较强，按焊件的强度要求配用相应的焊丝，可以焊接表面锈蚀严重的焊件。

关键细节29　低合金钢埋弧焊焊剂的选择

(1)进行低合金钢埋弧焊时，为防止冷裂纹及氢致延迟裂纹的产生，应选择碱度较高的低氢型HJ25×系列焊剂，并配用含硅、含锰量适中的合金焊丝。

(2)进行低合金钢厚板多层多道埋弧焊时，应选用脱渣性较好的高碱度烧结焊剂。

关键细节30　不锈钢埋弧焊焊剂的选择

(1)进行不锈钢埋弧焊时，为防止合金元素在焊接过程中的过量烧损，应选用氧化性较低的焊剂。

(2)HJ260是低锰高硅中氟型熔炼焊剂，具有一定的氧化性，为防止合金元素的烧损，进行埋弧焊时应用镍含量较高的铬镍钢焊丝，补充焊接过程中烧损的合金元素。

(3)SJ103氟碱性烧结焊剂，不仅脱渣良好、焊缝成形美观，具有良好的焊接工艺性，而且还能保证焊缝金属具有足够的Cr、Mo、Ni含量，可满足不锈钢焊件的技术要求。

(4)HJ150、HJ172型焊剂，虽然氧化性较低，合金元素烧损较少，但是，焊剂的脱渣性能不良，所以，很少应用于不锈钢厚板的多层多道埋弧焊。

关键细节31　常用焊剂与焊丝的匹配及其用途

常用焊剂与焊丝的匹配见表2-35。

表2-35　常用焊剂与焊丝的匹配

牌　号	用　途	配用焊丝	电流
HJ130	低碳钢、普低钢	H10Mn2	交、直
HJ131	Ni基合金	Ni基焊丝	交、直
HJ150	轧辊堆焊	2Cr13、3Cr2W8	直
HJ172	高铬铁素体钢	相应钢种的焊丝	直
HJ230	低碳钢、普通低合金钢	H08MnA、H10Mn2	交、直
HJ250	低合金高强度钢	相应钢种的焊丝	直
HJ251	珠光体耐热钢	Cr-Mo钢焊丝	直
HJ260	不锈钢、轧辊堆焊	不锈钢焊丝	直

（续）

牌号	用途	配用焊丝	电流
HJ330	低碳钢及低合金结构钢的重要结构	H08MnA、H10Mn2	交、直
HJ350	低合金高强度钢的重要结构	Mn-Mo、Mn-Si及含Ni高强度钢焊丝	交、直
HJ430	低碳钢及低合金结构钢的重要结构	H08A、H08MnA	交、直
HJ431	低碳钢及低合金结构钢的重要结构	H08A、H08MnA	交、直
HJ433	低碳钢	H08A	交、直
HJ101	低合金结构钢	H08MnA H08MnMoA H08Mn2MoA H10Mn2	交、直
HJ201	低碳钢及低合金结构钢的重要结构	H08A、H08MnA	交、直
HJ301	普通结构钢	H08MnA H08MnMoA H10Mn2	交、直

三、焊剂的使用及保管

埋弧焊用焊剂是一种重要的焊接材料，在焊接过程中起隔离空气、保护焊缝金属不受空气侵害和参与熔池金属冶金反应的作用。因此，焊剂的使用和保管在焊接过程中十分重要。

关键细节32 焊剂的运输与储存

焊剂不能受潮、污染及渗入杂物，并应保持其颗粒度。焊剂的使用与保管应注意以下事项。

(1)熔炼焊剂不吸潮，因此可以简化包装、运输与储藏等过程。非熔炼焊剂极易吸水，这是引起焊缝金属气孔和导致裂纹的主要原因。因此，出厂前经烘干的焊剂应装在防潮容器内并密封，运输过程应防止破损。

(2)各种焊剂应储存在干燥库房内，其室温为5～50℃，不能放在高温、高湿度的环境中。

(3)焊剂的颗粒小于0.1mm和大于2.5mm时，粉尘大，影响环境卫生，因此焊接时不能使用；焊剂的颗粒大于2.5mm时，不能很好地隔绝空气以保护焊缝金属，而且对合金元素过渡也会产生不良影响。因此，在储运和回收焊剂时，均应防止焊剂结块或粉化，以防止焊剂对焊接过程的不利影响。

关键细节 33　焊剂的烘干

焊剂在使用前必须进行烘干以清除焊剂中的水分。操作时，先将焊剂平铺在干净的铁板上，再放入电炉或火焰炉内烘干，烘干炉内焊剂的堆放高度不得超过 50mm。部分焊剂烘干温度及时间见表 2-36。

表 2-36　部分焊剂烘干温度及时间

焊剂牌号	焊剂类型	焊前烘干温度/℃	保温时间/h
HJ130	无锰中硅低氟	250	2
HJ131	无锰高硅低氟	250	2
HJ150	无锰高硅中氟	300～450	2
HJ172	无锰低硅高氟	350～400	2
HJ251	低锰中硅中氟	300～350	2
HJ351	中锰中硅中氟	300～400	2
HJ360	中锰高硅中氟	250	2
HJ431	高锰高硅低氟	200～300	2
SJ101	氟碱型(碱度值为 1.8)	300～350	2
SJ102	氟碱型(碱度值为 3.5)	300～350	2
SJ105	氟碱型(碱度值为 2.0)	300～350	2
SJ402	锰硅型酸性(碱度值为 0.7)	300～350	2
SJ502	铝钛型酸性	300	1
SJ601	专用碱性	300～350	2

关键细节 34　焊剂的使用

(1)焊剂的使用应本着先进先出的原则，先买进的焊剂先使用。

(2)焊剂回收后，经过筛选、加温去湿，再与经过加温去湿的新补充的焊剂搅拌均匀后再用。

(3)焊接时，焊剂堆放高度与焊接熔池表面的压力成正比。堆放过高，焊缝表面波纹粗大，凹凸不平，有“麻点”。一般使用的玻璃状焊剂堆放高度为 25～45mm，高速焊时焊剂堆放宜低些，但不能太低，否则电弧外露，焊缝表面会变得粗糙。

第四节　保护气体

一、保护气体的分类

气体保护焊常用的保护气体有惰性气体、氧化性气体、还原性气体及混合气体。

(1)惰性气体:氩气(Ar)、氦气(He)。

(2)氧化性气体:二氧化碳气体(CO_2)、氧气(O_2)。

(3)还原性气体:氮气(N_2)。

(4)混合性气体:Ar+CO_2 或 Ar+O_2。

二、氩气

氩气是无色无味的惰性气体,化学性质很不活泼,在常温、高温下,既不与其他元素发生化学反应,也不溶于金属中。

氩气的密度为 1.784kg/m²;在 20℃时,热导率为 0.0168W/(m·K),由于是单原子气体,在高温时不分解吸热,所以在氩气保护中的焊接电弧,热量损失较少,焊接电弧燃烧比较稳定;氩气的电离势为 15.7V;沸点为－186℃;化学元素符号为 Ar。在碳钢、铝及铝合金焊接时,纯度(体积分数)≥99.99%;在钛及钛合金焊接时,纯度≥99.999%。

关键细节 35　氩气的应用

(1)氩气在焊接过程中作为保护气体,可以避免合金元素的烧损以及由此而产生的其他焊接缺陷,从而使焊接过程中的冶金反应变得简单而易于控制,以确保焊缝的高质量。

(2)氩气能较好地控制仰焊和立焊的焊缝熔池,常用于仰焊缝和立焊缝的焊接。

(3)氩气的电离势比氦气低,在同样弧长下,电弧电压较低,因此,对于 4mm 以下的金属材料的焊接,氩弧焊比氦弧焊更具优势。

(4)焊接过程中,用氩气保护的电弧稳定性比氦气保护的电弧稳定性更好。用氩气保护时,引弧容易,这对减少薄板焊接起弧点处的金属组织容易过热会很有好处。

(5)钨极氩弧焊电弧在焊接过程中,有自动清除焊件表面氧化膜的作用,所以,最适宜用于化学性质比较活泼在焊接过程中容易被氧化、氮化的金属的焊接。

关键细节 36　氩气的储存与运输

(1)氩气可在低于－184℃温度下以液态形式贮存和运送。

(2)氩气用气瓶进行储运,氩气瓶是一种钢质圆柱的高压容器,瓶体为银灰色,并注有深绿色"氩气"或"氩"字标志字样,我国常用氩气瓶的容积为 33L、40L、44L,最高工作压力为 15MPa。

(3)焊接时氩气装入钢瓶中供使用。

(4)氩气瓶在使用中应直立放置,严禁敲击、碰撞等。不得用电磁起重搬运机搬运,防止日光暴晒。

三、氦气

氦气是无色无味的惰性气体,化学性质很不活泼,在常温、高温下,既不与其他元素发生化学反应,也不溶于金属,是一种单原子气体。

氦气的密度为 0.179kg/m³;在 20℃时,热导率为 0.151W/(m·K);电离势为 24.5V;沸点为－269℃;化学元素符号为 He。

焊接用氦气的纯度一般要求在99.8%以上。我国生产的焊接用氦气的纯度可达99.999%,能满足各种材料的焊接要求,其成分见表2-37。

表2-37 国产焊接用氦气的成分表

成 分	Ne	H_2	O_2+Ar	N_2	CO	CO_2	H_2O
含量($\times10^{-5}$)	≤4.0	≤1.0	≤1.0	2.0	0.5	0.5	3

关键细节37 氦气的应用

(1)氦气在焊接过程中作为保护气体,可以避免合金元素的烧损及由此产生的焊接缺陷。

(2)氦气的重量只有空气的14%,在焊接过程中用氦气作保护,更适合仰焊位焊接和爬坡立焊。

(3)氦气保护焊时采用了大的焊接热输入和高的焊接速度,不仅减少了焊接变形,同时也提高了焊缝金属的力学性能。

关键细节38 氦气的储存

(1)储存的氦气由专人管理,管理人员对氦气的安全和相关设备操作负有责任。

(2)输出与输入氦气要经过相关领导签字同意后方可进行。

(3)在没有外来氦气输入与输出的情况下,需要每周一、周四记录两次所有氦气的储量。

(4)在有外来氦气输入与输出的情况下,要及时详细地做好记录。

(5)发现漏气情况须及时处理,并如实上报相关领导。

(6)所有氦气要根据纯度分开储存。

(7)在试验过程中,值班长与压机站值班人员须时刻监测氦气漏率,每24h必须估算漏气量,并做好记录。

四、二氧化碳气体

CO_2气体是一种无色、无臭、无味的气体,在0℃和0.1MPa气压时,它的密度为1.9768g/cm^3,为空气的1.5倍。CO_2气体在常温下很稳定,但在高温下几乎能全部分解。

CO_2有三种状态:固态、液态和气态。CO_2液态变为气体的沸点很低(−78℃),所以工业用的CO_2都是液态,在常温即可变为气体。在不加压力冷却时,CO_2即可变为干冰。当温度升高时,干冰又可直接变为气体。因为空气中的水分不可避免地凝结在干冰上,使干冰在气化时产生的CO_2气体中含有大量的水分,所以,固态的CO_2不能用在焊接工艺制造上。在0℃、0.1MPa压力下,1kg的液态CO_2可以气化成509L气态CO_2。

由于液态CO_2中可溶解约占质量0.05%的水分。因此当用做CO_2焊的保护气体时,必须经过干燥处理,焊接用的CO_2气体的一般标准是:$CO_2>99\%$;$O_2<0.1\%$;水分<1.22g/m^2,对于质量要求高的焊缝,CO_2纯度应>99.5%。为了保证焊接质量,可以在焊接现场采取以下有效措施,降低CO_2气体中水分的含量:

(1)更换新气瓶时，先放气2～3min，排除装瓶时混入气瓶中的空气和水分。

(2)在气路中设置高压干燥器。用硅胶或脱水硫酸铜作干燥剂，对气路中的CO_2气体进行干燥。

(3)在现场将新灌的气瓶倒置1～2h后打开阀门，排出沉积在瓶底内自由状态的水，根据瓶中含水量的不同，每隔30min左右放一次水，需放水2或3次后，再将气瓶倒180°方向放正，用于焊接。

关键细节39 二氧化碳保护气体的选用

焊接用CO_2保护气体的选用见表2-38。

表2-38 焊接用CO_2保护气体及适用范围

材 料	保护气体	混合比	化学性质	简要说明
碳钢及低合金钢	$Ar+O_2+CO_2$	加O_2为2% 加CO_2为5%	氧化性	用于射流电弧，脉冲电弧及短路电弧
碳钢及低合金钢	$Ar+CO_2$	加CO_2为2.5%	氧化性	用于短路电弧。焊接不锈钢时加入CO_2的体积分数最大量应小于5%，否则渗碳严重
	$Ar+O_2$	加O_2为1%～5%或20%	氧化性	生产率较高，抗气体孔性能优。用于射流电弧及对焊缝要求较高的场合
	$Ar+CO_2$	Ar为70%～80% CO_2为30%～20%	氧化性	有良好的熔深，可用于短路过渡及射流过渡电弧
	$Ar+O_2+CO_2$	Ar为80% O_2为15% CO_2为5%	氧化性	有较佳的熔深，可用于射流、脉冲及短路电弧
	CO_2		氧化性	适于短路电弧，有一定飞溅

关键细节40 二氧化碳保护气体的储存与运输

CO_2保护气体的储存与运输要求如下：

(1)焊接时用的CO_2气体需用压缩气瓶盛装，气瓶喷成银白色，上书黑漆字“二氧化碳”。

(2)避免二氧化碳气瓶靠近高温热源或让烈日暴晒，以免发生气瓶爆炸事故。

五、氧气

气态氧是无色、透明气体，而且无臭无味。氧的化学性质极为活泼，除稀有气体外，几乎能与所有元素化合。氧的分子量为32。1m^3 的氧在0℃和0.1MPa压力下重1.43kg，其密度与空气相比为1.1053。

工业上最常用的制氧方法是液态空气制氧法。因此，工业用氧中难免含有杂质气体成分，工业用氧的纯度达到99.5%为一级纯度，达到98.0%为二级纯度。

有机物在氧气里的氧化反应，具有放热的性质，而在反应进行时排出大量的热量，当使用氧气时，尤其是在压缩氧状态下，必须经常注意不要使它和易燃物质相接触。

关键细节41 氧气瓶的运输、储存与使用

(1)运输。

1)在运输前，要检查瓶嘴气阀安全胶圈是否齐全，瓶身、瓶嘴是否有油类等。

2)装卸时，瓶嘴阀门朝同一方向，防止互相撞击，损坏和爆炸。

3)不准装运其他可燃气体。

4)在强烈阳光下运输时，要用帆布遮盖。

(2)氧气瓶保管与存放。

1)库房周围不得放易燃物品。

2)库内温度不得超过30℃，距离热源明火在10m以外。

3)氧气瓶减压阀、压力计、接头与导管等，要涂标记。

(3)氧气瓶使用规定。

1)安装减压阀前，先将瓶阀微开1或2s钟，并检验氧气质量，合乎要求方可使用。

2)瓶中氧气不准用净，应留0.1MPa。

3)检查瓶阀时，只准用肥皂水检验。

4)氧气瓶不准改用充装其他气体使用。

六、氮气

氮气具有还原性，能显著增加电弧电压，用氮气作为保护气体，在焊接过程中可产生很大的热量，氮气的热导率比氩气或氦气高得多，故可以提高焊接速度，降低成本，获得较好的经济效益。

采用氮气保护进行电弧焊焊接时，由于焊接热输入增大，可以降低或取消预热措施。此外，在焊接过程中，还会有烟雾或飞溅产生。采用氮气作为保护气体时，只能进行铜及铜合金的焊接。

关键细节42 氮气瓶的运输、储存与使用

(1)氮气瓶安全管理要求。

1)有掌握气瓶安全知识的专人负责气瓶安全管理工作。

2)制定相应的气瓶安全管理制度。

3)制定事故应急处理措施,配备必要的防护用品。

4)定期对气瓶的储存仓库管理人员进行安全技术教育。

(2)氮气瓶储存安全要求。

1)应置于专用仓库储存,气瓶仓库应符合《建筑设计防火规范》的有关规定。

2)仓库内不得有地沟、暗道,严禁明火和其他热源,仓库内应通风、干燥,避免阳光直射。

3)控制仓库内的最高温度,规定储存期限。

4)空瓶与实瓶应分开放置,并有明显标志;与有毒性气体气瓶和瓶内气体能引起燃烧爆炸,产生毒物的气瓶,应分室存放,并在附近设置防毒用具或灭火器材。

5)气瓶放置应整齐,配戴好瓶帽,立放时,要妥善固定;横放时,头部要朝同一方向。

6)对气瓶的钢印和颜色标记、盛装气体进行确认,不符合安全技术要求的气瓶严禁入库。

7)夏季应防止暴晒。

8)严禁敲击,碰撞。

9)严禁在气瓶上进行电子电焊引弧。

10)严禁用温度超过40℃的热源对气瓶加热。

11)空瓶入库检查,瓶内气体不得用尽,必须留有剩余压力;永久气体气瓶的剩余压力应小于0.05MPa。

12)钢瓶瓶肩上有下次检测的具体时间,在这个时间以前可以放下使用,到期了就要送到专门的检测机构检测才可以充瓶使用,一般是两年检测一次。

(3)氮气瓶使用规范。

1)蓄能器应安装在远离热源的地方。

2)工作压力严禁超出公称压力。

3)定期检查囊气压力(至少每三个月一次)。

4)加压时不能拆卸。

5)垂直或水平安装蓄能器。

七、混合气体

焊接过程中常用的混合保护气体包括氩-氦混合气体、氩-氧混合气体、氩-氧-二氧化碳混合气体及氩-氮混合气体等,具体内容见表2-39。

表2-39 混合气体类型及应用

序号	类别	性质与应用
1	氩-氦混合气体	氩-氦混合气体是惰性气体。当用氩弧焊焊接时,氩气在低速流动时的保护作用较大,焊接电弧柔软、便于控制;而用氦弧焊时,氦气在高速流动时的保护作用最大,并且氦弧焊的熔深较大,适宜厚板材料的焊接。 当用氦气(He)80%+氩气(Ar)20%的混合气体进行保护焊接时,其保护作用具有氩弧焊、氦弧焊两个工艺的优点。 氩-氦混合气体广泛用于自动气体保护焊工艺,用来焊接铝及铝合金的厚板

（续）

序　号	类　别	性　质　与　应　用
2	氩-氧混合气体	氩-氧混合气体具有氧化性，可以细化过渡熔滴，克服电弧阴极斑点飘移及焊道边缘咬边等缺陷。氩-氧混合气体与用纯氩气保护相比，同样的保护气体流量，氩-氧混合气体可以增大焊接热输入，从而提高焊接速度。 氩-氧混合气体只能用于熔化极气体保护焊，因为，在钨极气体保护焊时，氩-氧混合气体将加速钨极的氧化。 当熔滴需要喷射过渡或对焊缝质量要求较高时，可以用氩-氧混合气体保护进行焊接
3	氩-氧-二氧化碳混合气体	氩-氧-二氧化碳混合气体具有氧化性，能够提高焊缝熔池的氧化性，降低焊缝金属的含氢量，用氩-氧-二氧化碳混合气体保护焊接，既增大了焊缝的熔深，又使焊缝成形好，不易形成气孔或咬边缺陷。 氩-氧-二氧化碳混合气体常用于不锈钢、高强度钢、碳钢及低合金钢的焊接
4	氩-氮混合气体	氩-氮混合气体具有还原性，比氮弧焊容易控制和操作电弧，焊接热输入比用纯氩气焊接时大，当用氩气（Ar）80％＋氮气（N_2）20％的混合气体保护焊接时，会有一定量的飞溅产生。 氩-氮混合气体只能用于铜及铜合金焊接

第三章　手工电弧焊

第一节　手工电弧焊概述

一、手工电弧焊的概念

手工电弧焊也称焊条电弧焊，是熔焊的一种，是焊工用手工操作焊条进行焊接的电弧焊。它是以外部涂有涂料的焊条作电极和填充金属，利用焊条与被焊金属工件间产生的电弧热量加热并熔化金属，随后形成焊缝，获得牢固接头的焊接方法。涂料在电弧热作用下一方面可以产生气体以保护电弧，另一方面可以产生熔渣覆盖在熔池表面，防止熔化金属与周围气体的相互作用。熔渣更重要的作用是与熔化金属产生物理化学反应或添加合金元素，改善焊缝金属性能。

手工电弧焊应用最早，也是最广泛的一种方法，手工电弧焊是将工件和焊钳分别接到电焊机的两个电极上，并用焊钳夹持焊条，如图 3-1 所示。焊接时，先将焊条与工件瞬时接触，随即再把它提起，在焊条和工件之间便产生了电弧。电弧在工件和焊条之间燃烧，产生高温，电弧热使工件、焊芯同时熔化，由于电弧的吹力作用，在被焊金属上形成了一个椭圆形充满液体金属的凹坑（这个凹坑称为熔池），同时熔化了的焊条金属向熔池过渡，焊条药皮熔化过程中产生一定量的保护气体和液态熔渣，产生的 CO_2、CO、H_2 充满在电弧和熔池周围，起隔绝大气的作用。液态熔渣浮起盖在液体金属上面，也起着保护液体金属的作用。随着焊条沿焊缝的方向向前移动，新的熔池不断形成，先熔化了的金属迅速冷却、凝固，形成一条牢固的焊缝，使两块分离的金属连成为一个整体。熔池中液态金属、液态熔渣和气体间进行着复杂的物理、化学反应，称为冶金反应，这种反应起着精炼焊缝金属的作用，能够提高焊缝的质量。

二、手工电弧焊的特点

手工电弧焊的主要特点如下：

（1）工艺技术操作灵活，可达性好。适合在空间任意位置的焊缝，凡是焊条操作能够达到的地方都能进行焊接。

（2）设备简单，使用方便。无论采用交流弧焊机还是直流弧焊机，焊工都能很容易地掌握，而且使用方便、简单，投资少，易于维修。

（3）应用范围广。选择合适的焊条可以适用于各种金属材料、各种厚度、各种结构形状及位置的焊接。

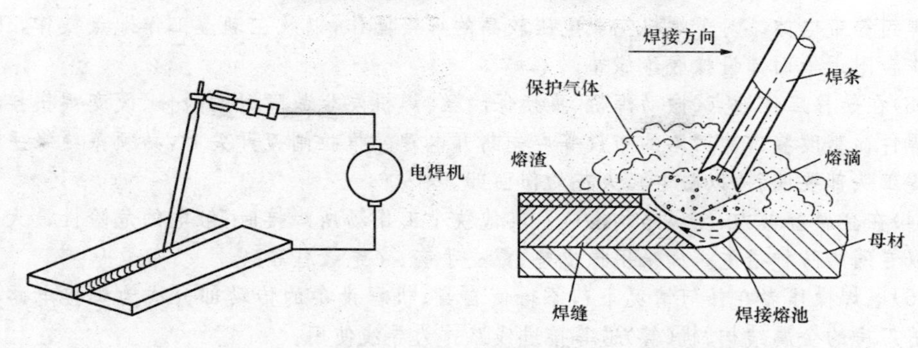

图 3-1　手工电弧焊示意图

(4)焊接质量不够稳定。焊接的质量受焊工的操作技术、经验、情绪的影响，对焊工的操作技术水平和经验要求很高。

(5)劳动条件差。焊工不仅劳动强度大，还要受到弧光辐射、烟尘、臭氧、氮氧化合物、氟化物等有毒物质的危害。

(6)生产效率低。受焊工体能的影响，焊接工艺参数中的焊接电流受到限制，加之辅助时间较长，因此生产效率低。

三、手工电弧焊的适用范围

手工电弧焊是利用电弧放电所产生的热量，将焊条和工件局部加热熔化、冷凝而完成焊接的，手工电弧焊在国民经济各行业中得到了广泛应用，可用来焊接低碳钢、低合金钢、不锈钢、耐热钢、铸铁及有色金属材料等，见表 3-1。

表 3-1　　手工电弧焊的应用范围

焊件材料	适用厚度/mm	主要接头形式
低碳钢、低合金钢	≥2～50	对接、T 形接、搭接、端接、堆焊
铝、铝合金	≥3	对接
不锈钢、耐热钢	≥2	对接、搭接、端接
纯铜、青铜	≥2	对接、堆焊、端接
铸铁		对接、堆焊、焊补
硬质合金		对接、堆焊

关键细节 1　手工电弧焊的防触电措施

手工电弧焊利用电弧放电，使用广泛，使用时应注意防止触电。

(1)焊接工作前，要先检查焊机设备和工具是否安全可靠，例如焊机外壳是否接地、焊机各接线点接触是否良好；焊接电缆的绝缘有无破损等。不允许未进行安全检查就开始操作。

(2)焊工的手和身体不得随便接触二次回路的导电体，不能倚靠在工作台、焊件上或接触焊钳等带电体。对于焊机空载电压较高的焊接操作，以及在潮湿工作地点操作，还应在操作台附近地面铺设橡胶绝缘垫。

(3)在转移工作地点、搬动焊机、更换保险丝、焊机发生故障时的检修、改变焊机接头、更换焊件而需改装二次回路的布设等应先断开电源。推拉闸刀开关时，必须戴绝缘手套；同时焊工头部要偏斜，以防电弧火花灼伤面部。

(4)在金属容器内、金属结构上以及其他狭小工作场所焊接时，触电的危险性最大，必须采取专门的防护措施。如采用橡皮垫、戴皮手套、穿绝缘鞋等。

(5)电焊操作者在任何情况下都不得使自身、机器设备的传动部分成为焊接电路，严禁利用厂房的金属结构、轨(管)道等接进线路作为导线使用。

(6)焊机的接地保护装置必须齐全有效，同时，焊机必须装设电焊机空载自动断电保护装置。

(7)焊接电缆中间不应有接头，如需用短线接长，则接头不应超过2个，接头应采用铜材料做成，并保证绝缘良好。

(8)加强个人防护，焊工个人防护用品包括完好的工作服、绝缘手套、套鞋等。

(9)电焊设备的安装、检查和修理必须由电工进行，临时施工点应由电工接通电源。

第二节　手工电弧焊常用设备

一、电焊机

手工电弧焊用的电焊机有交流电焊机和直流电焊机两种。

(1)交流电焊机。交流电焊机是一种特殊的降压变压器。它将电源电压(220V或380V)降至空载时的60～70V，工作电压为30V。它能输出很大的电流，从几十安培到几百安培。根据焊接需要，能调节电流大小。电流的调节可分粗调和细调两级。粗调是改变输出抽头的接法，调节范围大。细调是旋转调节手柄，将电流调节到所需要的数值。交流电焊机结构简单，制造和维修方便，价格低，工作噪声小，应用很广，缺点是焊接电弧不够稳定。

(2)直流电焊机。直流电焊机是由交流电动机和特殊的直流发电机组成的。电动机带动发电机旋转，发出满足焊接要求的直流电，其空载电压为50～80V，工作电压为30V。电流调节范围为45～320A，也分粗调和细调两级。直流电焊机焊接时电弧稳定，能适应各种焊条，但结构复杂，价格高。

关键细节2　*直流电焊机的接法*

直流电焊机有两种接法。

(1)正接。当工件接正极、焊条接负极时称正接法。由于电弧正极区的温度高，负极区的温度低，因此使用正接法时工件的温度高，用于焊接黑色金属。酸性焊条使用直流电源时通常采用直流正接。

(2)反接。若工件接负极、焊条接正极，则称为反接法。反接法用于焊接有色金属和薄钢板。碱性焊条常采用直流反接，否则电弧燃烧不稳定，飞溅严重，噪声大。

目前，我国手工电弧焊用的焊机有三大类：弧焊变压器、直流弧焊发电机和弧焊整流器。其中直流弧焊发电机虽然稳弧性好，经久耐用，受电网电压波动的影响小，但硅钢片和铜导线的需要量大，结构复杂，成本高，正逐渐被淘汰。随着弧焊整流器制造质量的提高正逐渐被应用，并且出现了一些新型焊机，如逆变型弧焊电源。

二、焊钳

焊钳是用于夹持焊条和传递电流的，具有良好的导电性，安全耐用，不易发热、质量小、夹持焊条牢固及装换焊条方便。使用时，钳口上的焊渣要经常清除，以减小电阻、降低热量，延长其使用寿命。常用的焊钳有300A和500A两种，见表3-2。

表3-2 常用的焊钳型号及规格

型 号	额定电流/A	焊接电缆孔径/mm	适用的焊条直径/mm	质量/kg	外形尺寸/mm
G350	300	14	25	0.5	250×80×40
G582	500	18	48	0.7	290×100×45

关键细节3 焊钳的选择

(1)焊钳必须有良好的绝缘性，焊接过程中不易发热烫手。

(2)焊钳钳口材料要有高的导电性和一定的力学性能，故用纯铜制造。焊钳能夹住焊条，焊条在焊钳夹持端，能根据焊接的需要变换多种角度；焊钳的质量要轻，便于操作。

(3)焊钳与焊接电缆的连接应简便可靠，接触电阻小。

关键细节4 便携式焊钳的常见故障及其处理

便携式焊钳主要零件的使用寿命及出现故障的处理方法见表3-3。

表3-3 便携式焊钳主要零件的使用寿命及出现故障的处理方法

检查部位	更换周期	故障判定标准	对策
电极帽	3000～5000点	消耗达6mm	更换
电极柄	300000～500000点	变形、裂纹或断裂	更换
电极接头	300000～500000点	变形、裂纹或断裂	更换
电极握杆	1000000点	变形、裂纹或断裂	更换
电极臂	按实际需要		
绝缘衬套	2000000～3000000点	轻微滑动磨损 凹凸不平磨损 裂纹或断裂 端面安装不平超过2mm	不影响正常工作 最大允许0.2mm 更换 目测重新安装
绝缘垫片	2000000～3000000点		

（续）

检查部位	更换周期	故障判定标准	对策
垫片	2000000～3000000点		
绝缘板	2000000～3000000点		
绝缘键	2000000～3000000点		
绝缘管	2000000～3000000点		
螺栓	按实际需要		
内六角螺钉	按实际需要		
螺母	按实际需要		

三、面罩

面罩是为了防止焊接时的飞溅、弧光及其他辐射对焊工面部及颈部损伤的一种遮蔽工具，有手持式和头盔式两种。焊工护目滤光镜片可按表3-4选用。

表3-4　　焊工护目滤光镜片的选用

焊接方法	滤光镜片号			
	焊接电流 I/A			
	$I \leqslant 30$	$30 < I \leqslant 75$	$75 < I \leqslant 200$	$200 < I \leqslant 400$
电弧焊	5～6	7～8	8～10	11～12
碳弧气刨			10～11	12～14
焊接辅助工	3～4			

关键细节5　*焊接护目镜及面罩的要求*

（1）焊工用面罩有手持式和头戴式两种，面罩和头盔的壳体应选用难燃或不燃的且刺激皮肤的绝缘材料制成。罩体应遮住脸面和耳部，结构牢靠，无漏光。

（2）头戴式面罩，用于各类电弧焊或登高焊接作业，重量不应超过560g。

（3）辅助焊工应根据工作条件，选戴遮光性能相适应的面罩和防护眼镜。

（4）气焊、气割作业，应根据焊接、切割工件板的厚度，适用相应型号的防护眼镜片。

（5）焊接、切割的准备、清理工作，如打磨焊口、清除焊渣等，应使用镜片不易破碎成片的防渣眼镜。

四、焊接电缆

电缆是连接焊机与焊钳和焊机与焊件的导线，其作用是传导焊接电流。电缆线应柔软，容易弯曲，具有良好的导电性能，外表应有良好的绝缘层。电缆线外皮如有烧损，应立即用绝缘胶布包扎好或更换，以避免触电事故。

焊接电缆的作用是传导焊接电流，常用焊接电缆的型号与规格见表3-5。

表 3-5 常用焊接电缆的型号与规格

电缆型号	截面/mm^2	线芯直径/mm	电缆外径/mm	电缆质量/(kg/km)	额定电流/A
YHH 型焊接用橡胶电缆	16	6.23	11.5	282	120
	25	7.50	12.6	397	150
	35	9.23	15.5	557	200
	50	10.50	17.0	737	300
	70	12.95	20.6	990	450
	95	14.70	22.8	1339	600
	120	17.15	25.6	—	—
	150	18.90	27.3	—	—
YHHR 型焊接用橡胶软电缆	6	3.96	8.5	—	35
	10	4.89	9.0	—	60
	16	6.15	10.8	282	100
	25	8.00	13.0	397	150
	35	9.00	14.5	557	200
	50	10.60	16.5	737	300
	70	12.95	20	990	450
	95	14.70	22	1339	600

关键细节 6 *焊接电缆的选择*

(1)焊接电缆的截面积应根据焊接电流和导线长度来选。

(2)焊接电缆外皮必须完好、柔软、绝缘性好。

(3)焊接电缆线长度一般不宜超过 20～30m,确实需要加长时,可将焊接电缆线分为两节导线,连接焊钳的一节用细电缆,另一节按长度及使用的焊接电流选择粗一点的电缆,两节用电缆快速接头连接。

关键细节 7 *焊接电缆的安全要求*

(1)焊接电缆线应具有良好的导电能力,良好的绝缘外表。线芯为多股细铜线(直径为 0.2～0.4mm),并且轻便、柔软、便于操作,其截面积应根据使用的焊接电流与电缆线长度的不同来确定,以防在使用中因为过热而烧毁绝缘层。

(2)焊接电缆外表必须完整,其绝缘电阻不得小于 1MΩ,外皮破损时应及时修补完好。

(3)长度选用要适中,过长会加大导线压降,过短则使用不方便,一般不超过 20～30m 为宜。

(4)一般要使用整根电缆线,中间不应有接头,因工作需要一定要加长导线时,应使用专用的焊接电缆接头牢固连接,连接处外表应保持良好的绝缘,接头不宜超过两个。

(5)严禁使用厂房构件、金属结构、轨道、管道或其他金属物搭接起来代替焊接电缆使用,这样会因接触不好而产生火花,引起火灾,或造成触电事故。

(6)焊接电缆线需要横过马路或通道时,必须采取护套等护措施,严禁搭在气瓶、乙炔发生器或其他易燃物品的容器或材料上。

(7)禁止焊接电缆与油脂等易燃物料接触。

(8)与电网连接的高压电缆线应越短越好,一般不得超过2~3m。如需加长时,不允许拖地而过,必须沿墙离地面2.5m以上高度,并用瓷柱布设,在电焊机近旁要另设一个开关。

(9)焊接电缆的绝缘能力和其他工作性能应每半年检验一次。

五、焊条保温筒

焊条保温筒是在施工现场供焊工携带的可储存少量焊条的一种保温容器,是焊工在工作时为保证焊接质量不可缺少的工具,焊接压力容器时尤为重要。焊条保温筒能保持筒内焊条干燥,防止焊条受潮,从而保证好的工艺性能和焊接质量。

使用焊条保温筒时,先将焊条装入筒内并盖好,按需要将调温器调至规定温度。取焊条前,切断焊条保温筒电源。从筒中取焊条时,应先将筒内托盘提起,以防烫伤。焊条保温筒不要放在潮湿处,放置要平稳,避免碰撞,以免损伤内部元件。

关键细节8 焊条保温筒的选择

焊接施工过程中,焊条从烘箱中取出后应放在焊条保温箱内送到施工现场,施工时,焊条随用随逐根从焊条保温筒内取出。常用焊条保温筒的型号及技术参数见表3-6。

表3-6 常用的焊条保温筒的型号及技术参数

功能	型号			
	PR—1	PR—2	PR—3	PR—4
电压范围/V	25~90	25~90	25~90	25~90
加热功率/W	400	100	100	100
工作温度/℃	300	200	200	200
绝缘性能/mΩ	>3	>3	>3	>3
可容纳的焊条质量/kg	5	2.5	5	5
可容纳的焊条长度/mm	410/450	410/450	410/450	410/450
质量/kg	3.5	2.8	3	3.5
外形尺寸直径/mm×高/mm	ϕ145×550	ϕ110×570	ϕ155×690	ϕ195×700

六、角向磨光机

角向磨光机的用途是焊接前用以磨削坡口的钝边、焊件表面除锈、磨削焊缝接头处的突兀处及多层焊时清除层间缺陷。

角向磨光机有电动和气动两种，其中以手持式电动角向磨光机用得较多，其砂轮片由单相串励电动机驱动，用螺旋圆锥齿轮减速传动，安全线速度为80m/s。

关键细节9 角向磨光机使用注意事项

(1)角向磨光机在使用时的海拔不得超过1000m；环境空气温度不超过40℃、不低于－15℃；空气相对湿度不超过90%(25℃)。

(2)使用前必须认真检查角向磨光机的整机外壳是否有破损，砂轮防护罩是否完好牢固，电缆线、插头是否有损伤。然后通电空载运行几分钟，检查转动部分是否灵活无障碍。

(3)接电源前，必须首先检查电网电压是否符合要求，并将开关置于断开(OFF)位置。在供电电网临时停电时，应将角向磨光机与电源脱离，以防止电动机意外启动。

(4)在磨削过程中，不要让砂轮受到撞击，使用切割砂轮时不得横向摆动，以免砂轮破碎。为取得好的加工效果，应尽可能使工作头旋转平面与工件砂轮表面呈15°～30°的斜角。

(5)搬动时，应手持机体或手柄，不要提拉电缆线。

(6)角向磨光机的电缆线与插头具有加强绝缘性能的作用，不要任意用其他导线更换或任意接长导线。平时应保护好电缆线，不要让尖利硬物损伤绝缘层。

(7)角向磨光机应放置于干燥、清洁、无腐蚀性气体的环境中，因其机壳用聚碳酸酯制成，故不要让其接触有害溶剂。

(8)每季度至少进行一次全面检查，并测量角向磨光机的绝缘电阻，其值不得少于7MΩ。梅雨季节应加强检查。

关键细节10 角向磨光机的维护保养要点

(1)经常观察电刷的磨损情况，及时更换过短的电刷。更换后的电刷在刷握中应活动自如，用手试电动机运转灵活，再通电空转15min，使电刷与换向器接触良好。

(2)保持风道通畅，定期清除机内油污与尘垢。

(3)使用过程中，若出现下列情况，必须立即切断电源，送交专职检修人员处理：传动部件卡住、转速急剧下降或突然停止转动；有异常振动或声响，温升过高或有异味；发现电刷火花大于Ⅱ级或有环火。

七、清渣工具

敲渣锤和钢丝刷的作用主要是清理焊缝表面、焊缝层间的焊渣及焊件表面的铁锈、油污等。敲渣锤的两端可根据实际情况磨成圆锥形或扁铲形等。钢丝刷是清除焊件表面铁锈、飞溅物的工具，常用弯柄式由4～6行钢丝组成的刷子。

采用碱性焊条焊接厚钢板焊件时，人工敲渣的时间占全部焊接时间的5/6以上，而且冲击振动力大，影响焊接质量。气刮铲是将扁铲装在一风动工具上进行敲渣，比手工敲渣可以缩短时间2/3，且轻巧灵活，后坐力小，清渣彻底，方便安全。

关键细节11 气动清渣工具的选择

气动清渣工具及高速角向砂轮机主要用于焊后清渣、焊缝修整及焊接接头的坡口准备与修整等，各工具的名称及型号见表3-7。

表3-7 气动清渣工具的名称及型号

名称	型号	主要用途
气动刮铲	CZ2	焊后清理焊渣、毛边、飞溅残存物等，还可用来开坡口
长柄气动打渣机	CZ3	
气动针束打渣机	XCD2	
轻便气动钢刷机	—	
气动角向砂轮机	MJ1—180	修整焊缝，准备坡口
高速气动角向砂轮机	ϕ100砂轮	
高速电动角向砂轮机	S5MJ—180	
砂轮机	S40	

八、焊工常用量具

(1)钢直尺(图3-2)。用以测量长度尺寸，常用薄钢板或不锈钢制成。钢直尺的刻度误差规定，在1dm内误差不得超过0.1mm。常用的钢直尺有150mm、300mm、500mm和1000mm等四种长度。

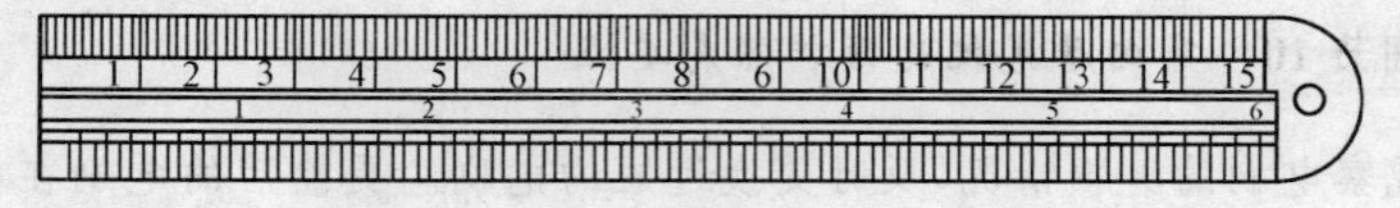

图3-2 钢直尺

(2)游标卡尺。用以测量工件的外径、孔径、长度、宽度、深度和孔距等，是一种中等精度的常用量具，其结构形状如图3-3所示。这种卡尺由尺身和游标两部分组成，尺身上的刻度每一小格为1mm，游标上的刻度一小格为9/10mm、19/20mm或49/50mm。当内、外量爪分别合拢时，尺身、游标刻线即相对错动。测量时，根据尺身、游标相对错动位置，在尺身上读出mm的整数，在游标上读出mm的小数。

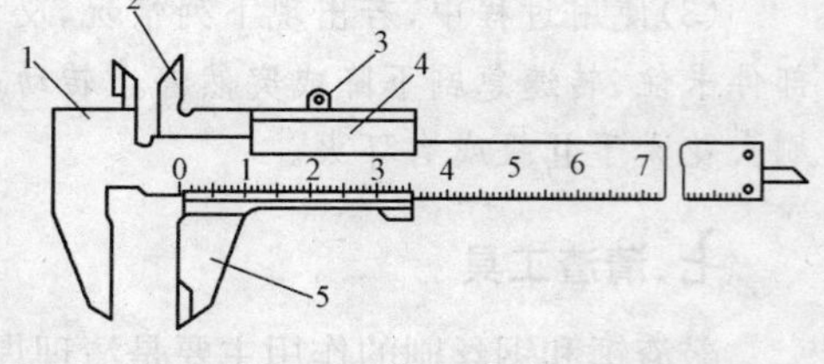

图3-3 游标卡尺

1—尺身；2—内量爪；3—制动螺母；4—游标；5—外量尺

(3)焊工万能量规。它是一种精密量规，用以测量焊件焊前的坡口角度、装配间隙、错边量以及焊后焊缝的余高、焊缝宽度和焊脚尺寸等。

焊工万能量规的外形尺寸为71mm×54mm×8mm，重80g。使用时应避免磕碰划伤，不要接触腐蚀性的气体、液体，保持尺面清晰，用完放入封套内。

关键细节12　焊缝检验尺的主要使用功能

(1)焊前坡口间隙的测量(图3-4)。

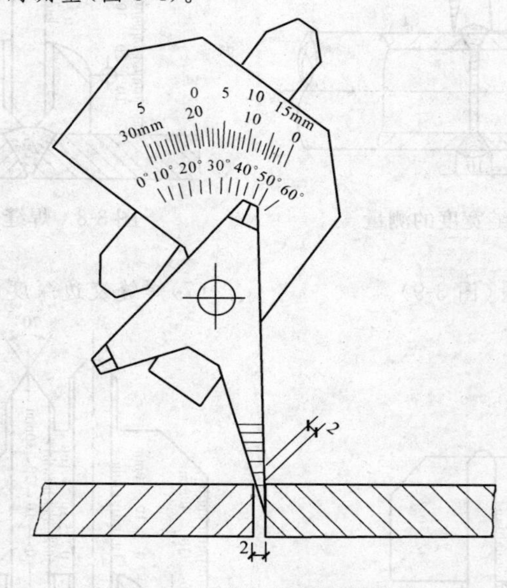

图3-4　焊前坡口间隙的测量

(2)焊前坡口角度的测量(图3-5)。

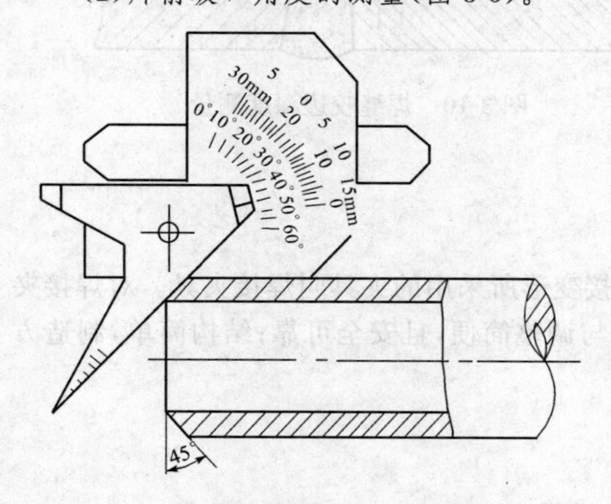

图3-5　焊前坡口角度的测量

(3)错边尺寸的测量(图3-6)。

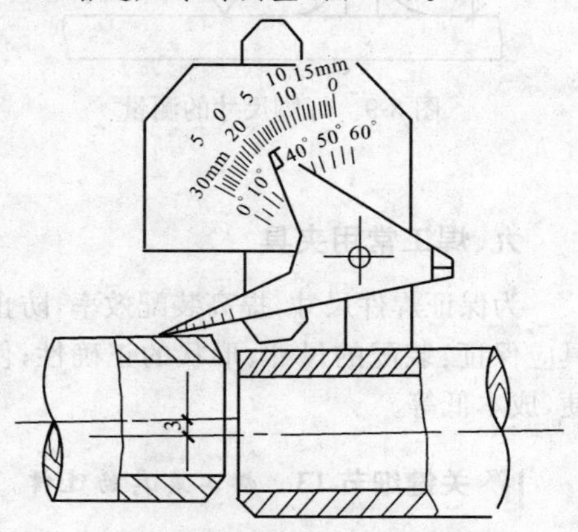

图3-6　错边尺寸的测量

(4)焊缝宽度的测量(图3-7)。

(5)焊缝余高的测量(图3-8)。

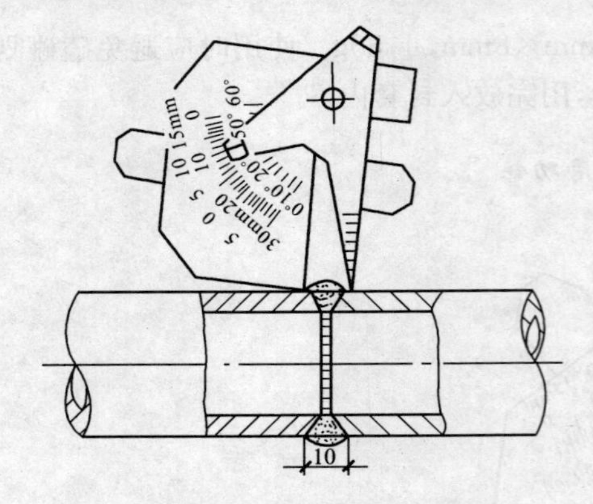
图 3-7　焊缝宽度的测量

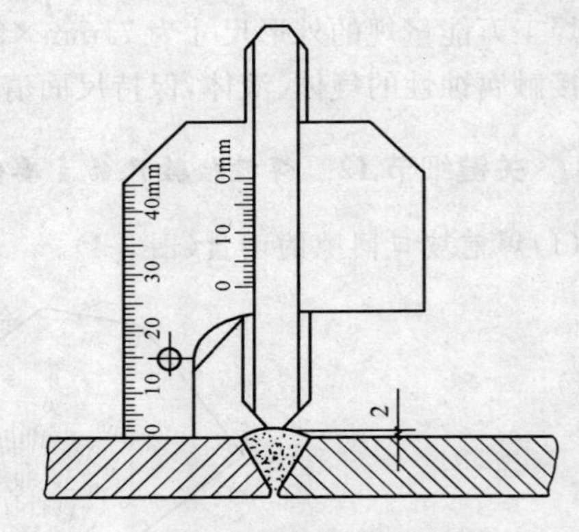
图 3-8　焊缝余高的测量

(6)焊脚尺寸的测量(图 3-9)。

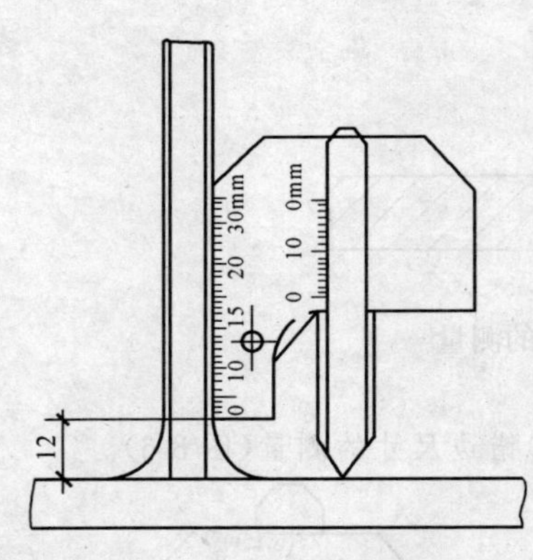
图 3-9　焊脚尺寸的测量

(7)焊缝咬边深度的测量(图 3-10)。

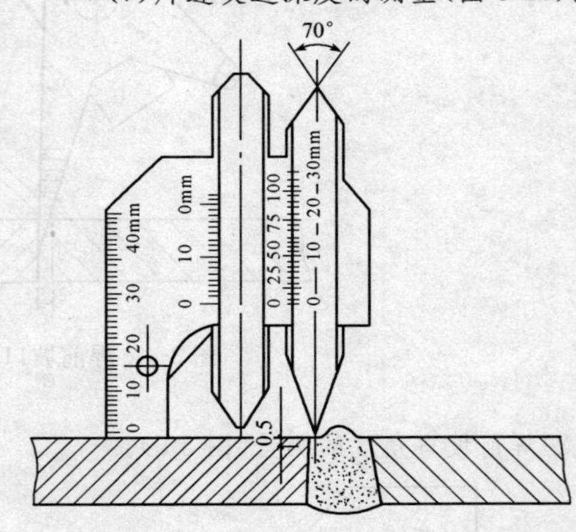
图 3-10　焊缝咬边深度测量

九、焊工常用夹具

为保证焊件尺寸，提高装配效率，防止焊接变形所采用的夹具叫焊接夹具。对焊接夹具应保证：装配的尺寸、形状的正确性；使用与调整简便，且安全可靠；结构简单，制造方便，成本低等。

关键细节 13　焊工夹具的选择

焊工夹具在使用时应根据实际情况进行选择：

(1)夹紧工具用于紧固装配零件(图 3-11)。

(2)压紧工具用于在装配时压紧焊件。使用时夹具的一部分往往要点固在被装配的焊件上，焊接后再除去(图 3-12)。

(3)拉紧工具是将所装配零件的边缘拉到规定的尺寸，有杠杆、螺钉和导链等几种(图 3-13)。

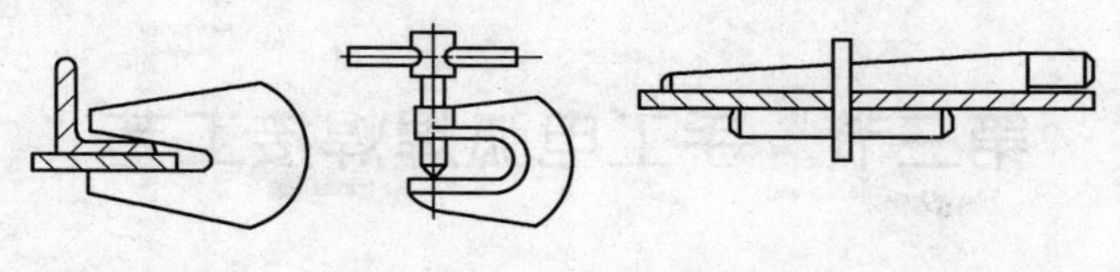

图 3-11　夹紧工具

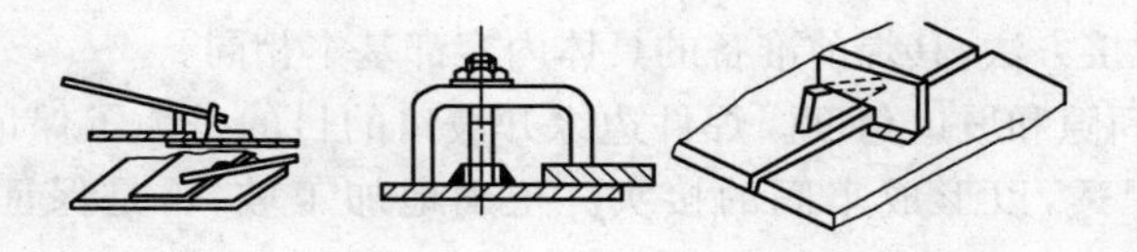

图 3-12　压紧工具

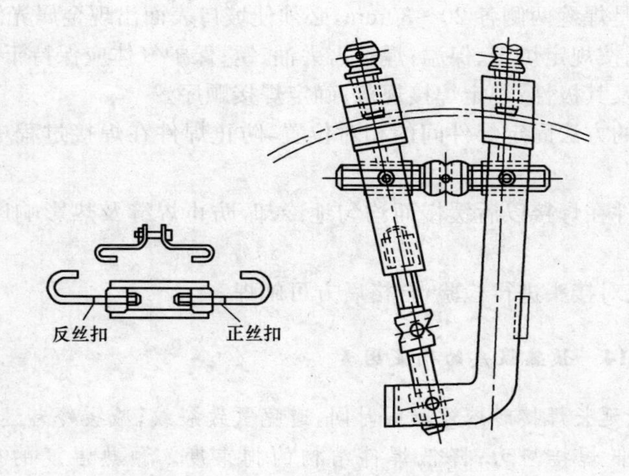

图 3-13　拉紧工具

(4)撑具是扩大或撑紧配件的一种工具,一般是利用螺钉或正反螺钉来达到(图 3-14)。

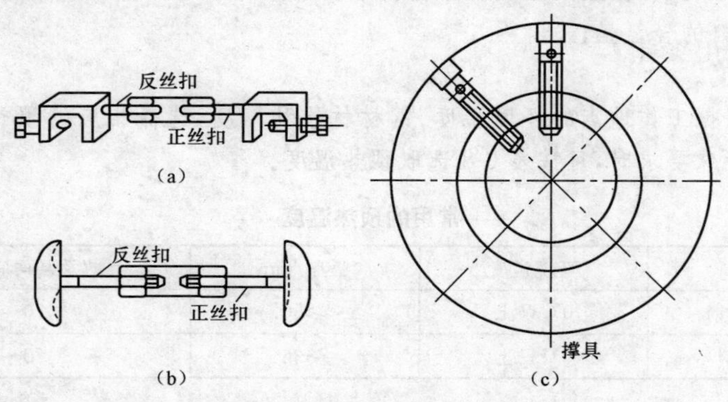

图 3-14　撑具

第三节 手工电弧焊焊接工艺

一、焊前准备

无论是哪种焊接方法，其焊前准备的具体内容都基本相同。

(1)检查装配间隙和坡口角度。焊件边缘开坡口的目的是为了保证施焊过程中焊件全部厚度内充分焊透，以形成牢固的接头。正确地加工坡口，是保证焊接质量的必要条件。

(2)清理坡口表面。为了保证焊缝质量，在焊接以前必须把坡口表面的油、漆、锈等杂质清除干净，范围是焊缝两侧各20～30mm，必须使坡口表面出现金属光泽。

(3)焊条、焊剂按规定烘干、保温；焊丝需去油、锈；保护气体应保持干燥。

(4)选择焊机及其极性；规定焊接规范；确定焊接顺序。

(5)用定位焊的方法固定焊件间的相对位置，防止焊件在焊接过程中变形，使焊接作业能正常进行。

(6)为了使焊件在焊接以后缓慢而均匀地冷却，防止焊缝及热影响区出现裂纹，要对焊件进行预热。

(7)组装后，应对接头进行检验，合格后方可施焊。

关键细节14 预热温度的确定因素

焊前预热可以延长焊接时熔池凝固时间，避免氢致裂纹；减缓冷却速度，提高抗裂性；减少温度梯度，降低焊接应力；降低焊件结构的拘束度。预热温度的确定因素有以下几点：

(1)工件的焊接性主要取决于含碳量和合金元素含量；

(2)焊件的厚度、焊接接头型式和结构拘束程度；

(3)焊接材料的含氢量；

(4)环境温度。

焊接时应根据工作地点的环境温度、钢材材质和厚度，选择相应的预热温度，对焊件进行预热。无特殊要求时，可按表3-8选取预热温度。

表3-8 常用的预热温度

钢材分类	环境温度	板厚/mm	预热及层间宜控温度/℃
普通碳素结构钢	0℃以上	≥50	70～100
低合金结构钢	0℃以上	≥36	70～100

凡需预热的构件，焊前应在焊道两侧各100mm范围内均匀进行预热，预热温度的测量应在距焊道50mm处进行。不同厚度的钢材的预热条件见表3-9。

表 3-9 不同厚度钢材需要预热的条件

低碳钢构件		低碳钢管构件		Q345,16Mnq 15MnV,15MnVq 构件	
钢材厚度/mm	气温低于/℃	钢管壁厚/mm	气温低于/℃	钢材厚度/mm	气温低于/℃
≤30	−30	≤16	−30	≤10	−26
31～50	−10	17～30	−20	10～16	10
0				16～24	−5
51～70	0	31～40	−10	25～40	0
		41～50	0	40 以上	任何温度

当工作地点的环境温度为 0℃以下时,焊接件的预热温度应通过试验确定。不同材质的钢材的预热温度见表 3-10。

表 3-10 不同材质钢材需要预热的温度

钢材种类及材质		预热温度/℃
碳素钢含碳量(%)	<0.20	不预热
	0.20～0.30	<100
	0.30～0.45	100～200
	0.45～0.80	200～400
低合金钢		100～150

二、焊接工艺参数

焊接工艺参数是指焊接时,为保证焊接质量而选定的焊接电流、电弧电压、焊接速度、焊接线能量等的总称。

手工电弧焊的焊接工艺参数主要包括:焊条种类与牌号、焊条直径、电源种类和极性、焊接电流、电弧电压、焊接速度和焊道层次等。

关键细节 15 焊接电源的选择

手工电弧焊用电,既可用交流电源也可用直流电源。

直流电焊接电弧稳定、柔顺、飞溅少,容易获得优质焊缝,但直流电弧有极性和明显磁偏吹现象。

交流电手工电弧焊稳定性差,特别是在小电流焊接时对焊工操作技术要求高,但交流电焊接电源成本低,且电弧磁偏吹不明显。因此,除特殊情况外,一般都选用交流电源进行手工电弧焊。

焊接电源的种类通常根据焊条类型来决定,除低氢钠型焊条必须采用直流反接外,低氢钾型焊条可采用直流反接或交流,酸性焊条可以采用交流电源焊接,也可以用直流电源,焊厚板时用直流正接,焊薄板时用直流反接。

关键细节 16　焊条直径的选择

焊条直径的选择是根据焊件厚度、焊接位置、接头形式、焊接层数等进行的。通常是在保证焊接质量前提下，尽可能选用大直径焊条以提高生产率；但是用直径过大的焊条焊接，容易造成未焊透或焊缝成形不良等缺陷。焊条直径的选择一般应符合以下要求。

(1)厚度较大的焊件，搭接和T形接头的焊缝应选用直径较大的焊条。

(2)对于小坡口焊件，为了保证根部熔透，宜采用较细直径的焊条，如打底焊时一般选用 ϕ2.5mm 或 ϕ3.2mm 焊条。

(3)通常平焊时选用较粗的 ϕ4.0～6.0mm 的焊条。

(4)立焊和仰焊时选用 ϕ3.2～4.0mm 的焊条。

(5)横焊时选用 ϕ3.2～5.0mm 的焊条。

(6)在"船形"位置上焊接角焊缝时，焊条直径不应大于角焊缝尺寸。

(7)对于特殊钢材，需要小工艺参数焊接时可选用小直径焊条。

(8)按板厚来选择焊条直径，见表3-11。

表3-11　　焊条直径与板厚的关系

焊件厚度/mm	2	3	4～5	6～12	>13
焊条直径/mm	2	3.2	3.2～4	4～5	4～6

(9)对于重要结构，应根据规定的焊接电流范围(根据焊接线能量确定)来选择焊条直径，见表3-12。

表3-12　　焊接电流与焊条直径的关系

焊件直径/mm	1.6	2.0	2.5	3.2	4.0	5.0	5.8
焊条电流/A	25～40	40～60	50～80	100～130	160～210	200～270	260～300

关键细节 17　焊接电流的选择

焊接电流直接影响焊接质量和生产率。焊接电流越大，熔深越大，焊条熔化越快，焊接效率也越高。但其飞溅和烟雾大，部分药皮失效或崩落，保护效果变差，容易造成气孔和飞溅，出现焊缝咬边、焊瘤、烧穿等缺陷。此外，焊接电流大也会增大焊件变形风险，焊接接头的韧性降低。焊接电流太小，则引弧困难，焊条容易粘连在工件上，电弧不稳定，易造成未焊透、未熔合、气孔和夹渣等缺陷，且生产率低。焊接电流适中时，焊缝熔敷金属高度适中，则焊缝熔敷金属两侧与母材结合得很好。因此电流的选择很重要，选择焊接电流时，应根据焊条类型、焊条直径、焊件厚度、接头形式、焊缝位置及焊接层数等因素来综合考虑。

(1)根据焊条直径选择电流大小。焊条直径越粗，熔化焊条所需的热量越大，需要的电流也就越大，表3-13是常用的各种直径焊条合适的焊接电流参考值。手工电弧焊使用碳钢焊条时，还可以根据选定的焊条直径，用经验公式计算焊接电流，一般取电流的上限值。

$$I=KD$$

式中　I——焊接电流；

K——电流参数(表 3-13)；

D——焊条直径。

表 3-13　据焊条直径选择电流大小

焊条直径 D/mm	1.6	2～2.5	3.2	4～6
经验系数 $K/(A \cdot mm^{-1})$	20～25	25～30	30～40	40～50

(2)根据焊接位置选择电流大小。平焊位置焊接时，可选择大些的焊接电流。立焊、横焊和仰焊时，为了防止熔化金属从熔池中流淌，应选择比平焊位置小些的电流。仰、横焊时所用电流比平焊小 5%～10%，立焊时应比平焊小 10%～15%。

(3)根据焊接层次选择电流大小。焊接打底焊道时选择较小的电流，可以保证背面焊道的质量；焊接填充焊道时选择较大电流可以提高效率，并保证熔合好；焊接盖面焊道时可以选用稍小电流，用以防止咬边和保证焊道成形美观。

关键细节 18　焊接速度的选择

焊接速度是指焊接过程中沿焊接方向移动的速度，即单位时间内完成的焊缝长度。如果焊接速度过快，熔池温度不够，易造成未焊透、未熔合、焊缝成型不良等缺陷。如果焊接速度过慢，使高温停留时间增长，热影响区宽度增加，焊接接头的晶粒变粗，机械性能降低，同时使变形量增大。

焊接速度一般根据钢材的淬硬倾向来选择。手工电弧焊时，在保证焊缝具有所要求的尺寸和外形及良好熔合的原则下，焊接速度由焊工根据具体情况灵活掌握。

关键细节 19　焊接层数的确定

厚板焊接时，一般要开坡口并采用多层焊或多层多道焊。层数增加对提高焊缝的塑性和韧性有利。焊缝层数对接头性能有明显影响。焊缝层数少，每层焊缝厚度太大时，由于晶粒粗化，将导致焊接接头的塑性和韧性下降。每层焊道厚度不能大于 4～5mm。但随着层数增加，生产率下降，往往焊接变形也随之增加。在实际生产中，焊接层数一般靠焊工经验来确定。

三、手工电弧焊操作技术

手工电弧焊的基本操作技术大体包括引弧、运条、接头和收弧。焊接操作过程中运用好这四种操作技术，是保证焊缝质量的关键。

1. 引弧

引弧是指电弧焊开始时引燃焊接电弧的过程。引弧是电弧焊操作中最基本的动作，如果引弧方法不当会产生气孔、夹渣等焊接缺陷。电弧焊施工过程中，引弧的方法有敲击和划擦两种。

(1)敲击引弧法。敲击引弧法是一种理想的引弧方法:将焊条与焊件垂直接触,端部与焊件起弧点轻轻敲击,形成短路后迅速提起焊条 2～4mm 的距离后电弧即引燃,如图3-15所示。

敲击法可用于困难位置,对焊件污染轻。但其操作技巧不容易掌握,操作不熟练易粘于焊件表面,而且受焊条端部状况限制,用力过猛时,药皮易大块脱落,造成暂时性偏吹。因此,一般焊接淬硬倾向较大的钢材时才采用敲击法。

(2)划擦引弧法。划擦引弧法是将焊条在焊件表面上划一下,引燃电弧,见图 3-16。

划擦引弧法易掌握,不受焊条端部状况的限制。但其操作不熟练时易污染焊件,容易在焊件表面造成电弧擦伤,所以必须在焊缝前方的坡口内划擦引弧,引弧点最好在焊缝起点 15mm 左右的待焊部位,引燃电弧后立即提起,并移至焊缝起点,再沿焊接方向进行正常焊接。划擦法引弧与划火柴相似,容易掌握。划动长度以 20～25mm 为佳,以减少污染。

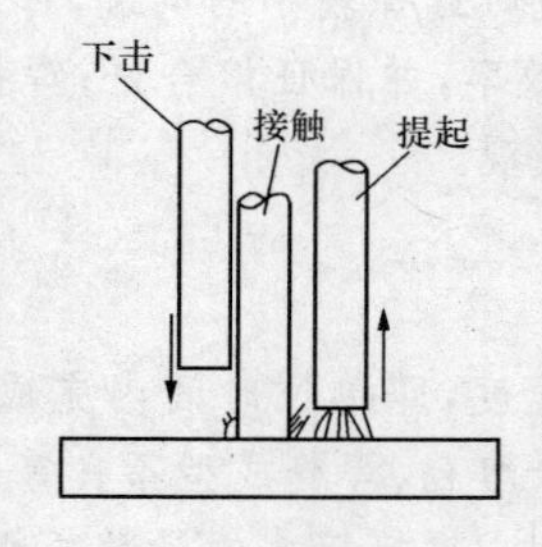

图 3-15 敲击引弧法

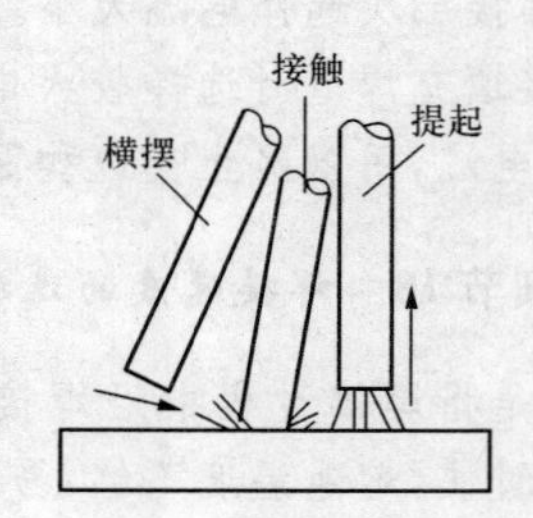

图 3-16 划擦引弧法

关键细节 20 引弧方法的选择

敲击法与划擦法相比,划擦法比较容易掌握,但是在狭小工作面上或不允许烧伤焊件表面时,应采用敲击法。敲击法对初学者较难掌握,一般容易发生电弧熄灭或造成短路现象,这是没有掌握好离开焊件时的速度和保持一定距离的原因。如果操作时焊条上拉太快或提得太高,都不能引燃电弧或电弧只燃烧一瞬间就熄灭。相反,动作太慢则可能使焊条与焊件粘在一起,造成焊接回路短路。

关键细节 21 引弧的注意事项

(1)不许在非焊接部位引弧,否则将在引弧处留下坑疤、焊瘤或龟裂等缺陷。尤其是在焊接不锈钢时,如在非焊接部位引弧,易造成焊件耐腐蚀性能降低。

(2)引弧处应无油污、水、锈,以免产生气孔和夹渣。

(3)引弧时,如果发生焊条和焊件粘在一起,只要将焊条左右摇动几下,就可脱离焊件,如果这时还不能脱离焊件,就应立即将焊钳放松,使焊接回路断开,待焊条稍冷后再拆下。如果焊条粘住焊件的时间过长,则因过大的短路电流可能使电焊机烧坏。所以引弧时,手腕动作必须灵活和准确,而且要选择好引弧起始点的位置。

(4)焊接过程中电弧一旦熄灭,需要再引弧。再引弧最好在焊条端部冷却之前立即再次触击焊件，这样有利于再引燃。再引弧点应在弧坑上或紧靠弧坑的待焊部位。更换焊条也需要再引弧，起弧点应选在前段焊缝弧坑上或它的前方，引燃电弧后把电弧移回填满弧坑后再继续向前焊接。

2. 运条

运条是指在焊接过程中，焊条相对焊缝所做的各种动作的总称。手工电弧焊电弧引燃后运条时，一般情况下，焊条末端有三个基本动作要互相配合，即焊条沿着轴线向熔池送进、焊条沿着焊接方向移动、焊条作横向摆动。

(1)焊条送进动作：使焊条沿自身轴线向熔池不断送进的动作。焊接时，如果焊条送进速度和它的熔化速度相等，则弧长保持不变；若送进速度慢于焊条熔化的速度，则电弧的长度变长，使熔深变浅，熔宽增加，电弧飘动不稳，保护效果变差，飞溅大等，甚至导致断弧；如果焊条送进速度太快，则电弧长度迅速缩短使焊条末端与焊件接触发生短路，同样会使电弧熄灭。因此，一般情况下应使送进速度等于或略大于熔化速度，让弧长等于或小于焊条直径。

(2)焊条前进动作：使焊条沿焊缝轴线方向向前移动的动作，此动作的快慢代表着焊接速度(每分钟焊接的焊缝长度)。焊条移动速度对焊缝质量、焊接生产率有很大影响。如果焊条移动速度太快，则电弧来不及熔化足够的焊条与母材金属，产生未焊透或焊缝较窄；若焊条移动速度太慢，则会造成焊缝过高、过宽、外形不整齐。在焊较薄焊件时容易焊穿，移动速度必须适当才能使焊缝均匀。

(3)焊条横摆动作：焊条端头在垂直前进方向上作横向摆动。横向摆动的作用是为获得一定宽度的焊缝，并保证焊缝两侧熔合良好。摆动的方式、幅度和快慢直接影响焊缝的宽度和深度，以及坡口两侧的熔合情况。摆动幅度应根据焊缝宽度与焊条直径决定。横向摆动只有均匀一致才能获得宽度整齐的焊缝。

关键细节22 常用运条的方法及其适用范围

手工电弧焊常用的运条方法有以下几种。

(1)直线形运条法。直线运条法是指在焊接时，焊条端部不做横向摆动，而沿焊接方向做直线移动的运条方法。这种运条方法电弧较稳定，能获得较大的熔深，但焊缝较窄。

直线形运条法常用于I形坡口的对接平焊，多层焊的第一层焊或多层多道焊。

(2)锯齿形运条法。焊接时，焊条端部要作锯齿形连续摆动及向前移动，并在两边稍作停留(但要注意防止咬边)以获得合适的熔宽，这样的运条方法称为锯齿形运条法。摆动的目的是为了控制熔化金属的流动和得到必要的焊缝宽度，以获得较好的焊缝成形。停留时间根据工件厚度、电流大小、焊缝宽度及焊接位置而定。

锯齿形运条法在生产中应用较广，多用于厚钢板的焊接，平焊、仰焊、立焊的对接接头和立焊的角接接头。

(3)月牙形运条法。焊接时，焊条的末端沿着焊接方向做月牙形的左右摆动，这样的运条方法称为月牙形运条法，见图3-17。摆动的速度要根据焊缝的位置、接头形式、焊缝宽度和焊接电流值来决定。同时需在接头两边作片刻的停留，这是为了使焊缝边缘有足够的熔深，防止咬边。这种运条方法的优点是金属熔化良好，有较长的保温时间，气体容易析出，熔渣也易于浮到焊缝表面上来，焊缝质量较高，但焊出来的焊缝余高较高。

月牙形运条法的应用范围和锯齿形运条法基本相同。

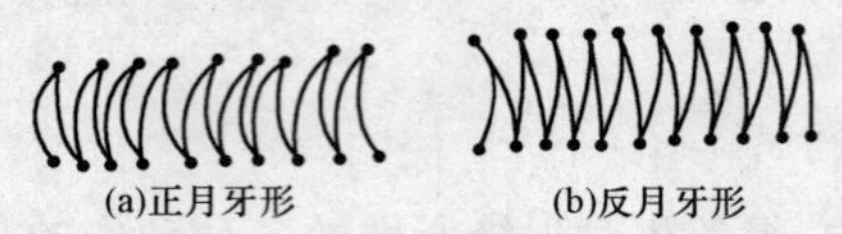

图3-17　月牙形运条法

(4)圆圈形运条法。焊接时，焊条末端连续做正圆圈或斜圆圈形运动，并不断前移，这样的运条方法称为圆圈形运条法，见图3-18。正圆圈形运动的优点是熔池存在时间长，熔池金属温度高，有利于溶解在熔池中的氧、氮等气体的析出，便于熔渣上浮。斜圆圈形运动的优点是利于控制熔化金属不受重力影响而产生下淌现象，有利于焊缝成形。

正圆圈形运条法适用于焊接较厚焊件的平焊缝，斜圆圈形运条法适用于平、仰位置T形接头焊缝和对接接头的横焊缝。

图3-18　圆圈形运条法

(5)三角形运条法。焊接时，焊条末端做连续的三角形运动，并不断向前移动，这样的运条方法称为三角形运条法，见图3-19。按照摆动形式的不同，可分为正三角形和斜三角形两种。正三角形运条法的特点是能一次焊出较厚的焊缝断面，焊缝不易产生夹渣等缺陷，有利于提高生产效率。斜三角形运条法的优点是能够借焊条的摆动来控制熔化金属，促使焊缝成形良好。

正三角形运条法只适用于开坡口的对接接头和T形接头焊缝的立焊，斜三角形运条法适用于焊接平焊和仰焊位置的T形接头焊缝和有坡口的横焊缝。

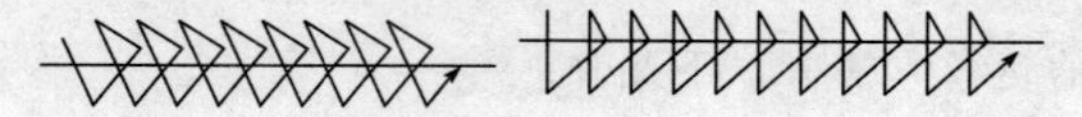

图3-19　三角形运条法

(6)“8”字形运条法。焊接过程中，焊条端头作“8”字形运动的运条方法称为“8”字形运条法，如图3-20所示。其特点是使焊缝增宽，焊缝纹波美观，但这种运条法比较难掌握。

“8”字形运条法适用于厚板对接的盖面焊缝及立焊表面焊缝。用“8”字形运条法法焊接对接立焊表面层时，运条手法需灵活，运条速度应快些，这样才能获得焊波较细、均匀美观的焊缝表面。

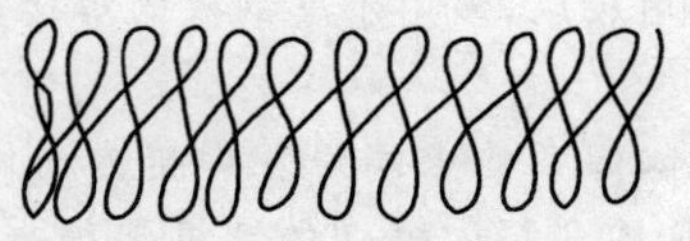

图3-20　“8”字形运条法

3. 收弧

收弧指焊缝结束时的收尾，是焊接过程中的关键动作。在进行焊缝的收尾操作时，应保持正常的熔池温度，做无直线移动的横摆点焊动作，逐渐填满熔池后再将电弧拉向一侧熄弧。每条焊缝结束时必须填满弧坑。过深的弧坑不仅会影响美观，还会使焊缝收尾处产生缩孔、应力集中而产生裂纹。

手工电弧焊施工常用的收弧方法及其适用范围见表 3-14。

表 3-14　收弧常用方法及其适用范围

常用方法	操作方法	适用范围
画圈收弧法	当焊条移至焊缝终点时，作圆圈运动，直到填满弧坑再拉断电弧	适用于厚板收弧，对薄板有烧穿的危险
反复断弧收弧法	当焊接进行到焊缝终点时，在弧坑处反复熄弧数次，直到填满弧坑为止	适用于薄板和大电流焊接时的收弧，不适用碱性焊条收弧，容易产生气孔
回焊收弧法	电弧移至焊缝终点时，电弧稍作停留，且改变焊条角度并向与焊接方向相反的方向回焊一段很小的距离，然后立即拉断电弧	适用于碱性焊条收弧
转移收弧法	电弧移至焊缝终点时，在弧坑处稍作停留，将电弧慢慢抬高，引到焊缝边缘的母材坡口内，这时熔池会逐渐缩小，凝固后一般不出现缺陷	适用于换焊条或临时停弧时的收弧

关键细节 23　连弧焊与断弧焊的收弧

连弧焊收弧可以在焊接过程中更换焊条的收弧和焊接结束时焊缝收尾处的收弧。更换焊条时，为了防止产生缩孔，应将电弧缓慢地拉向后方坡口一侧约 10mm 后再衰减熄弧。焊缝收尾处的收弧应使电弧在弧坑稍作停留，待弧坑填满后将电弧慢慢地拉长，然后熄弧。

采用断弧法操作时，焊接过程中的每一个动作都是起弧和收弧的动作。收弧时，必须将电弧拉向坡口边缘后再熄弧，焊缝收尾处应采取反复断弧的方法填满弧坑。

4. 接头

由于受到手工电弧焊的焊条长度的限制，经常要用几根焊条才能完成一条焊缝，这样就会产生两段或多段连接的问题。如何使前后两焊道均匀连接，并且避免产生连接处过高、脱节和宽窄不一致等缺陷，就要求在焊接过程中前后相互照顾，选择恰当的连接方法。常见的焊缝接头方法，一般有以下四种情况。

(1)中间接头。中间接头是最常用的一种接头。中间接头是后焊焊缝从先焊焊缝收尾处开始焊接。先在前焊道的弧坑稍前10～15mm处引弧，电弧长度比正常焊接时稍微长些(碱性焊条不宜加长，否则易产生气孔)，然后将电弧移到弧坑的2/3处，压低电弧，稍作摆动，填满弧坑后，再转入正常焊接向前移动。这种接头适用于单层焊及多层焊的表面接头。

这种接头如果电弧后移太多，可能使接头过高。后移太少，则产生脱节或弧坑未填满等缺陷。需要接头时，更换焊条的动作越快越好，由于在熔池尚未冷却时接头，不仅能增加电弧稳定性，保证和前焊缝的结合性能，减少气孔，并且焊道外表成形美观。

(2)相背接头。相背接头是指两段焊缝的起头处接在一起。要求先焊焊缝起头稍低，后焊焊缝应在先焊焊缝起头处前10mm左右引弧，然后稍拉长电弧，并将电弧移至接头处覆盖住先焊焊缝的端部，待熔合好再向焊接反向移动。这种接头往往比焊缝高，因此接头前可将先焊焊缝的起头处用角向砂轮磨成斜面再接头。

(3)相向接头。相向接头是指两段焊缝的收尾处接在一起。当后焊焊缝焊到先焊焊缝的收弧处时，应降低焊接速度，将先焊焊缝的弧坑填满后，以较快的速度向前焊一段，然后熄弧。为了获得成形良好的接头，先焊焊缝的收尾处焊接速度要快些，使焊缝较低，最好呈斜面，而且弧坑不能填得太满。若先焊焊缝收尾处焊缝太高，可预先磨成斜面，以获得好的接头。

(4)分段退焊接头。分段接头是指后焊焊缝的收尾与先焊焊缝起头处连接。要求先焊焊缝起头处较低，最好呈斜面，后焊焊缝焊至前焊焊缝始端时，改变焊条角度，将前倾改为后倾，使焊条指向先焊焊缝的始端，拉长电弧，待形成熔池后，再压低电弧，并往返移动，最后返回到原来的熔池处收弧。

关键细节24 焊缝接头的操作方法

电弧焊时，根据施焊焊缝接头操作方法的不同，焊缝接头方法有冷接头和热接头两种。

(1)冷接头操作方法。在施焊前，应使用砂轮机或机械方法将焊缝被连接处打磨出斜坡形过滤带，在接头前方10mm处引弧，电弧引燃后稍微拉长一些，然后移到接头处，并稍作停留，待形成熔池后再继续向前焊接。冷接头操作方法可以使接头得到必要的预热，保证熔池中气体的逸出，防止在接头处产生气孔。

(2)热接头操作方法。热接头是指熔池处在高温红热状态下的接头连接，其操作方法可分为正常接头法和快速接头法两种。

1)正常接头法。正常接头法是指在熔池前方5mm左右处引弧后，将电弧迅速拉回熔池，按照熔池的形状摆动焊条后正常焊接的接头方法。

2)快速接头法。快速接头法是指在熔池熔渣尚未完全凝固的状态下将焊条端头与熔渣接触，在高温热电离的作用下重新引燃电弧后的接头方法。这种方法适用于厚板的大电流焊接，要求焊工更换焊条的动作要特别迅速、准确。

关键细节25 焊缝接头注意事项

(1)接头要快。接头是否平整除与焊工操作技术水平有关外，还与接头处的温度有关。温度越高,接头处熔合越好,填充金属合适,接头平整。因此,中间接头时,要求熄弧时间越短越好,换焊条越快越好。

(2)接头要相互错开。进行多层多道焊时,每层焊道和不同层的焊道的接头必须错开一段距离,不允许出现接头相互重叠或在一条线上等现象,否则影响接头的强度和其他性能。

(3)要处理好接头处的先焊焊缝。为了保证接头质量,接头处的先焊焊道必须处理好,接头区呈斜坡状。如果发现先焊焊缝太高,或有缺陷,应先将缺陷清除,并打磨成斜面。

四、各种位置手工电弧焊的操作技术

手工电弧焊操作时,无论在何种位置施焊,都应能保持正确的焊条倾角和运条动作,把熔池温度严格地控制在正常范围内,而且要仔细观察并控制熔池的形状和大小,根据熔池的变化情况不断调整焊条角度和运条动作,达到控制熔池的温度,保证焊接质量。因此,控制熔池形状与大小是电弧焊中最核心的技术要点。

(1)焊条倾角。掌握好焊条的倾斜角度,可控制住铁水与熔渣,使其很好地分离,防止熔渣的超前现象和控制一定的熔深。立焊、横焊、仰焊时,还有防止铁水下坠的作用。

(2)横摆动作。控制横摆动作能保证两侧坡口根部与每个焊波之间相互熔合,获得适量的焊缝熔深与熔宽。

(3)稳弧动作。控制稳弧动作即控制横摆时电弧在某处的停留动作,这样能保证坡口根部很好地熔合,增加熔合面积。

(4)直线动作。控制直线动作能保证焊缝直线敷焊,并通过变化直线速度控制每道焊缝的横截面积。

(5)焊条送进动作。控制焊条送进动作主要是控制弧长,其作用与焊条倾角相似。

1. 平焊

平焊是在水平面上任何方向上进行焊接的一种操作方法,具有以下特点:

(1)熔滴主要依靠重力向熔池过渡;

(2)熔池形状和熔池金属容易保持;

(3)焊接同样板厚的金属,平焊位置焊接电流比其他焊接位置大,生产效率高;

(4)液态金属和熔渣容易混在一起,特别是焊接角焊缝时,熔渣容易往熔池前部流动造成夹渣;

(5)焊接参数和操作不正确时,可能产生未焊透、咬边和焊瘤等缺陷;

(6)平板对接焊接时,若焊接参数或焊接顺序选择不当,容易产生焊接变形。

关键细节26 平焊操作技术

(1)正确控制焊条角度,使熔渣与液态金属分离,防止熔渣前流,尽量采用短弧焊接。焊接时焊条与焊件呈40°～90°的夹角;

(2)根据板厚选用直径较粗的焊条和较大的焊接电流;

(3)对于不同厚度的T形、角接、搭接的平焊接头,在焊接时应适当调整焊条角,使电弧偏向工件较厚的一侧，保证两侧受热均匀。对于多层多道焊应注意焊接层次及焊接顺序；

(4)选择正确的运条方法。

1)板厚在5mm以下，I形坡口对接平焊可采用直线形运条方法，运条速度要快。

2)板厚在5mm以上，开其他坡口(如V形、X形、Y形等)对接平焊，可采用多层焊和多层多道焊，打底焊宜用直线形运条焊接。多层焊缝的填充层及盖面层焊缝，应根据具体情况分别选用直线形、月牙形、锯齿形运条。多层多道焊时，宜采用直线形运条。

3)当T形接头的焊脚尺寸较小时，可选用单层焊，用直线形、斜环形或锯齿形运条方法；当焊脚尺寸较大时，宜采用多层焊或多层多道焊，打底焊都采用直线形运条方法，其后各层的焊接可选用斜锯齿形、斜环形运条方法。多层多道焊宜选用直线形运条方法焊接。

4)搭接、角接平角焊时，运条操作与T形接头平角焊运条相似。

2. 立焊

立焊是在垂直方向进行焊接的一种操作方法，具有以下特点。

(1)铁水和熔渣因重力作用下坠，容易分离。当熔池温度过高时，铁水易下流形成焊瘤。

(2)易掌握焊透情况，但表面易咬边，不易焊得平整。

(3)对于T形接头的立焊，焊缝根部容易产生焊不透的缺陷。

关键细节27 立焊操作技术

(1)保证正确的焊条角度，一般应使焊条角度向下倾斜60°～80°。

(2)用较小直径的焊条和较小的焊接电流，比一般平焊小10%～15%，以减小熔滴体积，使之受自重的影响减小，有利于熔滴过渡。

(3)采用短弧焊，缩短熔滴过渡到熔池的距离，以形成短路过渡。

(4)根据接头形式、坡口形状、熔池温度等情况，选择合适的运条方法。

1)对于不开坡口的对接立焊，由下向上焊，可采用直线形、锯齿形、月牙形及跳弧法；

2)开坡口的对接立焊常采用多层或多层多道焊，第一层常采用跳弧法或摆幅较小的三角形、月牙形运条，其余各层可选用锯齿形或月牙形运条。

3. 横焊

横焊是在垂直面上焊接水平焊缝的一种操作方法，具有以下特点。

(1)铁水因受重力作用易下坠至坡口上，形成未熔合和层间夹渣。宜采用较小直径的焊条，短弧焊接。

(2)铁水与熔渣易分清，略似立焊。

(3)采用多层多道焊能较容易地防止铁水下坠，但外观不整齐。

关键细节28 横焊操作技术

(1)尽量选用小直径焊条、小焊接电流、短弧操作，以更好地控制熔化金属流淌。

(2)厚板横焊时打底焊缝以外的焊缝，易采用多层多道焊法施焊。

(3)多层多道焊时,要特别注意控制焊道间的重叠距离。为防止焊缝产生凹凸不平等缺陷,进行每道叠焊时,应在前一道焊缝的1/3处开始焊接。

(4)根据具体情况保持适当的焊条角度。

(5)采用正确的运条方法。

1)开I形坡口对接横焊时,正面焊缝采用往复直线形运条方法较好,稍厚件宜选用直线形或小斜环形运条方法,背面焊缝选用直线形运条方法。

2)开其他形坡口对接多层横焊、间隙较小时,可采用直线形运条方法;间隙较大时,打底层可采用往复直线形运条方法,其后各层多层焊时,可采用斜环形运条方法,多层多道焊时,宜采用直线形运条方法。

4. 仰焊

仰焊是指焊接位置处于水平下方的焊接。这种焊接位置在焊接全位置中属于最难焊的一个位置,其特点如下。

(1)铁水因自重易下坠滴落,不易控制熔池形状和大小,易出现未焊透、凹陷等缺陷。

(2)熔池尺寸较大,温度较高,清渣困难,有时易产生层间夹渣。

(3)运条困难,焊缝成形不美观。

关键细节29 仰焊操作技术

(1)采用短弧焊,小直径焊条,小电流,一般焊接电流在平焊与立焊之间。

(2)为便于熔滴过渡,焊接过程中应采用最短的弧长施焊。

(3)打底层焊应采用小直径和小焊接电流施焊,以免焊缝两侧产生凹陷和夹渣。

(4)为了保证坡口两侧熔合良好和避免焊道太厚,坡口角度应略大于平焊,以保证操作方便。

(5)根据具体情况选用正确的运条方法。

1)开I形坡口对接仰焊时,对于小间隙焊接宜采用直线形运条法,对于大间隙焊接宜采用往复直线形运条法。

2)开其他形坡口对接多层仰焊时,打底层焊接的运条方法,应根据坡口间隙的大小,决定选用直线形或往复直线形运条方法,其后各层可选用锯齿或月牙形运条方法。多层多道焊宜采用直线形运条方法。

3)T形接头仰焊时,焊脚尺寸如果较小,可采用直线形或往复直线形运条方法,由单层焊接完成。若焊脚尺寸较大,可用多层或多层多道焊施焊,第一层宜采用直线形运条方法,其后各层可选用斜三角形或斜环形运条方法。

第四节 常见金属材料的焊接

一、碳素钢的焊接

碳素钢是以铁元素为基础的铁碳合金,碳为合金元素,其中碳的质量分数不超过1%,

锰的质量分数不超过1.2%，硅的质量分数不超过0.5%，锰和硅皆不作为合金元素。其他控制在残余量的限度以内的元素如Ni、Cr、Cu等更不作为合金元素。S、P、O、N等杂质元素也根据钢材品种和等级的不同有着严格限制。因此，碳钢的焊接性主要取决于含碳量，随着含碳量的增加，焊接性逐渐变差，见表3-15。

表3-15　碳钢的焊接性能及用途

名　称	碳的质量分数(%)	典型硬度	典型用途	焊接性
低碳钢	≤0.15	60HRB	特殊板材和型材、薄板、带材、焊丝	优
	0.15～0.25	90HRB	结构用型材、板材、棒材	良
中碳钢	0.25～0.60	25HRC	机器部件和工具	中(需预热、后热，推荐使用低氢焊接方法)
≥0.60	40HRC	弹簧、模具、钢轨	劣(需预热、后热，必需使用低氢焊接方法)	

关键细节30　低碳钢的焊接

低碳钢含碳量低，锰、硅含量少，一般不会因焊接而产生严重硬化组织或淬火组织，也不易产生裂纹。低碳钢焊接时，一般情况下不需预热、控制层间温度和后热，焊后也不必采用热处理改善组织，整个焊接过程不必采取特殊的工艺措施，就可获得优良的焊缝。但在低温环境下焊接厚度大、刚性大的结构时，应进行预热，否则容易产生裂纹；重要结构焊后要进行去应力退火以消除焊接应力。

关键细节31　中碳钢的焊接

(1)中碳钢焊接接头容易产生低塑性的淬硬组织和冷裂纹，焊接性较差，预热有利于减低中碳钢热影响区的最高硬度，防止产生冷裂纹，这是焊接中碳钢的主要工艺措施，预热还能改善接头塑性，减小焊后残余应力。中碳合金结构钢预热温度参考表3-16。

表3-16　中碳钢的预热温度参考表

钢　号	最低预热温度		
	厚度<20mm	厚度=20～50mm	厚度>50mm
20CrNiMoH	90	150	200
40CrNiMoH	280	320	370
42CrMnMoH	280	320	370
30CrMoH	150	180	200
20CrNi2MoH	150	180	200
40CrMnMoH	260	320	370

(2)中碳钢焊接时应优先选用碱性焊条。

(3)中碳钢焊接时应将焊件尽量开成U形坡口进行焊接。如果是铸件缺陷，铲挖出的坡口外形应圆滑，其目的是减少母材熔入焊缝金属中的比例，以降低焊缝中的含碳量，防止裂纹产生。

(4)中碳钢第一层焊缝焊接时，应尽量采用小电流、慢焊接速度，以减小母材的熔深。

(5)焊后最好对焊件立即进行消除应力热处理，特别是对于大厚度焊件、高刚性结构件以及严厉条件下(动载荷或冲击载荷)工作的焊件更应如此。消除应力的回火温度为600～650℃，若焊后不能进行消除应力热处理，应立即进行焊后热处理。

关键细节32　高碳钢的焊接

由于高碳钢的碳的质量分数大于0.60%时，焊后的硬化、裂纹敏感倾向更大，因此焊接性极差，不能用于制造焊接结构，常用于制造需要更硬或耐磨的部件和零件，其焊接工作主要是焊补修复，高碳钢焊接时应注意以下几点。

(1)由于高碳钢的抗拉强度大都在675MPa以上，所以常用的焊条型号为E7015、E6015，对构件结构要求不高时可选用E5016、E5015焊条。此外，亦可采用铬镍奥氏体钢焊条进行焊接。

(2)由于高碳钢零件为了获得高硬度和耐磨性，材料本身都须经过热处理，所以焊前应先进行退火，才能进行焊接。

(3)焊件焊前应进行预热，预热温度一般在250～350℃，焊接过程中必须保持层间温度不低于预热温度。

(4)焊后焊件必须保温缓冷，并立即送入炉中在650℃进行消除应力热处理。

二、低合金钢的焊接

低合金钢是在碳素钢的基础上添加一定量的合金化元素而成，其合金元素的质量分数一般不超过5%，用以提高钢的强度并保护其具有一定的塑性和韧性，或使钢具有某些特殊性能，如耐低温、耐高温或耐蚀等。

按钢材屈服强度级别及热处理状态，低合金钢分为热轧及正火钢、低碳调质钢、中碳调质钢三类，国内外常用低合金钢的牌号见表3-17。

表3-17　国内外常用低合金钢

类　型	屈服强度范围/MPa	国内外常用钢号
热轧及正火钢	294～490	09Mn2(Cu)，09Mn2Si，16Mn(Cu)，14MnNb，15MnV，16MnNb，15MnTi(Cu)
低碳调质钢	490～980	07MnCrMoVR，07MnCrMoVDR，07MnCrMoV—D，07MnCrMoV—E，14MnMoVN，14MnMoNbB，T—1，HT—80，Welten—80C，HY—80，NS—63，HY—130，HP9—4—20，HQ70，HQ80，HQ100，HQ130
中碳调质钢	880～1176	35CrMoA，35CrMoVA，30CrMnSiA，30CrMnSiNi2A，4340，40CrMnSiMoA，40CrNiMoA，34CrNi3MoA，H—11

1. 热轧及正火钢

热轧及其正火钢是屈服强度为294～490MPa(30～50kgf/mm^2)的低合金钢，均在热轧正火状态下使用，属于非热处理强化钢，在低合金钢中应用最为广泛。常用的低合金结构钢的主要用途见表3-18。

表3-18　　常用的低合金结构钢的主要用途

钢号		用途举例
新钢号	旧钢号	
Q295	09MnV	冷热加工性好，冷弯型钢、螺旋焊管，用于轮廓、冲压件、建筑结构
	09MnNb	可用于－90℃低温
	09Mn2	轧制钢板、型钢，用于容器、海运船舶、油管、铁路车辆、油罐等
	12Mn	锅炉、容器、铁路车辆、油罐等
Q345	18Nb	建筑结构、容器管道、起重机梁等
	12MnV	性能与16Mn相近，用于船舶、桥梁、容器、锅炉等
	14MnNb	性能与16Mn相近，用于建筑结构、化工容器、锅炉、桥梁等
	16Mn	造船、桥梁、铁路机车车辆、汽车大梁、石油井架、压力容器、广播塔、起重运输设备、电站设备结构、储油罐、厂房结构、矿山机械和农业机械结构等，其使用温度也较宽(－40～400℃)
	16MnRE	低温韧性较16Mn稍好，用途与16Mn相同
Q390	15MnV	船舶、桥梁、油罐、中压锅炉、高压容器、化肥设备、车辆和起重机等
	15MnTi	
	16MnNb	桥梁、车辆、容器、起重机、建筑结构等
Q420	14MnVTiRE	桥梁、高压容器、电站设备结构、大型船舶等
	15MnVN	大型焊接结构、桥梁、车辆、船舶、球罐等

关键细节33　热轧及正火钢的焊接

(1)热轧及正火钢的焊接坡口可采用机械加工，也可采用火焰切割或碳弧气刨。对强度级别较高、厚度较大的钢材，为防止气割时产生裂纹，应按焊接的预热工艺进行预热。碳弧气刨的坡口应仔细清除余碳。在坡口两侧约50mm范围内，应严格清理水、油污、铁锈及脏物等。

(2)热轧及正火钢常用的焊条见表3-19。根据热轧及正火钢的牌号选择焊条后，焊条的烘干温度见表3-20。

表 3-19 热轧及正火钢常用的焊条

钢材牌号	强度级别 σ_s/MPa	焊条型号	焊 条 牌 号
09Mn2 09Mn2Si 09MnV	294	E4301 E4303 E4315 E4316	J423 J422 J437 J426
16Mn 16MnCu 14MnNb	343	E5001 E5003 E5015 E5015—G E5016 E5016—G E5018 E5028	J503,J503Z J502 J507,J507H,J507X,J507DF,J507D J507GR,J507RH J506,J506X,J506DF,J506GM J506G J506Fe,J507Fe,J506LMA J506Fe16,J506Fe18,J507Fe16
15MnV 15MnVCu 16MnNb	392	E5001 E5003 E5015 E5015—G E5016 E5016—G E5018 E5028 E5515—G E5516—G	J503,J503Z J502 J507,J507H,J507X,J507DF,J507D J507GR,J507RH J506,J506X,J506DF,J506GM J506G J506Fe,J507Fe,J505LMA J506Fe16,J506Fe18,J507Fe16 J557,J557Mo,J557MoV J556,J556RH
15MnVN 15MnVNCu 15MnVTiRE	441	E5515—G E5516—G E6015—D E6015—G E6016—D	J557,J557Mo,J557MoV J556,J556RH J607 J607Ni,J67RH J606
18MnMoNb 14MnMoV 14MnMoVCu	450	E6015—D_1 E6015—G E6016—D_1 E7015—D_2 E7015—G	J607 J607Ni,J607RH J606 J707 J707Ni,J707RH,J707NiW
X60 X65	414 450	E4311 E5011 E5015	J425X J505XG J507XG

表3-20　焊条的烘干温度参考表

焊　条	母材强度级别 δ_s/MPa	烘干温度/℃	保温时间/h
碱性焊条	≥600	450～470	2
	440～540	400～420	2
	≤410	350～400	2
酸性焊条	≤410	150～250	1～2

(3)为防止定位焊焊缝开裂，要求定位焊焊缝应有足够的长度(一般不小于50mm，对厚度较薄的板材不小于4倍板厚)和厚度。

(4)定位焊应选用与焊接时同类型的焊条，也可选用强度等级稍低的焊条。应与正式焊接一样采取预热措施。

(5)定位焊的顺序，应能防止过大的拘束、允许工件有适当的变形，其焊缝应对称均匀分布。定位焊所用的焊接电流稍大于焊接时采用的焊接电流。

(6)不同强度级别热轧及正火钢的预热温度见表3-21。

表3-21　不同强度级别热轧及正火钢的预热温度

强度级别 δ/MPa	典型钢种	预热温度	焊后热处理工艺参数
294	09Mn2，09MnV，09Mn2Si	预热(一般供应的板厚δ≤16mm)	一般不进行处理
313	16Mn 14MnNb	100～150℃ (δ≥16mm)	一般不进行热处理，或回火600～650℃
393	15MnV，15MnTi 16MnNb	100～150℃ (δ≥28mm)	不进行热处理，或回火560～590℃或630～650℃
442	15MnVN，15MnVTiRE	100～150℃ (δ≥25mm)	
491	18MnMoNb，14MnMoV	≥200℃	回火600～650℃

(7)多层焊的第一层以及非水平位置焊接时，焊条直径应选小一些。在保证焊接质量的前提条件下，应尽可能采用大直径焊条和大电流焊接，以提高劳动生产率。

(8)焊接屈服强度大于等于440MPa的结构或重要焊件，严禁在非焊接部位引弧。多层焊的第一道焊缝需用小直径的焊条及小电流进行焊接，减少母材在焊缝金属中的比例。

(9)含有一定数量V、Ti或Nb的低合金结构钢，若在600℃左右停留时间较长，会使韧性明显降低、塑性变差、强度升高。应提高冷却速度，避免在此温度停留较长时间。

(10)为保持预热作用，并促进焊缝和热影响区氢扩散逸出，层间温度应等于或略高于预热温度。预热与层间温度过高，均可能引起某些钢种焊接接头组织与性能的变化。

(11)强度级别较高或厚度较大的焊件，如焊后不能及时进行热处理，则应立即在200～350℃保温2～6h，以便氢扩散逸出。

(12)为了消除焊接应力，焊后应立即轻轻锤击金属表面，但这不适用于塑性较差的焊件。

(13)强度级别较高或重要的焊接构件，应用机械方法修整焊缝外形，使其平滑过渡到母材，减少应力集中。

2. 低碳调质钢

这类钢的屈服强度为 490～980MPa(50～100kgf/mm²)，在调质状态下供货使用，属于热处理强化钢。低合金调质钢按其用途可分为以下几种。

(1)高强度结构钢，如 14MnMoNbB、15MnMoVNRe、HQ60、HQ70、HQ80C 等，主要用于工程焊接结构，焊缝及热影响区多承受拉伸载荷，如牙轮钻机、推土机、煤矿液压支架、重型汽车及工程起重机等。

(2)高强度耐磨钢，如 HQ100、HQ130 等，主要用于工程结构高强度耐磨、要求承受冲击的部位。

(3)高强度高韧性钢，如 ASTMA533—C、12Ni3CrMoV、10Ni5CrMoV 等，要求在具备高强度的同时，具有高韧性，主要用于高强度高韧性焊接结构，如用于核动力装置及航海、航天装备。

关键细节 34　低碳调质钢的焊接

(1)为了防止冷裂纹的产生，焊接低碳调质钢时，常常需要预热，但必须注意防止由于预热而使焊接热影响区的冷却过于缓慢，在该区内产生马氏体-奥氏体组元和粗大贝氏体组织。这些组织使焊接热影响区强度下降，韧性变差。

(2)为了避免预热对接头造成有害的影响，必须正确地选用预热温度。

(3)如果有可能，采用低温预热加后热，或不预热只采用后热的方法来防止低碳调质钢产生冷裂纹，可以减轻或消除过高的预热温度对其热影响区韧性的损害。

(4)手工电弧焊一般用于焊接屈服强度小于 680MPa 的低碳调质钢，对于屈服强度大于 680MPa 的低合金调质高强钢，一般不用手工电弧焊方法进行焊接。

(5)低碳调质钢焊后一般不再进行热处理，因此在选择焊条时要求焊后形成的焊缝金属应具有接近于母材的力学性能。在特殊情况下，对焊缝金属强度要求可低于母材，或刚度很大的焊接结构，为了减少焊接冷裂纹倾向，可选择比母材强度低一些的焊条。

(6)由于低碳调质钢产生冷裂纹的倾向较大，因此，严格控制焊条中的氢是非常重要的。用于低碳调质钢的焊条应是低氢型或超低氢型焊条。焊前必须按照生产厂规定或工艺规程中规定的烘干条件进行再烘干。烘干后的焊条应立即存放在低温干燥的保温筒内，随用随取。再烘干的焊条在保温筒内存放的时间不得超过 4h。再烘干的焊条在大气中允许存放的最长时间，或按照生产厂的规定，或按照表 3-22 中的规定。

表 3-22　烘干的焊条在大气中允许存放的最长时间

焊条级级	E50××	E55××	E60××	E70××或高于 E70××
最长放置时间/h	4	2	1	0.5

(7)大多数低碳调质钢焊接构件是在焊态下使用，但在下述条件下需进行焊后热处理：

1)焊后或冷加工后钢的韧性过低;

2)焊后需进行高精度加工,要求保证结构尺寸的稳定性;

3)焊接结构承受应力腐蚀。

许多沉淀强化型低碳调质钢在焊后再加热处理中的焊接热影响区会出现再热裂纹。为了使焊后热处理不致使焊接接头受到严重损害,应认真制定焊后热处理规范,控制焊后热处理温度、时间和冷却速度,避免产生再热裂纹。

3. 中碳调质钢

中碳调质钢的屈服强度一般在880～1176MPa(90～120kgf/mm²)以上,含碳量较高(0.25%～0.5%),因此淬硬性比低碳调质钢大。这类钢常用于强度要求很高的产品或部件,如火箭发动机壳体、飞机起落架等。这类钢的焊接性较差。

关键细节35 中碳调质钢的焊接

(1)中碳调质钢最好在退火(或正火)状态下焊接,焊后再进行整体调质处理。通过焊后调质处理来改善热影响区的性能,主要是考虑防止裂纹问题。

(2)焊条的选择要求是不产生冷、热裂纹,而且焊缝金属与母材在同一工艺参数下调质,能获得相同性能的接头。

(3)焊接工艺参数的选择原则是保证在调质之前不出现裂纹。

如果必须在调质状态下焊接,而且焊后不能调质处理,这时焊接的主要问题是防止裂纹和避免热影响区软化。焊接时注意预热、层间温度、中间热处理的温度都要控制在比母材淬火后回火温度低50℃。焊接的热量要集中,焊接线能量越小越好。由于焊后不再调质处理,焊缝成分可以与母材有差别,为了防止冷裂纹,可以选用奥氏体焊条。

(4)焊接坡口应采用机械加工方法,以保证装配质量,避免由热加工切割引起坡口处产生淬火组织。焊前严格清理坡口及两侧50mm范围内的油污、铁锈、水分及脏物等。

(5)工件间隙应保持均匀,要避免强行装配。点固焊缝要求少而牢,不宜过长,并大小一致、分布对称。为防止点固焊缝可能发生裂纹,应对工件稍微预热或选用高韧性、低强度的焊条。在点固焊及焊接过程中,都不允许在焊接面以外的地方引弧。合理选择坡口形式,有助于减小变形,方便施工。

(6)一般情况下,中碳调质钢焊接时的预热温度为200～350℃。进行局部预热时,应在焊缝两侧100mm内均匀加热。

(7)为提高抗裂性,应选用低氢或超低氢焊条。焊条应采用低碳合金系统,并尽量降低焊缝金属的S、P杂质含量,以确保焊缝金属的韧性、塑性和强度,提高焊缝金属的抗裂性。对于焊后需要热处理的构件,焊缝金属的成分应与基体金属相近。应根据焊缝受力条件、性能要求及焊后热处理情况选择焊条。焊条使用前应严格烘干,使用过程中应采取措施防止焊条再吸潮。

(8)焊后需要进行焊后热处理。如果产品焊后不能及时进行调质处理,则必须在焊后及时进行中间热处理,即在等于或高于预热温度下保温一定时间的热处理,如低温回火或650～680℃高温回火。若焊件焊前为调质状态,其预热温度、层间温度及热处理温度都应比母材淬火后的回火温度低50℃。

三、不锈钢的焊接

不锈钢是在空气中或化学腐蚀介质中能够抵抗腐蚀的一种高合金钢，能抵抗空气、水、酸、碱、盐及其溶液和其他腐蚀介质腐蚀的，具有高度的化学稳定性。这类钢具有良好的化学稳定性，通常包括能抵抗某些酸性介质腐蚀的耐酸不锈钢和在高温下具有良好的抗氧化性与高温强度的耐热不锈钢。

不锈钢根据所含合金元素的多少及在室温下组织状态的不同，可分为奥氏体、马氏体和铁素体不锈钢。

(1)奥氏体不锈钢。当钢中的含铬量在18%左右，含镍8%～10%时，便有稳定的奥氏体组织产生，这类不锈钢称为奥氏体不锈钢。奥氏体不锈钢比其他不锈钢具有更好的耐腐蚀性能、耐热性能和塑性，可焊性良好，是不锈钢中应用最广泛的一类钢种。属于这类钢的有：0Cr18Ni9、1Cr18Ni9Ti、Cr18Ni11Ti、Cr25Ni20等。

(2)马氏体不锈钢。这类钢铬含量大于13%，含碳量较高(0.1%～0.4%)，具有同素异构转变，可采用热处理方法进行强化。淬透性较高，含碳高的钢在空气中冷却也能得到马氏体，有较高的强度、硬度和耐磨性。通常用于制造在弱腐蚀性介质(如海水、淡水、水蒸气等)中，使用温度低于或等于580℃，且受力较大的零件和工具。这类钢的焊接性差，一般不用做焊接件。

(3)铁素体不锈钢。这类钢中铬含量在13%～30%范围内，不含镍，有些加入Al、Nb、Mo和Ti等。属于这类钢有：oCr13、4Cr25N等。

不锈钢除了具有优良的耐蚀性能外，还具有良好的力学性能、工艺性能以及很大的工作温度范围。这类钢适于制造要求耐腐蚀、抗氧化、耐高温和超低温的零部件和设备，广泛应用于石油、化工、电力、食品、医疗、航空和核能等工业部门。

1. 奥氏体不锈钢的焊接性能

奥氏体不锈钢一般为经固溶处理后交货。固溶处理使铬的碳化物固溶到奥氏体中，获得稳定的奥氏体，改善其耐腐蚀性能。其主要应用于化工、炼油、动力、航空、造船、医药、纺织、冶金工业中。奥氏体不锈钢的分类见表3-23。

表3-23 奥氏体不锈钢的分类

序号	类别	介绍
1	18—8型	18—8型不锈钢是应用最为广泛的奥氏体不锈钢，如1Cr18Ni9，为了细化晶粒，改善焊接性能及克服晶间腐蚀的问题，在1Cr18Ni9的基础上，在钢中加入钛、铌等稳定化元素，如1Cr18Ni9Ti、0Cr18Ni11Nb
2	18—12型	这种钢除镍含量较高外，一般加入质量分数为2%～4%的钼或铜等合金元素，使其耐腐蚀性、耐点蚀性能得到提高，组织为单相奥氏体组织。属于耐酸不锈钢
3	25—20型	这类钢铬镍含量很高，具有很好的耐腐蚀性能和耐热性能。奥氏体组织非常稳定

奥氏体不锈钢比其他不锈钢焊接性好，容易焊接。在任何温度下都不会发生相变，对

氢脆不敏感，在焊态下奥氏体不锈钢接头也具有良好的塑性和韧性。奥氏体不锈钢的物理性能与低碳钢或低合金钢相差较大，将对其焊接性产生很大影响。焊接时应注意晶间腐蚀、焊接热裂纹、脆化和应力腐蚀等。

(1)晶间腐蚀。奥氏体不锈钢经过不正确的焊接后，将会在腐蚀介质中产生沿晶粒边界进行的腐蚀，即晶间腐蚀。它的特点是腐蚀沿晶界深入到金属内部，并引起金属力学性能和耐腐蚀性降低，是奥氏体不锈钢极危险的一种破坏形式。

控制奥氏体不锈钢的晶间腐蚀的关键是防止晶界贫铬敏化。当加热温度高于850℃时，晶内的铬向晶间扩散，使晶界的贫铬区得以恢复，从而防止晶间腐蚀。此外当不锈钢中含有Ti和Nb元素或超低碳时，也可以防止晶间腐蚀的产生。因此通过合理选择焊条和焊接工艺，可以减小和防止晶间腐蚀。防止晶间腐蚀的主要措施有：

1)选择超低碳(C%≤0.03%)或添加Ti和Nb等稳定元素的不锈钢焊条；

2)采用奥氏体-铁素体双相钢，这种双相钢，不仅具有良好的耐晶间腐蚀性，而且具有很高的抗应力腐蚀能力；

3)通过合理选择焊接工艺，减少在危险温度范围停留的时间；

4)进行焊后固溶处理，将工件加热到1050～1150℃后淬火，使晶界上的碳化物溶入晶粒内部，形成均匀的奥氏体组织等。

(2)热裂纹。奥氏体不锈钢与一般结构钢相比，焊接时容易产生热裂纹。其主要产生的是结晶裂纹，个别钢种也可能产生液化裂纹。奥氏体不锈钢焊接时产生的热裂纹主要形式有：横向裂纹、纵向裂纹、弧坑裂纹、显微裂纹、根部裂纹和热影响区裂纹等。影响裂纹的主要因素有以下几点：

1)焊缝金属组织。奥氏体不锈钢对热裂纹的敏感性主要取决于焊缝金属的金相组织。主要是由于奥氏体的合金化程度高，奥氏体非常稳定，焊接时容易产生方向性很强的粗大柱状晶焊缝。同时高合金化增大了液固相线的间距，增大了偏析倾向，以及S、P等杂质元素与Ni形成低熔点共晶体，在晶界形成易熔夹层等，都增加了奥氏体对热裂纹的敏感性。

2)焊缝的化学成分。常用合金元素对奥氏体焊缝热裂纹倾向的影响见表3-24。

表3-24　常用合金元素对奥氏体焊缝热裂纹倾向的影响

元素		γ单相组织焊缝	$\gamma+\delta$双相组织焊缝
奥氏体化元素	Ni	显著增大热裂倾向	显著增大热裂倾向
	C	含量为0.3%～0.5%，同时有Nb、Ti等元素时减小热裂倾向	增大热裂倾向
	Mn	含量为5%～7%时，显著减小热裂倾向，但有Cu时增加热裂倾向	减小热裂倾向，但若使δ消失，则增大热裂倾向
	Cu	Mn含量极少时影响不大，但Mn含量≥2%时增大热裂倾向	增大热裂倾向
	N	提高抗裂性	提高抗裂性
	B	含量极少时，强烈增加热裂倾向，但含量为0.4%～0.7%时，减小热裂倾向	

杂质元素易在晶间形成低熔点共晶，显著增大热裂纹敏感性。

3)焊接应力。焊接时容易形成较大的内应力，而内应力的存在是形成焊接热裂纹的必要条件之一。

关键细节 36　奥氏体不锈钢的焊接方法

奥氏体不锈钢采用手工电弧焊方法很容易焊接。手工电弧焊适用于焊接厚度超过1.5mm的钢板。

(1)由于含碳量对不锈钢的耐蚀性影响很大，因此，应选择焊条熔敷金属含碳量不高于母材的焊条。通常采用钛钙型和低氢型焊条，一些常用奥氏体不锈钢手工电弧焊推荐选用的焊条见表3-25。

表3-25　常用奥氏体不锈钢手工电弧焊推荐选用的焊条

钢号	型号	牌号	焊件使用状态
0Cr19Ni9，1Cr18Ni9	E308—16，E308—15	A102，A107	焊态或固溶处理
0Cr17Ni12Mo2	E316—16	A202	
0Cr19Ni13Mo3	E317—16	A242	
00Cr19Ni11	E308L—16	A002	焊态或消除应力处理
00Cr17Ni14Mo2	E316L—16	A022	
1Cr18Ni9Ti， 0Cr18Ni11Ti，0Cr18Ni11Nb	E347—16	A132	焊态或稳定化和消除应力处理
0Cr23Ni13，2Cr23Ni13	E309—16	A302	焊态
0Cr25Ni20，2Cr25Ni20	E310—16	A402	

(2)焊前用合适的溶剂清除焊接区钢材表面的油污、油脂和杂质；表面氧化皮较薄时，可用酸洗清除；氧化皮较厚时，可用钢丝刷、打磨或喷丸等机械方法清理。

(3)对于不同的板厚，根据不同的焊接方法设计接头的形式和坡口尺寸。为保证焊接质量，坡口两侧20～30mL用丙酮清洗，并涂石灰粉防止飞溅损伤钢材表面。工件表面不允许有机械损伤。

(4)由于奥氏体钢焊接时熔池较大，在液态下停留的时间较长，为了保证焊缝的背面成形或防止烧穿，往往需要采用衬垫。

(5)奥氏体钢焊接时一般不进行预热，但为防止热裂纹和铬碳化物析出，层间温度应低一些，通常在250℃以下。

(6)采用手工电弧焊焊接较大件奥氏体钢，为了减小变形需要采用点固焊。点固焊焊条与焊接焊条的型号相同，直径稍细一些。点固高度不超过工件板厚的2/3。点固长度和间距见表3-26。

表 3-26 手工电弧焊焊接的点固长度和间距 mm

板厚 δ	点固焊缝长度	间　距
≤2		30～50
3～5	10～20	50～80
5～25	20～30	150～300

(7)手工电弧焊时，尽量采用小规范，即采用小电流、快速焊、窄道焊，焊接电流比低碳钢低20%，可以防止晶间腐蚀、热裂纹及变形的产生。手工电弧焊焊接电流的选择可根据经验公式 $I=\varphi\times(25\sim40)$ 来选择。

(8)焊接过程中尽量不摆动，焊道的宽度不超过焊条直径4倍。短弧焊、收弧要慢、填满弧坑；与腐蚀介质接触的面最后焊；多层焊，每层厚度应小于3mm，层间要清渣检查，并控制层间温度，可待冷却到60℃以下再清理熔渣和飞溅物，然后再焊；多层焊层数不宜多，每层焊缝接头相互错开。

(9)不要在坡口以外的地方起弧，地线要接好，以免损伤金属表面；焊后可采用如水冷、风冷等措施强制冷却；焊后变形只能用冷加工矫正。

(10)一般情况下，不推荐对奥氏体钢进行焊后热处理，但为了改善耐腐蚀性或消除应力，也可以进行焊后热处理。焊后热处理主要有：焊后消除应力处理、固溶处理和稳定化处理。

2. 铁素体不锈钢焊接性能

焊接铁素体不锈钢最大的问题是热影响区的脆化，其中主要是热影响区的粗晶脆化、475℃脆化和 σ 相脆化等。

(1)粗晶脆化。由于铁素体不锈钢含有足够的铬或配有少量其他铁素体形成元素，其铁素体组织十分稳定，在熔化前几乎不会发生相变，加热时有强烈的晶粒长大倾向。焊接时，焊缝和热影响区的近缝区被加热到950℃以上，在这些区域都会产生晶粒严重长大，而且晶粒一经长大，不能采用热处理的方法使之细化，否则降低热影响区的韧性，导致热影响区的粗晶脆化。一般来讲，晶粒粗化的程度取决于停留的最高温度和时间，因此，焊接时应尽量缩短在950℃以上高温的停留时间。

(2)475℃脆化。475℃脆化主要出现在Cr含量超过15%的铁素体钢中，在430～480℃的温度区间长时间加热并缓慢冷却，就导致在常温时或低温时出现的脆化现象。造成475℃脆化的主要原因是在Fe-Cr合金系中以共析反应的方式沉淀，析出富Cr的 α 相(体心立方结构)所致。杂质对475℃脆化有促进作用。

(3)σ 相脆化。如果焊后在650～850℃温度区间的冷却速度缓慢，铁素体向 σ 相转化。σ 相是一种硬脆而无磁性的Fe-Cr金属间化合物相，具有变成分和复杂的晶体结构。在纯Fe-Cr合金中，Cr>20%时即可产生 σ 相。当存在其他合金元素，特别是存在Mn、Si、Mo、W等时，会促使在较低含Cr量下即可形成 σ 相，而且可以三元组成，如FeCrMo。σ 相硬度达38HRC以上，并主要析集于柱状晶的晶界，从而导致接头的韧性降低。

关键细节 37　铁素体不锈钢的焊接方法

手工电弧焊一般适用于焊接厚度超过 1.5mm 的铁素体不锈钢。

(1)由于铁素体不锈钢的脆性转变温度常常正好处于室温以上，其室温韧性很低，若工件厚，刚性大，很容易产生冷裂纹。因此，当采用铬焊条进行焊接时，要求预热 70～150℃范围内有明显的效果，但预热温度不能过高，否则不能达到高温区快速冷却的效果，反而引起脆化。

(2)铁素体不锈钢焊接时的填充金属主要有两类：同质的铁素体型、异质的奥氏体型(或镍基合金)。同质的优点是与母材有一样的颜色，相同的线胀系数和大体相似的耐腐蚀性。但同质焊缝的抗裂性能不高。当要求焊缝有更好的塑性时，通常采用铬镍奥氏体类型的焊条。常用的铁素体不锈钢焊条见表 3-27。

表 3-27　常用的铁素体不锈钢焊条

钢种	对接头性能的要求	焊条			预热及焊后热处理
		牌号	型号	类型	
0Cr13	—	G202，G207	E410—16，E410—15	0Cr13	—
		A102，A107	E308—16，E308—15	18—9	
Cr17 Cr17D	耐硝酸腐蚀和耐热	G302，G307	E430—15，E430—15	Cr17	预热 100～150℃，焊后 750～800℃回火
	耐有机酸和耐热	G311	—	Cr17Mo2	预热 100～150℃，焊后 750～800℃回火
	提高焊缝型性	A102，A107	E308—16，E308—15	18—9	不预热，焊后不热处理
		A202，A207	E316—16，E316—15	18—12Mo	
Cr25Ti	抗氧化	A302，A307	E309—16，E309—15	25—13	不预热，焊后 760～780℃回火
Cr28 Cr28Ti	提高焊缝型性	A402，A407	E310—16 E410—15	25—20	不预热，焊后不热处理
		A412	E310Mo—16	25—20Mo2	

(3)铁素体不锈钢的焊接要用小电流、快速度，焊条不横向摆动，多层焊，并且严格控制层间温度，一般待层间温度冷至预热温度时，再焊下一道。厚大的焊件焊接时，可在每道焊缝焊好后，用小锤轻轻锤击焊缝，以减小焊缝的收缩应力。

(4)铁素体钢焊后热处理的目的是消除应力，并使焊接过程中产生的马氏体或中间相分解，获得均匀的铁素体组织。但焊后热处理不能使已经粗化的铁素体晶粒重新细化。铁素体钢焊后热处理有两种：一种是在 750～850℃加热后空冷，使组织均匀化，可以提高韧性和抗腐蚀性能；另一种是在 900℃以下加热水淬，使析出脆性相重新溶解，得到均一的铁素体组织，提高接头的韧性。

3. 马氏体不锈钢焊接性能

马氏体不锈钢焊接产生的主要问题是热影响区脆化和裂纹。

(1)热影响区脆化。马氏体钢尤其是铁素体形成元素较高的马氏体钢,具有较大的晶粒长大倾向。冷却速度较小时,焊接热影响区中出现粗大的铁素体和碳化物;冷却速度较大时,热影响区中会出现硬化现象,形成粗大的马氏体。这些粗大的组织都使马氏体钢焊接热影响区塑性和韧性降低,产生脆化。此外,马氏体钢还具有一定的回火脆性。所以,焊接马氏体钢时,冷却速度的控制是一个难题。

(2)焊接冷裂纹。马氏体钢含铬量高,极大地提高了其淬硬性,不论焊前的原始状态如何,焊接总会使其近缝区产生马氏体组织。马氏体钢热影响区的硬度,随含碳量增多而增大,将导致马氏体转变温度下降,韧性降低。随着淬硬倾向的增大,接头对冷裂也更加敏感,尤其在有氢存在时,马氏体不锈钢还会产生更危险的氢致延迟裂纹。

对于焊接含奥氏体形成元素 C 或 Ni 较少,或含铁素体形成元素 Cr、Mo、W 或 V 较多的马氏体钢,焊后除了获得马氏体组织外,还要产生一定量的铁素体组织。这部分铁素体组织使马氏体回火后的冲击韧性降低。在粗大铸态焊缝组织及过热区中的铁素体,往往分布在粗大的马氏体晶间,严重时可呈网状分布,这会使焊接接头对冷裂纹更加敏感。

关键细节 38 马氏体不锈钢的焊接方法

一般手工电弧焊适用于焊接厚度超过 1.5mm 的马氏体不锈钢。

(1)焊前应该清除坡口两侧的油污及吸附的水分,减少氢的来源,严格烘干焊条,尽量减少熔池中氢的含量。焊前预热温度一般为 150~400℃,最高不超过 450℃。薄板有时可以不预热,即使预热,预热温度为 150℃即可。对于刚性大的厚板结构,以及淬硬倾向大的钢种,则预热温度相应地高些。

(2)合理设计焊接接头,应避免刚性过大,装配焊接时避免强制装配。

(3)马氏体不锈钢焊接可以采用两种不同的焊条:Cr13 型马氏体不锈钢焊条;Cr-Ni 奥氏体型不锈钢焊条。

(4)一般选用较大的焊接线能量进行焊接,以降低冷却速度。严格控制层间温度,以防止在熔敷后续焊道前发生冷裂纹。保证全部焊透,如采用钨极氩弧焊进行打底焊,可以避免产生根部裂纹。注意填满弧坑,防止出现弧坑裂纹。

(5)绝大多数马氏体钢焊后不允许直接冷却到室温,因为有可能产生冷裂纹的危险。马氏体钢在中断焊接或焊完之后,应立即施加后热,以使奥氏体在不太低的温度下全部转变为马氏体(有时还有贝氏体)。后热的时机很重要,既不能等到冷却至室温,又不能在马氏体转点温度以上进行。如果焊后能够立即进行热处理,则可以免去后热。

(6)对于焊后不再进行调质处理的焊后回火处理,不应在焊件尚处于高温下进行,应等到接头冷却到马氏体转变基本完成的温度时,立即进行回火。若焊后尚处于高温的工件立即回火,虽然可以防止冷裂纹的产生,但是接头会出现粗大的铁素体,沿晶界析出碳化物,甚至焊缝中还会形成大量性能较差的贝氏体组织。回火处理需保温足够的时间,以使接头中可能存在的脆硬贝氏体组织能够转变为索氏体。保温时间可选为每毫米厚度 4min 计算。保温后以 3~5℃/min 的冷却速度冷至 300℃,然后空冷。

4. 不锈钢复合板的焊接性能

不锈钢复合板通常应用热轧法、浇铸法、爆炸复合法以及堆焊法来制造。其在双金属容器制造上得到广泛的应用。

(1)不锈钢复合板是由覆层(不锈钢)和基体(碳钢、低合金钢)组成。其焊接特点是对于基体要避免 Cr、Ni 含量增加,否则基体产生硬脆组织及裂纹;对于不锈钢层要避免 C 含量增加以及 Cr、Ni 含量的降低,否则将导致不锈钢层耐腐蚀性降低。因此,不能用碳钢或低合金钢焊条直接焊接不锈钢。焊接时应先焊低碳钢或低合金钢,后焊不锈钢,并在基层与不锈钢交界处采用高 CrNi 焊条的过渡层。

(2)焊条的选用。不锈钢复合钢板的焊缝由基层、过渡层和覆盖层三个不同部分组成,各自焊条的选择如下。

1)基层焊条的选择。基层的焊条选择与基层碳钢或低合金钢单独焊接时相同的焊条,并以同样的焊接工艺进行施焊。

2)过渡层。为保证复合侧焊缝金属不受或少受基体金属的稀释,过渡层必须选用其 Cr、Ni 含量高于覆层中含量的不锈钢焊条。过渡层合金应与覆层不锈钢成分相近,并具有良好的塑性和韧性。当不锈钢复合板焊接构件堆焊缝金属的塑性要求和对耐蚀性要求不高时,其过渡层可选用焊接覆层的焊条。对于大厚度的不锈钢复合板的焊接构件,由于刚度较大,可选用纯镍焊条作为过渡层的焊条。

3)覆层焊条选择。覆层焊条原则上选择与单独焊接不锈钢时的焊条相同,焊接工艺也相同。

关键细节 39　不锈钢复合钢板的焊接方法

为了提高不锈复合钢板焊接接头的耐腐蚀性和力学性能,在焊接过程中,要严格遵守下列焊接操作要点。

(1)不锈复合钢板在组装时,应以覆层作基准。特别是用复合钢板制作筒体时,一定要以覆层作基准,组对筒节的纵焊缝和横焊缝时,需防止因覆层错边量过大而影响焊接质量。

(2)复合钢板焊接时,应先焊基层钢板的焊缝,然后再焊过渡层焊缝,最后再焊覆层钢板的焊缝。

(3)组装定位焊时,焊点一定要焊在基层钢板的面上,严格禁止基层和过渡层的填充材料焊在覆层钢板面上。同时,必须将焊接过程落在覆层钢板面上的金属飞溅物清理干净。

(4)在进行过渡层焊接时,要用短弧小电流合理选择焊接材料快速焊接,尽量减小焊缝熔深。使基层与覆层的交界处有一定量的铁素体组织,以利于提高焊接接头的抗裂性,减少基层金属对过渡层焊缝的稀释作用。

(5)采用 CO_2 气体保护焊工艺焊接复合钢板时,需注意采取工艺措施,防止焊接接头出现气孔。焊接时控制焊丝伸出喷嘴的长度为 10～15mm。

(6)复合钢板对接接头坡口选择:

1)复合钢板的厚度小于 22mm 时,采用对接接头、V 形坡口形式。

2)复合钢板厚度为 23～38mm 时,可采用对接接头、V 形坡口、双 V 形坡口形式。

3)复合钢板厚度大于 38mm 时,可采用对接接头、U 形坡口形式。

四、铸铁的补焊

铸铁具有优良的铸造性能、良好的切削加工性能、优良的耐磨性和减振性，在工业领域中应用广泛，但由于生产工艺原因，铸件缺陷常常难免。针对铸铁件孔眼类、裂纹类及表面各种缺陷，焊接修复十分重要。因此，铸铁件焊接是铸铁件生产流程中的一个重要工艺环节。铸铁焊接工艺也是焊接学领域的一个重要分支。按碳在铸铁中存在的状态及形式的不同，铸铁可分为以下几种。

(1)白口铸铁。碳绝大部分以铁素体状态存在，断口亮白色，铁素体硬而脆。

(2)灰铸铁。碳以石墨片状存在，分布于不同的基体上，断口呈灰黑色，在工业中应用最广，具有优良的铸造性能、耐磨性及减振性，优良的切削性和较小的缺口敏感性等特征。

(3)可锻铸铁。碳以团絮状存在。其强度和塑性都比一般灰口铸铁高，主要用于制造形状复杂、塑性和韧性要求较高的小型零件，如汽车后桥壳、拖拉机减速器、拖车挂钩、柴油机曲轴、连杆、齿轮及活塞等受冲击和振动的零件。

(4)球墨铸铁。碳以圆球状存在，石墨呈球状分布。球铁具有较高的强度和韧性。球铁主要应用于制造承受较大动载荷的重要零件，如柴油机的曲轴、连杆、汽缸盖、汽缸套和齿轮等，在一定范围内还可以代替铸钢件。

(5)蠕墨铸铁。碳以蠕虫状存在。蠕铁中石墨似蠕虫，其力学性能介于基体组织相同的灰铸铁和球墨铸铁之间。常用蠕铁的抗拉强度为300～500MPa，延伸率为1%～6%。蠕铁作为一种新型铸铁材料，近年在我国推广应用越来越多。

在相同基体组织情况下，以球墨铸铁的力学性能(强度、塑性、韧性)为最高，可锻铸铁次之，蠕墨铸铁再次，灰铸铁最差。但由于灰铸铁成本低廉，并具有铸造性、可加工性、耐磨性及减震性均优良的特点，其仍是工业中应用最广泛的一种铸铁。

1. 灰铸铁补焊

灰铸铁焊接时主要问题有两方面：一方面是焊接接头易出现白口和淬硬组织；另一方面是焊接接头易产生裂纹。

(1)焊接接头易出现白口及淬硬组织。灰铸铁电弧焊时接头的冷却速度远远大于铸件在砂型中的冷却速度。在快速冷却下，石墨化难以进行，会产生大量的渗碳体，形成白口组织。

1)焊缝主要由共晶渗碳体、二次渗碳体和珠光体组成，即焊缝基本上为白口组织。即使增大焊接线能量，白口组织也很难消除。若采用异质材料，如用低碳钢焊条焊接，第一层焊缝中母材成分熔合的比例较大，相当于高碳钢成分，在快速冷却的焊接条件下，焊缝易形成脆硬的高碳马氏体组织。

2)熔合区温度为1150～1250℃，温度处于液相线和固相线之间。焊接时，部分铸铁晶粒已熔化，通过石墨中碳的扩散作用转变成被碳饱和的奥氏体。由于手工电弧焊过程该区的冷却速度很快，虽然此区的温度较高，但低于焊缝区，同时又与热影响区相邻，热量很快传导给热影响区，加快了冷却速度。因此，该区比焊缝更易形成白口组织和淬硬组织。

3)奥氏体区加热温度范围为820～1150℃，处于固相线与共析温度区间上限之间。此区无液体出现，加热时组织为奥氏体加石墨。由于奥氏体中碳含量较高，冷却较快时，会产生马氏体或贝氏体组织，硬度比母材高。

4）重结晶区加热温度为780～820℃，加热时部分组织转变成奥氏体组织，冷却过程中，奥氏体转变成珠光体，快速冷却时会出现马氏体。

（2）焊接裂纹。当焊缝金属为铸铁型（同质）时，焊接灰铸铁容易出现冷裂纹。冷裂纹主要发生在焊缝或热影响区，多在400℃以下温度产生，并多以横向分布。当温度高于400℃时，铸铁具有一定的塑性，同时焊缝承受的拉应力降低，产生冷裂纹的倾向较小。

若焊缝基体为灰口铁，一般对热裂纹不敏感。但采用低碳钢焊条或镍基铸铁焊条时，焊缝易出现结晶裂纹。常见的热裂纹有弧坑裂纹、焊缝横向裂纹及沿熔合线焊缝内侧的纵向裂纹。采用镍基焊条焊接含C及S、P杂质较高的铸铁时，S、P易与Ni形成低熔点共晶物，增加了焊缝对热裂纹的敏感性。若采用氧化铁型焊条焊接灰口铁，由于熔合比增大，母材中C、S、P大量熔入焊缝金属，形成大量铁的低熔点共晶物，同样易产生热裂纹。

关键细节40　*灰铸铁电弧冷焊法的焊接*

电弧冷焊法是采用非铸铁型焊条，并且焊前铸件不进行预热的一种焊接方法。在焊接过程中采取一定的工艺措施，尽量防止焊接区局部过热，缩小受热面积，焊接区温度尽量控制得低些，以减小热应力和由此产生的冷裂纹。该法具有不预热、劳动条件良好、工件变形小、操作简单等优点。其缺点是焊接接头冷却速度较快，极易形成白口和淬硬组织，工件受热不均，形成较大热应力，易产生裂纹。

（1）焊前应对缺陷所在的部位进行清理，将油、铁锈、杂质等清理干净；检查裂纹的长度、查清走向、分支和端点所在的位置；为防止裂纹的扩展，应在裂纹端部处钻止裂孔（ϕ5～8mm），深度应比裂纹所在的平面深2～4mm，穿透性裂纹则应钻透。

（2）为了保证接头焊透和良好的成形，焊前应开坡口或造型。

1）工件壁厚$\delta \leqslant$5mm，可不开坡口；

2）5mm$\leqslant \delta \leqslant$15mm，可开V形坡口；

3）$\delta \geqslant$15mm，可开X形或U形坡口。

（3）采用小电流、快速焊、交流或直流反接法焊接，以减小熔深、降低熔合比，保证熔池中碳浓度的稀释及减少S、P等杂质进入熔池的数量，有利于防止热裂纹，降低淬硬倾向，也有利于减小焊接应力，防止冷裂纹。焊接电流的选择应根据焊条的类型和焊条的直径来确定（可参照表3-28）。

表3-28　焊条的类型和焊条直径的关系

焊条类型	焊条直径/mm			
	2.0	2.5	3.2	4.0
氧化铁型焊条	—	—	80～100	100～120
高钡铸铁焊条	40～60	60～80	80～120	120～160
镍基铸铁焊条	—	60～80	90～100	120～150
低碳钢焊条	—	—	120～130	—

(4)采用短段焊、断续焊、分散焊、分段退焊等，并在每焊10～15mm长度后，立即用小锤迅速锤击焊缝，待焊缝冷却到约60℃时，再焊下一道，以降低焊接应力，防止裂纹的产生。

(5)采用合理的顺序，当坡口较大时，应采用多层焊。多层焊的后层焊缝对前层焊缝和热影响区有热处理作用，可以降低硬度和焊缝收缩应力，减少和防止裂纹与剥离。

(6)焊接方向应视焊件上裂纹产生的部位来确定，一般应先从刚度大的部位起焊，刚度小的部位后焊。

关键细节41　大型厚壁受力铸铁电弧冷焊焊接

大型厚壁受力铸铁电弧冷焊焊接主要有以下三种。

(1)栽丝法。工件受力大，焊缝强度要求较高时，为了加强母材与焊缝金属的结合，防止焊缝剥离，可采用栽丝法进行焊补。栽丝法主要用于承受冲击载荷，厚大铸件的焊补。

栽丝法焊补时，在坡口处钻孔攻丝，孔一般均匀分布为两排；拧入一般为8～16mm的钢质螺钉，拧入深度应等于或大于螺钉直径，螺钉凸出待焊表面4～6mm；拧入螺钉的总面积为坡口表面的25%～35%；先绕螺钉焊接，再焊螺钉之间，以提高强度。

(2)加垫板焊补法。按坡口形状将低碳钢板预制成多块垫板，再将垫板先后放入坡口内，逐层焊接，并使垫板与铸件焊牢。

(3)镶块焊补法。对需焊补面积很大的薄壁缺陷，为防止裂纹和剥离，可镶上一块比工件薄的低碳钢板。为减少应力，低碳钢板可预制成凹形。

关键细节42　灰铸铁的电弧热焊及半热焊法焊接

热焊是焊前将铸铁件整体或局部预热到600～700℃，然后在此温度下进行焊接，焊接过程焊件的温度不能低于450℃。热焊可以使焊件受热均匀，冷却速度缓慢，有利于焊缝金属石墨化，减少和避免出现白口组织，缺点是：劳动条件差，加热费用大，工件变形大，表面易氧化等。

电弧半热焊是焊前将铸件整体局部预热到400℃左右。与热焊法相比能改善焊工的劳动条件，也能获得较好的焊接质量。焊接要点如下。

(1)预热温度的选择主要根据铸件的体积、壁厚、结构的复杂程度、缺陷位置、焊补处的刚度及现场条件来确定。预热方法可采用加热炉、砖砌的明炉加热，也可以采用火焰加热。根据缺陷的部位处刚度的大小，采用整体或局部加热。

(2)采用大直径焊条、大电流、长弧、连续焊接，以保持预热温度，促进石墨化，降低焊接应力。

(3)焊后保温缓冷，对于重要铸件，进行600～900℃消除应力热处理。

关键细节43　铸铁芯焊条不预热焊法焊接

不预热焊法是指工件不预热或预热温度低于200℃而进行的焊接方法，主要是针对电弧热焊的恶劣劳动条件而采取的，通常可以连续焊接直至焊完。选择合适的焊条，配合适当的工艺，可以避免产生裂纹，且接头具有较好的机械加工性能。

(1)开坡口时，通常坡口面积应大于 $8cm^2$，深度大于 7mm，角度为 20°～30°坡口周围用石墨或耐火泥围筑。

(2)采用大电流、连续焊接，使焊缝高出母材 5～8mm，以防止半熔化区的白口。

2. 球墨铸铁补焊

球墨铸铁的焊接性与灰铸铁相比有许多相似之处，焊接时存在的主要问题也是白口、淬硬组织和焊接裂纹，但球墨铸铁的化学成分、力学性能与灰口铸铁不同。

(1)焊接接头白口倾向及淬硬倾向比灰口铸铁大。由于球铁中镁、钇、钙等球化剂的存在，大大地阻碍石墨化作用，并增大焊接区过冷倾向，同时，这些元素还提高了奥氏体的稳定性，使球铁焊缝和熔合区容易形成白口和淬硬组织。

(2)对焊接接头的力学性能要求较高。由于球墨铸铁的强度和塑性等力学性能较好，故对焊接接头的力学性能要求较高。在电弧焊条件下，应实现焊接接头与母材组织与性能相匹配。

关键细节 44 球墨铸铁补焊焊接

球墨铸铁手工电弧焊也可分为冷焊和热焊。冷焊时采用镍铁焊条和高钒焊条。当焊缝成分是球墨铸铁时，多采用热焊法。

(1)球墨铸铁补焊的焊条主要有两种：一种是球墨铸铁芯外涂球化剂和石墨化剂药皮，通过焊芯和药皮的共同作用，使焊缝中石墨球化，如 Z258 焊条；另一种是低碳钢芯外涂球化剂和石墨化剂药皮，通过药皮使焊缝中石墨球化，如 Z238 焊条。常用球墨铸铁焊条牌号及特点见表 3-29。此外，还可以用低碳钢焊条、钢芯高钒焊条(Z116、Z117)、铜铁焊条(Z607)和镍铁焊条(Z408)等。

表 3-29 球墨铸铁补焊类型及特征

焊补要求	焊条牌号	焊芯	特征
原大件的较大缺陷	Z258	球墨铸铁	球化能力强，焊条直径 4～6mm
焊补处不经热处理可以进行切削处理	Z238	低碳钢	药皮中有适量球化钢，适合于球铁焊接，可以进行正火处理，处理后硬度 200～300HB，退火处理后硬度 200HB 左右
	Z238F		焊缝颜色、硬度与母材相近，适用于铸态硬度为 180～280HB，抗拉强度大于 490MPa，正火处理后硬度为 200～250HB，抗拉强度 590MPa。退火处理后硬度为 160～230HB，抗拉强度大于 410MPa
焊态不进行机加工	Z238SnCu		可以与不同等级的球铁相匹配，冷焊后焊缝存在少量渗碳体

(2)焊前准备应该清理缺陷，开坡口。小缺陷应扩大到 30～40mm，深 8mm 以上。

(3)采用大电流为焊条直径的 30～60 倍的连续焊。中等缺陷应连续填满，以保证焊补区有较大焊接线能量。对于较大缺陷可采用分区、分段填满再向前推移，保证焊补区有较大的焊接线能量。对于大刚度部位缺陷，焊前预热200～400℃或采取加热减应力区法。

(4)焊后缓冷防止裂纹，以及根据对基体组织的要求，可进行正火或退火处理。如需要焊态加工，焊后应立即用火焰加热焊补区至红热状态，并保持3～5min。

第五节 手工电弧焊常见缺陷及其预防措施

一、焊缝缺陷及其危害

在手工电弧焊焊接生产过程中，设计、工艺、操作中的各种因素都会产生各种焊接缺陷和焊接变形，影响焊缝的质量。焊缝质量由很多因素决定，如母材金属和焊条质量、焊前的清理程度、焊接时电弧的稳定程度、焊接参数、焊接操作技术、焊后冷却速度以及焊后热处理等。

焊缝缺陷是指焊接过程中在焊接接头中产生的不符合设计或工艺条件要求的缺陷，主要有焊接裂纹、未焊透、未熔合、夹渣、气孔、咬边和焊瘤等。焊接缺陷不仅会影响焊缝的美观，还有可能减小焊缝的有效承载面积，造成应力集中，引起断裂，直接影响焊接结构使用的可靠性。

其危害主要有：产生应力集中，降低承载能力；引起裂纹，缩短使用寿命；造成脆断。

二、焊缝缺陷的种类及预防

1. 焊缝外部缺陷

焊缝的外部缺陷即存在于焊缝外表的缺陷，一般用目视检查即可发现，这些缺陷容易使焊件承载后产生应力集中点，或者减小焊缝的有效截面积而使焊缝强度降低，因此在焊接工艺上一般都有明确的规定，可及时补焊，见表3-30。

表3-30 焊缝缺陷及其预防措施

序号	缺陷	表现	图例
1	加强高过高	加强高(也称为焊冠、盖面)过高。盖面层高出母材表面很多，一般焊接工艺对于加强高的高度是有规定的，高出规定值后，加强高与母材的结合转角很容易成为应力集中处，对结构承载不利。因此，为提高压力容器的疲劳寿命，要求将焊缝的加强高铲平	
2	内凹、外凹	焊缝根部向上收缩，低于母材下表面时称为内凹，焊缝盖面低于母材上表面时称为下陷(外凹)，因焊缝工作截面的减小而使接头处的强度降低	外凹 内凹

（续）

序号	缺陷	表现	图例
3	焊缝咬边	在母材与焊缝熔合线附近，因为熔化过强也会造成熔敷金属与母体金属的过渡区形成凹陷，即形成咬边。它不仅减少了接头工作截面，而且在咬边处造成严重的应力集中。根据咬边处于焊缝的上下面，可分为外咬边（在坡口开口大的一面）和内咬边（在坡口底部一面）。咬边也可以说是沿焊缝边缘低于母材表面的凹槽状缺陷	绞边
4	焊瘤	熔化金属流到溶池边缘未熔化的工件上，使焊缝根部的局部凸出，堆积形成焊瘤，它与工件没有熔合。焊瘤对静载强度无影响，但会引起应力集中，使动载强度降低。焊瘤下常会有未焊透缺陷存在，这是必须注意的	焊瘤
5	烧穿	烧穿是指部分母体金属熔化过度从焊缝反面漏出，甚至烧穿成洞，它使接头强度下降	
6	溢流	焊缝的金属熔池过大，或者熔池位置不正确，使熔化的金属外溢，外溢的金属又与母材熔合	溢流
7	弧坑	电弧焊时在焊缝的末端（熄弧处）或焊条接续处（起弧处）低于焊道基体表面的凹坑，在这种凹坑中很容易产生气孔和微裂纹	
8	焊偏	在焊缝横截面上显示为焊道偏斜或扭曲。	焊偏

2. 焊缝内部缺陷

（1）未焊透。未焊透是指固体金属与填充金属之间（焊道与母材之间），或者填充金属之间（多道焊时的焊道之间或焊层之间）局部未完全熔化结合，或者在点焊（电阻焊）时母材与母材之间未完全熔合在一起所导致的一种缺陷。其产生的原因是：坡口设计不良、角度小、钝边大、间隙小，焊条、焊丝角度不正确，电流过小，电压过低，焊速过快，电弧过长，有磁偏吹，焊件上有厚锈未清除干净等。

（2）气孔。在熔化焊接过程中，焊缝金属内的气体或外界侵入的气体在熔池金属冷却凝固前来不及逸出而残留在焊缝金属内部或表面形成的空穴或孔隙，即为气孔。其产生的原因是焊条、焊剂烘干不够。

焊接工艺不够稳定，电弧电压偏高，电弧过长，焊速过快和电流过小；填充金属和母材表面油、锈等未清除干净；未采用后退法熔化引弧点；预热温度过低；未将引弧和熄弧的位置错开；焊接区保护不良，熔池面积过大；交流电源易出现气孔，直流反接的气孔倾向最小。

预防气孔出现的措施有：烘干焊条、焊剂；焊丝、坡口及两侧母材要除锈、油、水；采用短弧焊，控制焊接速度，以防空气进入熔池且使已产生的气体有时间逸出熔池。

(3)裂纹。焊缝裂纹是焊接过程中或焊接完成后在焊接区域中出现的金属局部破裂的现象。裂纹是最危险的一种缺陷，它除了减少承载截面之外，还会产生严重的应力集中，在使用中裂纹会逐渐扩大，最后可能导致构件的破坏。

裂纹可能产生在焊缝上(有时发生在焊缝金属内部，有时发生在焊缝金属外部)，或者在焊缝附近的母材热影响区内，或者位于母材与焊缝交界处等。通常按照裂纹产生的机理，根据焊接裂纹产生的时间和温度的不同，可以把裂纹分为以下几类。

1)冷裂纹，指在200℃以下产生的裂纹，它与氢有密切的关系，其产生的主要原因是：

①对大厚工件选用预热温度和焊后缓冷措施不合适；

②焊材选用不合适；

③焊接接头刚性大，工艺不合理；

④焊缝及其附近产生脆硬组织；

⑤焊接规范选择不当。

2)热裂纹，指在300℃以上产生的裂纹(主要是凝固裂纹)，其产生的主要原因是：

①成分的影响，焊接纯奥氏体钢、某些高镍合金钢和有色金属时易出现；

②焊缝中含有较多的硫等有害杂质元素；

③焊接条件及接头形状选择不当。

3)再热裂纹，即消除应力退火裂纹，指在高强度的焊接区，由于焊后热处理或高温下使用，在热影响区产生的晶间裂纹，其产生的主要原因是：

①消除应力退火的热处理条件不当；

②合金成分的影响，如铬钼钒硼等元素具有增大再热裂纹的倾向；

③焊材、焊接规范选择不当；

④结构设计不合理造成大的应力集中。

(4)夹渣。熔化焊接时的冶金反应产物，例如非金属杂质(氧化物、硫化物等)以及熔渣，由于焊接时未能逸出，或者多道焊接时清渣不干净，以致残留在焊缝金属内，称为夹渣或夹杂物。夹渣减少了焊缝工作截面，造成应力集中，会降低焊缝强度和冲击韧性。夹渣视其形态可分为点状和条状，其外形通常是不规则的，其位置可能在焊缝与母材交界处，也可能存在于焊缝内。其产生的原因是：多层焊时每层焊渣未清除干净。焊件上留有厚锈。焊条药皮的物理性能不当。焊层形状不良，坡口角度设计不当。缝的熔宽与熔深之比过小，咬边过深。电流过小，焊速过快，熔渣来不及浮出。

关键细节45 热裂纹的预防措施

热裂纹产生原因是晶间存在液态间层及存在焊接拉应力。热裂纹的防止措施有以下几种。

(1)限制钢材和焊材的低熔点杂质,如S、P含量。

(2)控制焊接规范,适当提高焊缝成形系数(即焊道的宽度与计算厚度之比):如焊缝成形系数太小,易形成中心线偏析,易产生热裂纹。

(3)调整焊缝化学成分,避免低熔点共晶物;缩小结晶温度范围,改善焊缝组织,细化焊缝晶粒,提高塑性,减少偏析。

(4)减少焊接拉应力。

(5)操作上填满弧坑。

关键细节46　延迟裂纹的预防措施

生产中最常见的冷裂纹为延迟裂纹,即在焊后延迟一段时间才发生的裂纹。因为氢是最活跃的诱发因素,而氢在金属中扩散、聚集和诱发裂纹需要一定的时间。防止延迟裂纹的措施有以下几种。

(1)选用碱性焊条,减少焊缝金属中氢的含量,提高焊缝金属塑性。

(2)减少氢的来源,如焊材要烘干,接头要清洁(无油、无锈、无水)。

(3)避免产生淬硬组织,如焊前预热、焊后缓冷(可以降低焊后冷却速度)。

(4)降低焊接应力,如采用合理的工艺规范、焊后热处理等。

(5)焊后立即进行消氢处理(即加热到250℃,保温2～6h左右,使焊缝金属中的扩散氢逸出金属表面)。

第四章 埋 弧 焊

第一节 埋弧焊的概念、特点及原理

一、埋弧焊的概念

埋弧焊又称为焊剂层下自动电弧焊，是以裸金属焊丝与焊件（母材）间所形成的电弧为热源，并以覆盖在电弧周围的颗粒状焊剂及其熔渣作为保护的一种电弧焊方法。

二、埋弧焊的特点

埋弧焊以连续送进的焊丝作为电极和填充金属。焊接时，在焊接区的上面覆盖一层颗粒状焊剂，电弧在焊剂层下燃烧，将焊丝端部和局部母材熔化，形成焊缝。在电弧热的作用下，上部分焊剂熔化熔渣并与液态金属发生冶金反应。

1. 埋弧焊的优点

(1)生产效率高。由于焊丝导电嘴伸出长度较短，可以采用较大的焊接电流，因为焊剂和焊渣的隔热作用，使热效率提高，因此，焊丝的熔化系数大，焊件熔深大，焊接速度快。

(2)焊接质量好。埋弧焊无飞溅，焊缝外观成形好。埋弧焊的焊剂不仅起到保护熔池的作用，而且可以避免环境的影响，使熔池较慢凝固，液体金属与熔化的焊剂间进行充分的冶金反应，有利于冶金反应中产生的气体逸出，减少了焊缝中产生气孔、裂纹等缺陷的可能性。同时通过冶金反应，还可以向焊缝金属过渡合金元素，提高焊缝的力学性能。

(3)节省焊接材料和电能。埋弧焊因熔深较大，一般不开坡口或只开小坡口，从而减少了焊缝中焊丝的填充量，也节省了加工工时和电能。而且由于电弧热量集中，减少了向空气中的散热及由于金属飞溅和蒸发所造成的热能损失与金属损失。

(4)保护效果好。在有风的环境中焊接时，埋弧焊的保护效果比其他焊接方法好。

(5)自动调节。埋弧焊的焊接参数可以通过自动调节系统保持稳定，与焊条电弧焊相比，焊接质量对焊工技艺水平的依赖程度较低。

(6)劳动条件好。除减轻手工操作的劳动强度，焊接过程自动进行以外，电弧弧光埋在焊剂层下，没有弧光辐射，没有飞溅，焊接过程中发出的气体量少，焊接烟尘小，消除了弧光及烟尘对焊工的有害影响，这对保护焊工眼睛和身体健康是十分有益的。

2. 埋弧焊的缺点

(1)适应能力差。由于采用颗粒状焊剂，这种焊接方法主要适用于平焊或倾斜度不大的焊缝，不适于焊空间位置焊缝，不及手工电弧焊灵活，只适于水平位置的长直焊缝和大直径（大于500mm）环形焊缝的焊接。其他位置焊接需采取特殊措施以保证焊剂能覆盖焊接区。

（2）适焊材料局限性。焊接材料仅限于钢、镍基合金、铜合金等，难以用来焊接铝、钛等氧化性强的金属及合金。

（3）焊接厚度有局限性。焊接的钢板厚度一般为6～60mm，不适合焊接厚度小于1mm的薄板件，电流小时，电弧稳定性不好。

（4）造价较高。由于焊接设备复杂，一次性投资较大，且对焊前准备工作要求较严格。

（5）坡口精度要求高。埋弧焊是机械化焊接，对坡口精度、组织间隙等要求比较严格。

（6）只适于长焊缝的焊接。对于短焊缝、小直径环缝及狭窄位置的焊接，受到一定的限制。

（7）焊接要求高。由于是埋弧操作，看不到熔池和焊缝形成过程，因此，必须严格控制焊接操作。

三、埋弧焊的工作原理

埋弧焊时电弧热将焊丝端部及电弧附近的母材和熔剂熔化，熔化的金属形成熔池，凝固后成为焊缝，熔融的焊剂形成熔渣，凝固成为渣壳覆盖于焊缝表面，如图4-1所示。

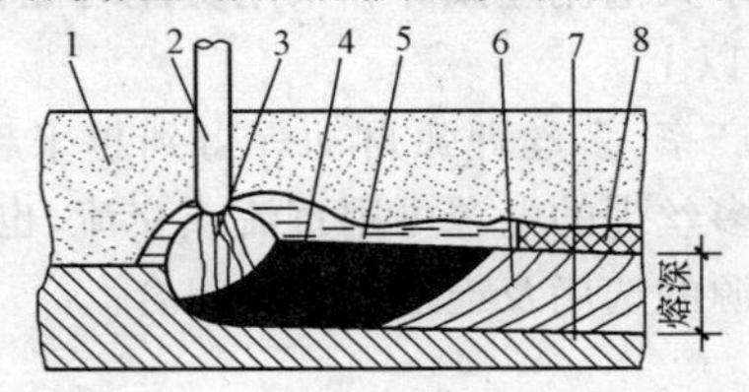

图4-1　埋弧焊工作原理

1—焊剂；2—焊丝；3—电弧；4—熔池金属；5—熔渣；6—焊缝；7—焊件；8—渣壳

进行埋弧焊焊接时，焊接电弧在焊丝与焊件之间燃烧，电弧热将焊丝端部及其附近的母材和焊剂熔化，熔化的金属形成熔池，熔融的焊剂形成熔渣，熔池受到熔渣和焊剂蒸气的保护，不与空气接触。电弧向前移动时，电弧力将熔池中的液体金属推向后方，在随后的冷却过程中，液体金属凝固成焊缝，熔渣凝固成渣壳覆盖于焊缝表面。熔渣除了对熔池和焊缝金属起到保护作用外，在焊接过程中还与熔化金属发生冶金反应，向焊缝金属中过渡合金元素，调整焊缝金属的化学成分从而改善焊缝金属的力学性能。

关键细节1　埋弧焊的应用范围

埋弧焊是最常采用的高效焊接方法之一。由于埋弧焊熔深大、生产效率高、机械化操作程度高，因而适合于焊接中厚板结构的长焊缝。在造船、锅炉钢结构、桥梁、起重机械、铁路车辆、工程机械、重型机械、冶金机械、管道工程、核电站结构、海洋平台和武器制造等部门有着广泛应用。

近年来，埋弧焊作为一种高效、优质的焊接方法，除了用于金属结构中的构件焊接外，还可用于基体金属表面的堆焊耐磨层或防腐层的焊接。另外,埋弧焊的应用已经从单纯的碳素结构钢焊接发展到低合金结构钢、不锈钢、耐热钢以及某些有色金属等的焊接,如镍基合金、钛合金和铜合金等。

第二节 埋弧焊常用设备

一、埋弧焊电源

埋弧焊电源可以用交流(弧焊变压器)、直流(弧焊发电机或弧焊整流器)或交直流并用。要根据具体的应用条件,如焊接电流范围、单丝焊或多丝焊、焊接速度、焊剂类型等选用。

一般直流电源用于小电流范围、快速引弧、短焊缝、高速焊接,所采用焊剂的稳弧性较差及对焊接工艺参数稳定性有较高要求的场合。采用直流电源时,不同的极性将产生不同的工艺效果。当采用直流正接(焊丝接负极)时,焊丝的熔敷率最高;采用直流反接(焊丝接正极)时,焊缝熔深最大。

采用交流电源时,焊丝熔敷率及焊缝熔深介于直流正接和反接之间,而且电弧的磁偏吹最小。因而交流电源多用于大电流埋弧焊和采用直流时磁偏吹严重的场合。一般要求交流电源的空载电压在65V以上。

为了加大熔深并提高生产率,多丝埋弧自动焊得到越来越多的工业应用。目前应用较多的是双丝焊和三丝焊。多丝焊的电源可用直流或交流,也可以交、直流联用。双丝埋弧焊和三丝埋弧焊时焊接电源的选用及连接有多种组合。

关键细节2 埋弧焊电源的选用

埋弧焊电源可以用交流、直流或交直流并用,具体选用见表4-1。

表4-1 埋弧焊电源的选用

焊接电流/A	焊接速度/(cm/min)	电源类型
300~500	>100	直流
600~1000	3.8~75	交流、直流
≥1200	12.5~38	交流

进行埋弧焊时,对于单丝、小电流(300~500A),可用直流电源,也可采用矩形波交流电源;对于单丝、中大电流(600~1000A),可用直流或交流电源;对于单丝、大电流(1000~1500A),宜采用交流电源。

二、埋弧焊机

1. 埋弧焊机的分类

埋弧焊机分为自动埋弧焊机和半自动埋弧焊机两种。

(1)自动埋弧焊机主要由机头、控制箱、导轨(或支架)及焊接电源组成,适用于长直焊缝的焊接,并要求具有较大的施焊空间。

1)根据送丝形式不同,自动埋弧焊机分为等速送丝和变速送丝两种。

等速送丝式焊机的焊丝送进速度与电弧电压无关,焊丝送进速度与熔化速度之间的平衡只依靠电弧自身的调节作用就能保证弧长及电弧燃烧的稳定性。

变速送丝式焊机又称为等压送进式焊机,其焊丝送进速度由电弧电压反馈控制,依靠电弧电压对送丝速度的反馈调节和电弧自身调节的综合作用,保证弧长及电弧燃烧的稳定性。

2)根据焊丝的数目,自动埋弧焊机分为单丝式、双丝式和多丝式三种,目前应用最广泛的为单丝式。

3)根据电极的形状,自动埋弧焊机分为丝极式和带极式两种。

(2)半自动埋弧焊机主要由送丝机构、控制箱、带软管的焊接把手及焊接电源组成,适用于短段曲线焊缝的狭小空间的焊接。半自动埋弧焊机的主要功能是:

1)将焊丝通过软管连续不断地送入电弧区;

2)传输焊接电流;

3)控制焊接启动和停止;

4)向焊接区铺施焊剂。

2. 埋弧焊机的组成

埋弧焊机一般由焊接电源、控制系统和埋弧焊机小车组成。

(1)焊接电源。埋弧焊用焊接电源须根据电流类型、送丝方式和焊接电流的大小进行选用。

(2)控制系统。通常小车式自动埋弧焊机的控制系统包括电源外特性控制、送丝控制、小车行走控制、引弧和熄弧控制,悬臂式和龙门式焊车还包括横臂收缩、主机旋转以及焊剂回收控制系统等。一般自动埋弧焊机都安装有用于控制操作的控制箱,但是实际上控制系统还有一部分元件安装在电源箱和小车控制盒内,通过调整控制小车控制盒上的开关或旋钮来调整焊接电流、电弧电压和焊接速度等。

(3)埋弧焊机小车。埋弧焊机小车包括传动机构、行走轮、离合器、机头调节系统、导电嘴以及焊剂漏斗等。

3. 埋弧焊机的型号与技术参数

(1)埋弧焊机的型号。埋弧焊机的型号编制原则见表4-2。

表4-2　埋弧焊机的型号编制原则

第一字位	第二字位	第三字位	第四字位	第五字位
M—埋弧焊机	Z—自动焊 B—半自动焊 U—堆焊 D—多用	省略—直流 J—交流 E—交直流 M—脉冲	省略或1—焊车式 2—横臂式 3—机床式 9—焊头悬挂式	额定焊接电流

(2)埋弧焊机的技术参数。

1)常用自动化埋弧焊机的主要技术参数见表4-3。

表 4-3　常用自动化埋弧焊机的主要技术参数

型号	MZ—1000	MZ1—1000	MZ2—1500	MZ—2×1600	MZ9100	MU—2×300	MU1—1000—1
焊机特点	焊车	焊车	悬挂机头	双焊丝	悬臂单头	双头堆焊	带极堆焊
送丝方式	变速	等速	等速	直流等速 交流变速	变速 等速	等速	变速
焊丝直径/mm	3～6	1.6～5	3～6	3～6	3～6	1.6～2	厚0.4～0.8 宽30～80
焊接电源/A	400～1000	200～1000	400～1500	DC1000 AC1000	100～1000	160～300	400～1000
送丝速度/(cm/min)	50～200	87～672	47.5～375	50～417	50～200	160～540	25～100
焊接速度/(cm/min)	25～117	26.7～210	22.5～187	16.7～133	10～80	32.5～58.3	12.5～58.3
焊接电流的种类	交、直	交、直	交、直	直、交	直	直	直
配用电源	ZX—1000	BX2—1000 ZX—1000	BX2—2000 或 ZX—1000	BX2—2000 ZX—1600	ZX—1000	AXD—300—1	ZX—1000

2)半自动化焊机主要由控制箱、送丝机构、带软管的焊接手把组成。典型的焊机技术数据见表 4-4。

表 4-4　典型的焊机技术数据

项目	数据
电源电压/V	220
工作电压/V	25～40
额定焊接电流/A	400
额定负载持续率(%)	100
焊丝直径/mm	1.6～2
焊丝盘容量/kg	18
焊剂漏斗容量/L	0.4
焊丝送进速度的调节方法	晶闸管调速
焊丝送进方式	等速
配用电源	ZX—400

三、焊接操作架

焊接操作架又称焊接操作机，其作用是将焊接机头准确地送到待焊部位。焊接是按照一定的焊接速度沿规定的轨迹移动焊接机头进行的。焊接操作架的基本形式有平台式、悬壁式、龙门式、伸缩式等。

焊接操作架主要由操作装置、控制装置、动力源装置、工艺保障装置组成。

(1)操作装置包括导轨、倾角调节机构、垂直导向机构、焊枪夹和焊枪,倾角调节机构可使焊枪绕中心进行正负旋转。

(2)控制装置由电气控制系统组成,可以控制焊接操作机的工作状态。

(3)动力源装置由气缸组成,采用气压驱动进行动力传送。

(4)工艺保障装置由导丝机构、焊丝导管和导丝嘴组成,能实现焊丝的自动导向定位,可保证焊缝质量。

焊接操作机可与专用的焊件变位机械配合,实现缸体一次装夹,两根焊枪同时焊接左右两侧,使加工精确度和生产效率有很大幅度的提高。

关键细节 3　焊接架的选用

典型的伸缩臂式焊接操作架的主要技术参数见表 4-5。

表 4-5　伸缩臂式焊接操作架的主要技术参数

型号	适用的筒体直径 /mm	水平伸缩行程 /mm	垂直升降行程 /mm	横梁的升降速度 /(cm/min)	横梁的进给速度 /(cm/min)	机座的回转角度 (°)	台车的进退速度 /(cm/min)	台车轨距 /mm
SHJ—1	1000～4500	8000(二节)	4500	100	12～120	±180	300	2000
SHJ—2	1000～3500	7000(二节)	3500	100	12～120	±180	300	2000
SHJ—3	600～3500	7000(二节)	3500	100	12～120	±180	300	1700
SHJ—4	600～3000	6000(二节)	3000	100	12～120	±180	300	1600
SHJ—5	600～3000	4000	3000	100	12～120	回定	300	1500
SHJ—6	500～1200	3500	1400	30	12～120	手动±360	手动	1000

四、焊件变位机

用来拖动待焊工件,使其待焊焊缝运动至理想位置进行施焊作业的设备,称焊接变位机。也就是说,把工件装夹在一个设备上,进行施焊作业。焊件待焊焊缝的初始位置,可能处于空间任一方位。通过回转变位运动后,使任一方位的待焊焊缝,变为船角焊、平焊或平角焊施焊作业。完成这个功能的设备称焊接变位机。它改变了可能需要立焊、仰焊等难以保证焊接质量的施焊操作,从而保证了焊接质量,提高了焊接生产率和生产过程的安全性。

焊件变位机的作用是灵活地旋转、倾斜、翻转工件,使焊缝处于最佳焊接位置,以达到改善焊接质量,提高劳动生产率的优化劳动条件的目的。焊件变位机主要用于容器、梁、柱、框架等焊件的焊接。

关键细节4 焊件变位机的选用

常用的焊件变位机有滚轮架和翻转机。表4-6所示为典型滚轮架的技术参数。

表4-6 滚轮架的技术参数

型号	额定载荷/t	筒体直径/mm	滚轮的线速度/(cm/min)	摆轮的中心距/mm	电机功率/kW	质量/t	外形尺寸(主动) A/mm×B/mm×C/mm
GJ—5	5	600～2500	16.7～167	ϕ406×120	1350	0.75	2160×800×933
GJ—10	10	800～3900	16～160	ϕ400×180	1450	1.1	2450×930×1111
GJ—20	20	800～4000	10～100	ϕ406×230	1700	2.2	2700×990×1010
GJ—50	50	800～3500	16～160	ϕ500×300	1600	4.0	2780×2210×1160
GJ—100	100	800～4000	13.3～133	ϕ560×320	1700	7.5	2350×1500×1160

五、焊缝形成装置

进行自动化埋弧焊时，为防止熔渣和烧穿的熔池金属流失，促使焊缝背面成形，则在焊缝背面加以衬垫。常用的衬垫有热固化焊剂垫和焊剂铜衬垫。

1. 热固化焊剂垫

热固化焊剂垫长约600mm，利用磁铁夹具固定于焊件的底部。这种衬垫的预柔性大，贴合性好，安全方便，便于保管，其各组成部分的作用如下。

(1)双面粘接带：使衬垫紧紧地与焊件贴合。

(2)热收缩薄膜：保持衬垫的形态，防止衬垫内部组成物移动和受潮。

(3)玻璃纤维布：使衬垫表面柔软，以保证衬垫与钢板的贴合。

(4)热固化焊剂：热固化后起衬垫作用，一般不熔化，它能控制在焊缝背面的高度。

(5)石棉布：作为耐火材料，保护衬垫材料和防止熔化金属及熔渣滴落。

(6)弹性垫：在固定衬垫时，使压力均匀。

2. 焊剂铜衬垫

焊剂铜衬垫主要用于大量工件的直焊缝焊接，铜衬垫的两侧通常各配有一块同样长度的冷铜块，用于冷却铜衬垫。铜衬垫的尺寸如表4-7所示。

表4-7 铜衬垫的尺寸

焊件厚度/mm	槽宽 b/mm	槽深 h/mm	槽的曲率半径 r/mm
4～6	10	2.5	7.0
6～8	12	3.0	7.5
8～10	14	3.5	9.5
12～14	18	4.0	12

六、焊剂回收装置

焊剂回收装置用来在焊接过程中自动回收焊剂。常用的焊剂回收装置为XF—50焊剂回收机，该机利用真空负压原理自动回收焊剂，在回收过程中微粒粉尘能自动与焊剂分离。其主要技术参数见表4-8。

表4-8 焊剂回收机的技术参数

输入电源/V	三相，380
额定容量/kW	1.5
回收容量/kg	50
回收管长度/m	7
质量/kg	110
外形尺寸 A/mm×B/mm×C/mm	900×400×1250

第三节 埋弧焊基本操作技术

一、埋弧焊焊接工艺参数

1. 焊接电源

埋弧焊电源分为直流电源和交流电源两种。

(1)直流电源分为直流正极性接法和直流反极性接法。直流正极性接法是焊件接正极，直流反极性接法是焊件接负极。直流正极性接法焊缝的熔深（熔宽）比直流反极性接法小。

(2)交流电的焊缝熔深和熔宽介于两种直流接法之间。

2. 焊接电流

焊接电流对埋弧焊的熔池深度起决定性作用，在一定范围内，焊接电流增大时，焊缝的熔深和余高都增加。增大焊接电流能提高生产率，但在一定焊速下，焊接电流过大会使热影响区过大并产生焊瘤及焊件被烧穿等缺陷；焊接电流过小，则熔深不足，产生熔合不好、未焊透、夹渣等缺陷。

3. 电弧电压

电弧电压是决定熔宽的主要因素。电弧电压增加时，弧长增加，熔深减小，焊缝变宽，余高减小。电弧电压过大时，熔剂熔化量增加，电弧不稳，严重时会产生咬边和气孔等缺陷。

4. 焊接速度

在其他焊接参数不变的情况下，焊接速度是影响焊缝成形及尺寸的重要因素。提高焊接速度则单位长度焊缝上的热输入量减小，焊缝宽度和余高减小。但过快的焊接速度会导致填充金属与母材之间的熔合减弱，焊缝表面出现箭头状波纹成形，并加剧咬边、电弧偏吹，由于熔池保持时间短，熔池中的气体不容易逸出，产生气孔。若采用过慢的焊接速度，焊缝宽度变大，余高减小，熔深略有增加。较慢的焊接速度，使气体有足够的时间从熔化金属中逸出，从而减小了气孔倾向。但过低的焊接速度又会形成易裂的凹形焊道，在电弧周围流动着大的熔池，引起焊道波纹粗糙和夹渣。

5. 焊丝

(1)焊丝的直径。在其他焊接参数不变的情况下，焊丝直径影响焊缝成形及尺寸。如果减小焊丝直径，意味着焊接电流的密度增大，电弧变窄，熔深增加。

(2)焊丝的倾角。一般认为焊丝垂直水平面的焊接为正常状态，如果焊丝在焊接方向上具有前倾和后倾，其焊缝形状也不同，前倾焊熔增大，焊缝宽度和余高减小。

(3)焊丝伸出长度。焊丝伸出长度增加，焊丝上产生的电阻热增加，电弧电压变大，熔深减小，熔宽增加，余高减小。如果焊丝伸出长度过长，电弧不稳定，甚至造成停弧。

6. 焊件倾斜

焊件倾斜时形成上坡焊和下坡焊两种情况。

(1)上坡焊时，由于重力作用，熔池向后流动，母材的边缘熔化并流向中间，使熔深和余高增大，焊缝宽度减小，如果倾角过大(为6°～12°)，会造成余高过大，两侧咬边。

(2)下坡焊时，熔深和余高减小，熔宽增大。

7. 焊剂层厚度与焊剂粒度

(1)焊剂层厚度对焊缝的影响。焊剂层厚度过小，电弧保护不良，甚至出现明弧，造成电弧不稳，易产生气孔、裂纹。焊剂层厚度过大，则使焊缝变窄，焊缝形状系数减小(焊缝形状系数：焊缝宽度与熔深之比，用ψ表示)。焊剂层厚度一般为20～30mm。

(2)焊剂粒度对焊缝的影响。焊剂粒度增大，熔深有所减小，熔宽略有增加，余高也略有减小。焊剂粒度一定时，如电流过大，会造成电弧不稳，焊道边缘凹凸不平。当焊接电流小于600A时，焊剂粒度为0.25～1.6mm；当焊接电流在600～1200A时，焊剂粒度为0.4～2.5mm；当焊接电流大于1200A时，焊剂粒度为1.6～3.0mm。

8. 坡口

(1)T形角接和厚板焊接时，由于散热快，熔深和熔宽减小，余高增大。

(2)一般增大坡口深度，或增大装配间隙时，相当于焊缝位置下沉，熔深略有增加，熔宽和余高略有减小。坡口角度增大，则焊缝的熔深和熔宽增大，余高减小。

(3)当采用V形坡口时，由于焊丝不能直接在坡口根部引弧，造成熔深减小；而U形坡口，焊丝能直接在坡口根部引弧，熔深较大。

(4)适当增大装配间隙有益于增大熔深，当间隙过大时，则容易焊漏。

二、埋弧焊的操作

1. 焊前准备工作

(1)焊前应熟悉被焊工件的焊接工艺，了解焊缝位置、尺寸和技术要求，并合理选择焊接方法。

(2)必须对焊接设备进行全面检查。导线应绝缘良好，各连接部位不得松动，控制箱、电源外壳应接地。焊接小车的胶轮应绝缘良好，机械活动部位应及时加润滑油，确保运转灵活。

(3)焊丝、焊剂的牌号、规格及质量必须符合要求,焊剂使用前必须进行250℃烘烤2h。

(4)坡口形式的选择。

1)埋弧焊的焊接电流大,熔深大,故一般板厚小于14mm的钢板可不开坡口;

2)当焊件厚度为14～22mm时,一般开V形坡口;

3)当焊件厚度为22～50mm时可开X形坡口;

4)对一些要求较高的焊件的重要焊缝,如锅炉汽包等压力容器,一般多开U形坡口。要求坡口内及两侧30mm范围内不得有焊渣、油、水、锈等脏物。

(5)装好引弧板和引出板。焊接装配时,要保证组装间隙均匀,高低平整不错边,在直缝焊装时尚需加引弧板和熄弧板(或引出板),以保证焊缝质量(因引弧和熄弧处易产生缺陷),焊后再去掉。如果不采用上述措施,则要求焊件在装配时不留间隙或间隙很小,一般不超过1mm。

2. 埋弧焊的操作技术

焊接厚20mm以下工件时,可采用单面焊接,如设计要求也可采用双面焊接。工件厚度超过20mm时,可进行双面焊接,或者开坡口采用单面焊接。单面焊时为保证焊缝成形和防止烧穿,生产中常采用各种类型的焊剂垫与垫板,或者先用手工电弧焊封底等。

焊接筒体对接环缝时,工件以选定的焊速旋转(由滚轮架带动旋转),焊丝不动,为防止熔池中液态金属流失,焊丝位置应逆旋转方向偏离焊件中心线一定距离,设计要求双面焊时,先焊内环缝,清根后再焊外环缝。

关键细节5 对接焊缝埋弧焊的焊接

(1)对接直焊缝焊接技术。

1)焊剂垫法埋弧自动焊。在焊接对接焊缝时,为了防止熔渣和熔池金属泄漏,多采用焊剂垫作为衬垫进行焊接。焊剂垫焊接所用的焊剂与其他焊接用的焊剂相同。焊接施工时焊剂要与焊件背面贴紧,能够承受一定的均匀的托力,使工件熔透,以达到双面成形。

2)手工电弧焊封底埋弧自动焊。对于无法使用衬垫的焊缝,可先行用手工焊进行封底,然后再采用埋弧焊。

3)悬空焊。悬空焊一般用于无坡口、无间隙的对接焊缝的焊接,悬空焊不使用任何衬垫,但对装配间隙要求非常严格。为了保证焊透,正面焊时要焊透工件厚度的40%～50%,背面焊时必须保证焊透60%～70%。在实际操作中一般很难测出熔深,经常是通过焊接时观察熔池背面颜色进行估计,所以对焊工的工作经验要求很高。

4)多层埋弧焊。对于较厚的钢板,一次不能焊完的,可采用多层焊。第一层焊时,规范不要太大,既要保证焊透,又要避免产生裂纹等缺陷。每层焊缝的接头要错开,不可重叠。

(2)对接环焊透焊接技术。圆形筒体的对接环焊缝的埋弧焊要采用带有调速装置的滚胎。如果需要双面焊,第一遍需将焊剂垫放在下面筒体外壁焊缝处。将焊接小车固定在悬臂架上,伸到筒体内焊下平焊。焊丝应处于偏移中心线下坡焊位置上。第二遍正面焊接时，在筒体外上平焊处施焊。

关键细节6　角接焊缝埋弧焊的焊接

T形和搭接接头组成角接焊缝，可采用船形焊和平角焊方法施焊，参考规范见表4-9。平角横焊时，焊脚最大长度不得超过8mm，否则将产生金属溢流和咬边等缺陷。

表4-9　角接焊缝埋弧焊规范

焊接方法	焊脚长度/mm	焊丝直径/mm	焊接电流/A	电弧电压/V	焊接速度/(cm/min)	备注
船形焊 α=45° (配用交流焊机)	6	2	450～475	34～36	67	装配间隙小于1～1.5mm，否则要采取防液态金属流失措施
	8	3	550～600	34～36	50	
		4	575～625	34～36	50	
	10	3	600～650	34～36	38	
		4	650～700	34～36	38	
	12	3	600～650	34～36	25	
		4	725～775	36～38	33	
		5	775～825	36～38	30	
平角焊 α α=20°~30°	3	2	200～220	25～28	100	直流焊机
	4	2	280～300	28～30	92	使用细颗粒HJ431焊剂配用交流焊机
		3	350	28～30	92	
	5	2	375～400	30～32	92	
		3	450	28～30	92	
		4	450	28～30	100	
	7	2	375～400	30～32	47	
		3	500	30～32	80	
		4	675	32～35	83	

第五章　气体保护焊

第一节　CO_2 气体保护焊

一、CO_2 气体保护焊的概念及特点

CO_2 气体保护焊是利用外加 CO_2 气体作为电弧介质并保护电弧与焊接区的电弧方法，简称 CO_2 焊。CO_2 气体保护焊属于一种熔化极气体保护焊。CO_2 气体保护焊是一种高效率的焊接方法，采用焊丝自动送进，熔敷金属量大，生产效率高，质量稳定。CO_2 气体保护焊与其他电弧焊相比有以下特点：

(1)生产效率高。CO_2 气体保护焊可采用较高的焊接电流强度，一般可达 100～300A/mm^2，电弧热量集中，穿透力强，焊丝熔敷效率高，母材熔深大，焊后熔渣少，焊接速度快，而且可以进行连续施焊，生产效率可比手工电弧焊高 3 倍。

(2)敏感性低。CO_2 气体保护焊的焊接熔池与大气隔绝，对油、锈的敏感性较低，减少了焊件与焊丝的锈蚀缺陷。

(3)焊接消耗成本低。CO_2 气体及 CO_2 焊焊丝价格便宜，对于焊前的生产准备要求不高，焊后清理和校正工时少，CO_2 气体保护焊的消耗成本只有埋弧焊与手工电弧焊消耗成本的 40％～50％。

(4)电弧可见性好。CO_2 气体保护焊的电弧可见性良好，便于对中，操作方便，易于掌握熔池熔化和焊缝成形。

(5)消耗能量低。分别用 CO_2 气体保护焊和药皮焊条焊对 3mm 厚钢板和 25mm 钢板进行对接焊，CO_2 气体保护焊每米焊缝的用电比药皮焊条焊少 30％，25mm 钢板对接焊缝时用电少 60％。

(6)适用范围宽。不论何种位置都可以进行 CO_2 气体保护焊，而且既可用于薄板的焊接又可用于厚板的焊接。薄板最薄可焊到 1mm，最厚几乎不受限制(采用多层焊)。另外，CO_2 气体保护焊电弧穿透能力强，熔深较大，对焊件可减少焊接层数。对厚 10mm 左右的钢板可以开工形坡口一次焊透，也可适当减小角焊缝的焊脚尺寸。

(7)焊缝质量好。CO_2 气体具有较强的冷却作用，使焊件受热面积小，而且焊接速度快、变形小、焊缝不易烧穿，焊缝质量好。

(8)便于实现自动化。CO_2 气体保护焊是明弧焊，明弧焊接熔池可见度高，引弧操作便于监视和控制，有利于实现焊接过程的机械化和自动化。

除以上优点外，与手工电弧焊相比，CO_2 气体保护焊焊接设备较复杂，造价较高，易出

现故障，这就要求操作人员需要具有较高的维护设备的技术能力；当用较大电流焊接时，焊缝表面成形不如埋弧焊和氩弧焊平滑，飞溅较多，形成焊缝不美观；且抗风能力差，劳动条件较苛刻，给室外焊接作业带来一定困难。CO_2 气体保护焊弧光较强，焊接时必须注意劳动保护。半机械化 CO_2 焊焊枪重，焊工在焊接时劳动强度大。焊接过程中合金元素烧损严重；如果保护效果不好，焊缝中易产生气孔。

二、CO_2 气体保护焊的原理

CO_2 气体保护焊是以 CO_2 气体作为保护介质，使电弧及熔池与周围空气隔离，防止空气中氧、氮、氢对熔滴和熔池金属的有害作用，从而获得具有优良力学性能接头的一种电弧焊方法，也称 CO_2 电弧焊。

焊丝由送丝轮自动向熔池送进，CO_2 气体由喷嘴不断喷出，形成一层气体保护区，将熔池与空气隔离，以保证焊缝质量。

从喷嘴中喷出的 CO_2 气体，在电弧的高温下分解为 CO 与 O_2，其反应式如下：

$$2CO_2 \rightleftharpoons 2CO + O_2$$

温度越高，CO_2 气体的分解率越高，放出的氧气越多。在 3000K 时，三种气体的体积分数分别为：CO_2 为 43%；CO 为 38%；O_2 为 19%。在焊接条件下，CO_2 和 O_2 会使铁及其他合金元素氧化。因此，在进行 CO_2 气体保护焊时，必须采取措施以防止母材和焊丝中合金元素的烧损。

细丝、粗丝和药芯焊丝的 CO_2 气体保护焊性能见表 5-1。

表 5-1 细丝、粗丝和药芯焊丝的 CO_2 气体保护焊性能比较

类　别	保护方式	焊接电源	熔滴过渡形式	喷嘴	焊接过程	焊缝成形
粗丝（焊丝直径≥1.6mm）	气保护	直流平或陡降外特性	颗粒过渡	水冷为主	稳定、飞溅大	较好
细丝（焊丝直径<1.6mm）		直流反接平或缓降外特性	短路过渡或颗粒过渡	气冷或水冷	稳定、有飞溅	较好
药芯焊丝	气—渣联合保护	交、直流平或陡降外特性	细颗粒过渡	气冷	稳定、飞溅很少	光滑、平坦

CO_2 气体保护焊不仅可以焊接低碳钢，而且可以焊接低合金钢、低合金高强度钢，在某些情况下也可以焊接耐热钢及不锈钢。可焊材料厚度范围从最薄的 0.8mm 到最厚的 150mm，可用于短焊缝及曲线焊缝的焊接，还可以进行全位置焊接。CO_2 气体保护焊还可用于耐磨零件的堆焊，如曲轴和锻模的堆焊，铸钢件及其他工件缺欠的补焊以及异种材料的焊接，如球墨铸铁与钢的焊接等。

三、CO_2 气体保护焊设备

CO_2 气体保护焊设备主要由焊接电源、供气系统、水路系统、送丝系统、焊枪和控制系统组成。

1. 焊接电源

CO_2 气体保护焊为直流电源，一般采用反接，且应满足下列性能要求。

(1)对焊接电源外特性要求。由于 CO_2 电弧的静特性是上升的，所以平和下降外特性电源可以满足电源电弧系统和稳定条件。弧压反馈送丝焊机配用下降外特性电源，等速送丝焊机配用平或缓降外特性电源。

(2)对电源动特性要求。颗粒过渡焊接时对焊接电源动特性无特别要求，而短路过渡焊接时则要求焊接电源具有良好的动态品质。

2. 供气系统

CO_2 气体保护焊设备的供气系统由气瓶、预热器、干燥器、减压流量计及气阀等组成，其功能是将钢瓶内的液态 CO_2 变成合乎要求的、具有一定流量的气态 CO_2，并及时地输送到焊枪。

(1)气瓶。用做贮存液体 CO_2 的装置，外形与氧气瓶相似，外涂黑色标记，满瓶时可达5～7MPa压力。

(2)预热器。预热器结构简单，一般采用电热式，通以36V交流电，功率约为100W，用于 CO_2 由液态转化为气态时的热量供给。

(3)干燥器。用作吸收 CO_2 气体中的水分和杂质，以避免焊缝出现气孔。

(4)减压流量计。用作高压 CO_2 气体减压及气体流量的表示，目前常用的是301－1型浮标式流量计。

(5)气阀。用作控制保护气体通断的一种机构，常采用电磁气阀。

3. 水路系统

CO_2 气体保护焊设备的水路系统中通以冷水，用于冷却焊炬及电缆。当水压太低或断水时，水压开关将断开控制系统电源，使焊机停止工作，确保焊炬不被损坏。

4. 送丝系统

CO_2 气体保护焊一般采用等速送丝系统，送丝方式的使用情况见表5-2。

表5-2 三种送丝方式的使用情况比较

送丝方式	最长送丝距离/m	使用特点
推丝式	5	焊枪结构简单，操作方便，但送丝距离较短
拉丝式	15	焊枪较重，劳动强度较高，仅适用于细丝焊
推拉式	30	送丝距离长，但两动力须同步，结构较复杂

目前，CO_2 气体保护焊生产中应用最广泛的为推拉式送丝，该系统包括送丝机构、调速器、送丝软管及焊丝盘等。

(1)送丝机构。送丝机构一般有手提式、小车式和悬挂式三种，由电动机、减速装置、送丝轮及压紧装置等组成，如图5-1所示。

(2)调速器。一般采用改变送丝电动机电枢电压的方法来实现无级调整。目前使用最普遍的是可控硅整流器调整方式。

(3)送丝软管。送丝软管是引导焊丝的通道，既有一定的挺度以保证送丝顺利，又能柔软地弯曲以便操作，其结构如图5-2所示。

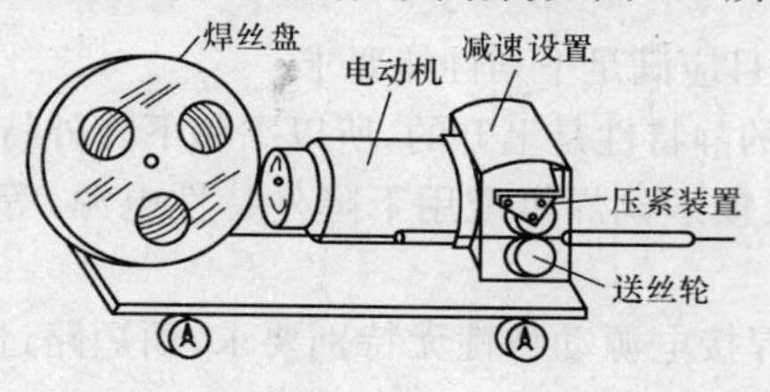

图5-1 推拉式送丝机构

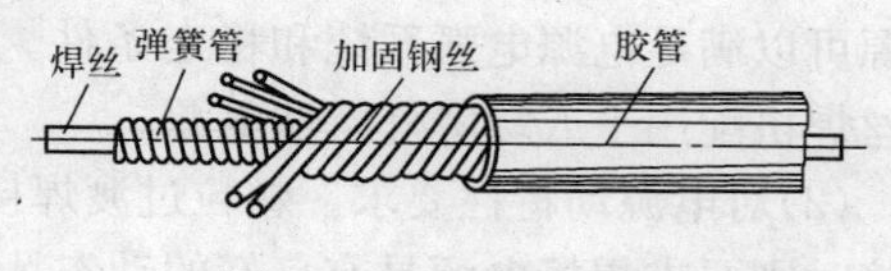

图5-2 送丝软管结构

(4)焊丝盘。根据送丝方式不同，焊丝盘分为大盘和小盘两种，一般推丝式、推拉式为大盘，拉丝式为小盘。

5. 焊枪

焊枪用于传导焊接电流，导送焊丝和CO_2保护气体。其主要零件有喷嘴和导电嘴。

(1)喷嘴。喷嘴一般由紫铜材料制造，是导气部分的主件，分为圆柱形和圆锥形两种，孔径一般在12～25mm之间。

(2)导电嘴。导电嘴一般由紫铜、磷青铜或铬锆铜等材料制造，是导电部分的主件，导电嘴的孔径应根据焊丝直径选择，见表5-3。

表5-3 导电嘴孔径与焊丝直径的关系

焊丝直径/mm	导电嘴孔径/mm
<1.6	焊丝直径+(0.1～0.3)
>1.6	焊丝直径+(0.4～0.6)

6. 控制系统

CO_2气体保护焊时，控制系统的功能是对焊接电源、供气系统、送丝系统实现程序控制。机械化焊接施工时，控制系统还能对焊车的行走及工件的转动进行控制。

关键细节1 CO_2气体保护焊设备的维护

(1)经常注意送丝软管工作情况，及时清理管内污垢，以防送丝软管被污垢堵塞。

(2)经常检查导电嘴磨损情况，及时更换磨损大的导电嘴，以免影响焊丝导向及焊接电流的稳定性。

(3)经常检查电源和控制部分的接触器及继电器触点的工作情况，发现烧损或接触不良时应及时修理或更换。

(4)经常检查送丝电动机和焊接电动机的工作状态，发现电刷磨损、接触不良时要及时修理或更换。

(5)经常检查送丝滚轮的压紧情况和磨损程度，定期检查送丝机构、减速箱的润滑情况，及时加添或更换新的润滑油。

(6)经常检查导电嘴与导电杆之间的绝缘情况，防止喷嘴带电，并及时清除附着的飞溅金属。

(7)经常检查供气系统工作情况，防止漏气、焊枪分流环堵塞、预热器以及干燥器工作不正常等问题，保证气流均匀畅通。

(8)定期用干燥压缩空气清洁焊机。

(9)当焊机较长时间不用时，应将焊丝自软管中退出，以免日久生锈。

(10)当焊机出现故障时，不要随便拨弄电气元件，应停机停电，检查修理。

(11)工作完毕或因故离开，要关闭气路，切断电源。

四、CO_2 气体保护焊操作技术

1. CO_2 气体保护焊的工艺参数

CO_2 气体保护焊的工艺参数主要有焊丝直径、焊接电流、电弧电压、焊接速度、焊丝伸长度、气体流量、焊枪角度及焊接方向等。

(1)焊丝直径。焊丝直径越粗，允许使用的焊接电流越大。焊丝直径通常根据焊件的厚薄、施焊位置及效率等要求来选择。焊接薄板或中厚板的立、横、仰焊缝时，多采用直径1.6mm及以下的焊丝。

目前，国内普遍采用的焊丝直径是0.8mm、1.0mm、1.2mm和1.6mm四种。

(2)焊接电流。焊接电流的大小取决于送丝速度、焊丝伸长、焊丝直径及气体成分等因素。

1)送丝速度增加，焊接电流也随之增大。

2)每种直径的焊丝都有一个合适的焊接电流范围，只有在这个范围内焊接过程才能稳定进行。通常直径0.8～1.6mm的焊丝，短路过渡的焊接电流在40～230A范围内。

3)细颗粒过渡的焊接电流在250～500A范围内。

(3)电弧电压。电弧电压是重要的焊接参数之一。送丝速度不变时，调节电源外特性，此时焊接电流几乎不变，弧长将发生变化，电弧电压也会变化。为保证焊缝成形良好，电弧电压必须与焊接电流配合适当。通常焊接电流小时，电弧电压较低；焊接电流大时，电弧电压较高。

(4)焊接速度。一般情况下，半自动焊时，焊接速度为30～60cm/min；自动焊时，焊接速度为250cm/min。

(5)焊丝伸长度。焊丝伸长度是指从导电嘴端部到焊件的距离，伸出长度越大，焊丝的预热作用越强，反之亦然。当送丝速度不变时，若焊丝伸出长度增加，因预热作用强，焊丝熔化快，电弧电压升高，使焊接电流减小，熔滴与熔池温度降低，将造成热量不足，容易引起未焊透、未熔合等缺陷。相反，若焊丝伸出长度减小，将使熔滴与熔池温度提高，在全位置焊时可能会引起熔池铁液的流失。

(6)气体流量。一般情况下，细丝焊接时气体流量为5～15L/min；粗丝焊接时气体流量约为20L/min。

(7)焊枪角度。当焊枪倾角小于10°时,不论是前倾还是后倾,对焊接过程及焊缝成形都没有明显影响;但倾角过大(如前倾角大于20°)时,将增加熔宽并减小熔深,还会增加飞溅。

(8)焊接方向。左焊法时焊枪的后倾角度应保持10°~20°,倾角过大时焊缝宽度增大而熔深变浅,而且容易产生大量飞溅;右焊法时,焊枪前倾10°~20°,倾角过大时余高增大,易产生咬边。

关键细节2　CO_2 气体保护焊操作规程

(1)现场使用的焊机,应设有防雨、防潮、防晒的机棚,并应装设相应的消防器材。检查并确认焊丝的进给机构、CO_2 气体的供气系统、冷却水循环系统及电线连接部分是否合乎要求,焊枪冷却水系统不得漏水。

(2)在使用前检查 CO_2 气体气路系统(包括 CO_2 气瓶、预热器、干燥器、减压阀、电磁气阀、流量计)的各部连接处是否漏气,CO_2 气体是否畅通和均匀喷出。

(3)CO_2 气体瓶宜放阴凉处,其最高温度不得超过30℃,并应放置牢靠,不得靠近热源。作业前,CO_2 气体应预热15min,开气时操作人员必须站在瓶嘴的侧面。CO_2 气体预热器端的电压不得大于36V,作业后应切断电源。

(4)焊接操作及配合人员必须按规定穿戴劳动防护用品,并必须采取防止触电、高空坠落、瓦斯中毒和火灾等事故的安全措施。

(5)当需施焊受压容器、密封容器、油桶、管道、沾有可燃气体和溶液的工件时,应先消除容器及管道内压力,消除可燃气体和溶液,然后冲洗有毒、有害、易燃物质;对存有残余油脂的容器,应先用蒸汽、碱水冲洗,并打开盖口,确认容器清洗干净后,再灌满清水方可进行焊接。在容器内焊接应采取防止触电、中毒和窒息的措施。

(6)焊接密封容器应留出气孔,必要时在进、出气口处装设通风设备;容器内照明电压不得超过12V,焊工与工件间应绝缘;容器处应设专人监护,严禁在已喷涂过油漆和塑料的容器内焊接。

(7)焊接铜、铝、锌、锡等有色金属时,应通风良好,焊接人员应戴防毒面罩、呼吸滤清器或采取其他防毒措施。

(8)认真熟悉焊接有关图样,弄清焊接位置和技术要求。

(9)认真进行焊前清理,CO_2 气体保护焊虽然没有钨极氩弧焊那样严格,但也应清理坡口及其两侧表面的油污、漆层、氧化皮等杂物。

2. CO_2 气体保护焊操作技术

(1)引弧。CO_2 气体保护焊引弧的方法主要是碰撞引弧。首先引弧前先按遥控盒上的点动开关或按焊枪上的控制开关,点动送出一段焊丝,送出焊丝伸出长度小于喷嘴与焊件间应保持的距离,超长部分应剪去。若焊丝的端部出现球状时,必须预先剪去,否则将引弧困难;其次将焊枪按合适的倾角或喷嘴高度放在引弧处。注意此时焊丝端部与焊件未接触。喷嘴高度由焊接电流决定;然后按焊枪上的控制开关,焊机自动提前送气,延时接通电源,保持高电压,慢送丝,当焊丝接触焊件造成短路后,自动引燃电弧。

(2)焊接。CO_2 气体保护焊的焊接方式一般为平焊或立焊。

1)平焊。平焊时的焊枪摆动分三种情况。

①当坡口间隙较小,为 0.2～1.4mm 时,采用直线焊接或小幅度摆动。

②当坡口间隙稍大,为 1.2～2.0mm 时,采用锯齿形小幅度摆动,在焊道中心稍快些移动,而在坡口两侧大约停留 0.5～1s。

③当坡口间隙更大时,焊枪摆动方式在横向摆动的同时还要前后摆动,这时不应使电弧直接作用到间隙上。

2)立焊。立焊有向上立焊和向下立焊两种。

①向下立焊时,焊枪可以做直线式或小摆动法移动,依靠电弧的吹力把熔池推向前方。

②向上立焊时,对于单道焊小焊脚焊接时,焊枪可以做锯齿形小幅度摆动;对于单道焊大焊脚焊接时,焊枪可以做月牙形摆动;多层焊时,第一层采用小摆动,而第二层采用月牙形摆动,如果要求很大焊脚尺寸时,第一层也可以采用三角形摆动,两侧及根部三点都要停留 0.5～1s,并均匀向上移动,以后各层可以采用月牙形摆动。

(3)接头。为保证 CO_2 气体保护焊焊缝接头的质量,应在焊接接头前,将待焊接头处用磨光机打磨成斜面。在焊缝接头斜面顶部引弧,引燃电弧后,将电弧移至斜面底部,转一圈返回引弧处后再继续向左焊接,如图 5-3 所示。

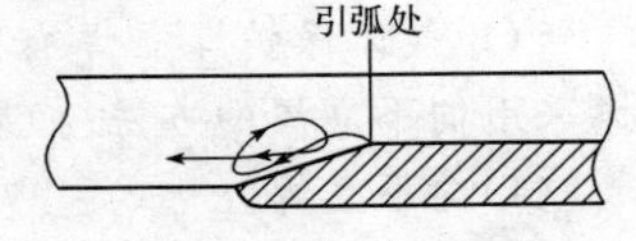

图 5-3 接头处的引弧操作

引燃电弧后向斜面底部移动时,应特别注意观察熔孔,若未形成熔孔则接头处背面焊不透;若熔孔太小,则接头处背面产生缩颈;若熔孔太大,则背面焊缝太宽或焊漏。

(4)收弧。焊机有弧坑控制电路时,焊枪应在收弧处停止前进,同时将此电路接头,焊接电流与电弧电压自动变小,待熔池填满时断电;焊机无弧坑控制电路时,焊枪应在收弧处停止前进,并在熔池未固定时,反复进行几次断弧、引弧操作,直至弧坑填满为止。

关键细节 3 CO_2 气体保护焊平焊

(1)焊接时应注意焊枪角度,平焊时的焊枪角度如图 5-4 所示。

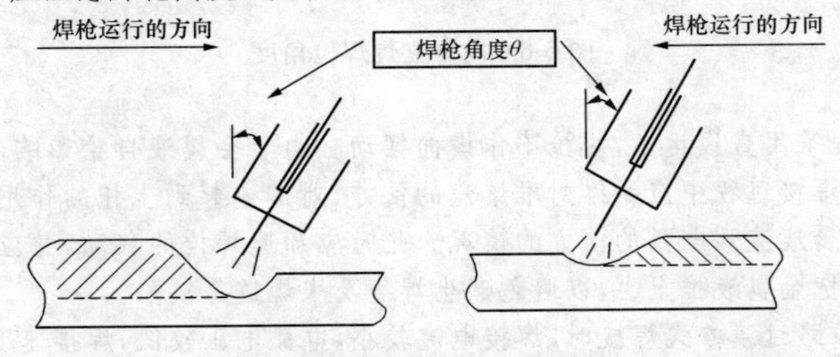

图 5-4 平焊时的焊枪角度

(2)CO_2 气体保护焊的引弧应在离工件右端定位焊焊缝约 20mm 坡口的一侧,然后开始向左焊接。焊枪沿坡口两侧作小幅度横向摆动,并控制电弧在离底边约 2～3mm 处燃烧。当坡口底部熔孔直径达 3～4mm 时,转入正常焊接。

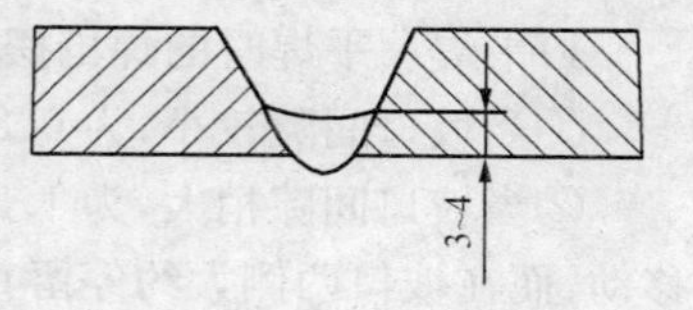

图5-5　打底焊接

(3)打底焊接时，电弧始终在坡口内做小幅度横向摆动，并在坡口两侧稍作停顿，使熔孔深入坡口两侧各0.5～1mm，如图5-5所示。焊接时，应根据间隙和熔孔直径的变化调整横向摆动幅度和焊接速度，尽可能维持熔孔直径不变，以获得宽窄和高低均匀的反面焊缝，并能有效防止气孔的产生。

(4)焊接时应注意熔池停留时间，正常熔池呈椭圆形，若出现椭圆形熔池被拉长的情况，即为烧穿前兆。此时应根据具体情况，随时改变焊枪操作方式来防止烧穿。

(5)注意焊接时的电流和电压。电弧电压过高，易引起烧穿，甚至灭弧；电弧电压过低，则在熔滴很小时就引起短路，并产生严重飞溅。

(6)严格控制喷嘴的高度，电弧必须在离坡口底部2～3mm处燃烧。

关键细节4　CO_2气体保护焊立焊

CO_2气体保护焊立焊有向上立焊和向下立焊两种。一般情况下，板厚不大于6mm时，采用向下立焊的方法；如果板厚大于6mm，则采用向上立焊的方法。

(1)向下立焊。

1)CO_2气体保护焊向下立焊时的焊枪角度如图5-6所示。

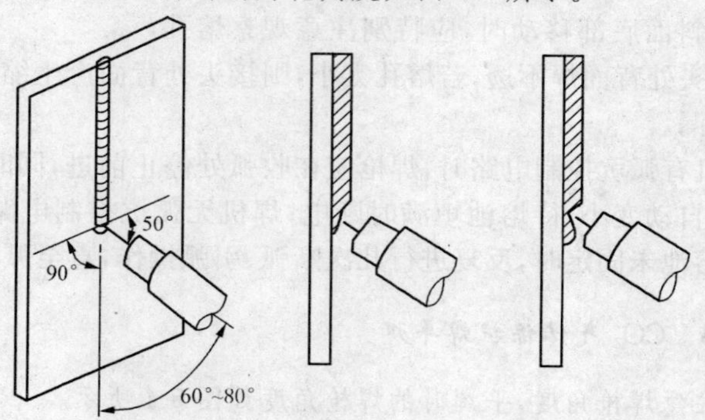

图5-6　向下立焊焊枪角度

2)焊接过程采用直线运条，焊枪不作横向摆动。由于金属液自重影响，为避免熔池中金属液流淌，在焊接过程中应始终对准熔池的前方，对熔池起到上托的作用。如果掌握不好，则会出现金属液流到电弧的前方的情况。此时应加速焊枪的移动，并应减小焊枪的角度，靠电弧吹力把金属液推上去，以避免产生焊瘤及未焊透等缺陷。

3)当采用短路过渡方式焊接时，焊接电流较小，电弧电压较低，焊接速度较快。

(2)向上立焊。

1)向上立焊时的焊枪角度如图5-7所示。

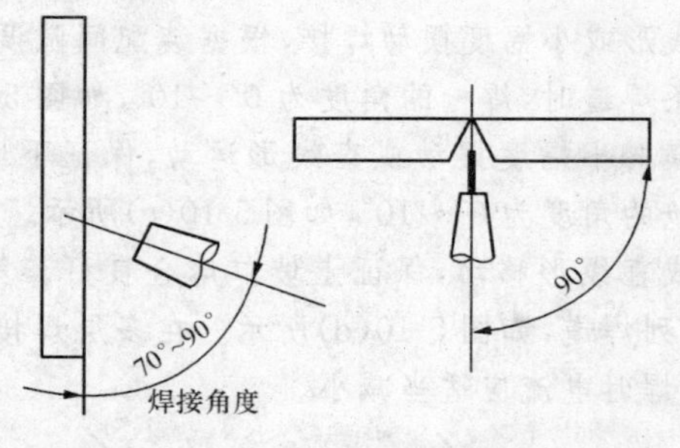

图 5-7　向上立焊时的焊枪角度

2)向上立焊时的熔深较大，容易焊透。虽然熔池的下部有焊道依托，但熔池底部是个斜面，熔融金属在重力作用下比较容易下淌，因此很难保证焊道表面平整。为防止熔融金属下淌，必须采用比平焊稍小的电流，焊枪的摆动频率应稍快，采用锯齿形节距较小的摆动方式进行焊接，使熔池小而薄，熔滴过渡采用短路过渡形式。

3)向上立焊时的摆动方式如图 5-8 所示。

①当要求较小的焊缝宽度时，一般采用如图 5-8(a)所示的小幅度摆动。此时热量比较集中，焊道容易凸起，因此在焊接时，摆动频率和焊接速度要适当加快，严格控制熔池温度和熔池大小，保证熔池与坡口两侧充分熔合。

②如果需要焊脚尺寸较大时，应采用如图 5-8(b)所示的月牙形摆动方式。在坡口中心移动速度要快，而在坡口两侧稍加停留，以防止咬边。

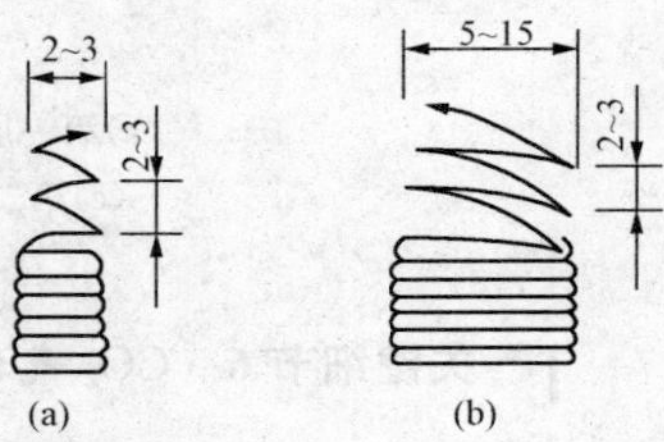

图 5-8　向上立焊的摆动方式
(a)小幅度摆动；(b)月牙形摆动

关键细节 5　CO_2 气体保护焊横焊

(1)单层横焊。单层单道横焊一般都采用左焊法，焊枪角度如图 5-9(a)所示。当要求焊缝较宽时，可采用小幅度的摆动方式，如图 5-9(b)所示。横焊时摆幅不要过大，否则容易造成金属液下淌，多采用较小的焊接参数进行短路过渡。

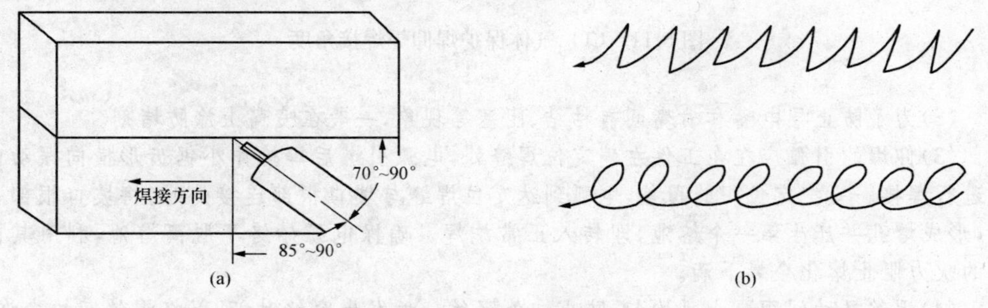

图 5-9　单层横焊
(a)焊枪角度；(b)小幅摆动

(2)多层横焊。焊接第一层焊道时，焊枪的角度如图 5-10(a)所示，角度为0°～10°，并指向顶角位置。采用直线形或小幅度摆动焊接,根据装配间隙调整焊接速度及摆动幅度。焊接第二层焊道的第一条焊道时,焊枪的角度为0°～10°,如图5-10(b)所示。焊枪以第一层焊道的下缘为中心作横向小幅度摆动或直线形运动,保证下坡口处熔合良好。焊接第二层的第二条焊道时焊枪的角度为0°～10°,如图5-10(c)所示。焊枪以第一层焊道的上缘为中心进行小幅度摆动或直线形移动,保证上坡口熔合良好。第三层以后的焊道与第二层类似,由下往上依次排列焊道,如图5-10(d)所示。在多层焊接中,中间填充层的焊道焊接参数可稍大些,而盖面焊时电流应适当减小。

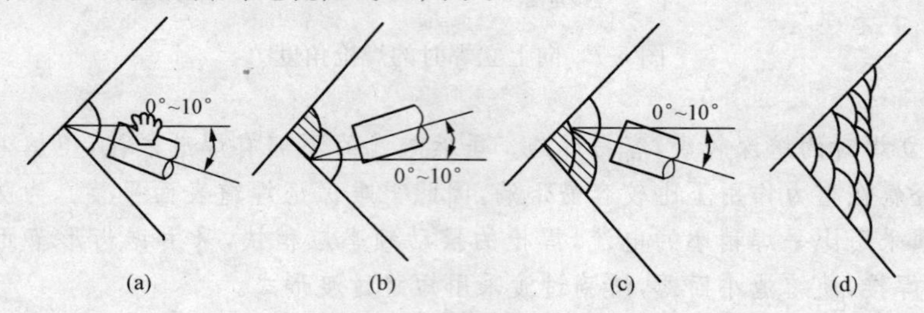

图5-10 多层横焊

(a)第一层焊道焊枪角度;(b)第二层第一条焊道焊枪角度

(c)第二层第二条焊道焊枪角度(d)第三层以后的焊道

关键细节6 CO_2气体保护焊仰焊

(1)仰焊时,为了防止液态金属下坠引起的问题,通常采用右焊法。这样可增加电弧对熔池的向上吹力,有效防止焊缝背凹的产生,减小液态金属下坠的倾向。焊接角度如图5-11所示。

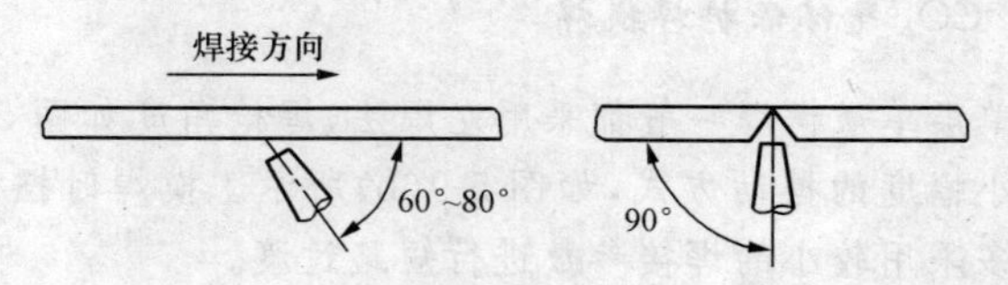

图5-11 CO_2气体保护焊仰焊焊接角度

(2)为了防止导电嘴和喷嘴间有粘结、阻塞等现象,一般在喷嘴上涂防堵剂。

(3)仰焊的引弧应在在工件左端定位焊缝处,电弧引燃后焊枪作小锯齿形横向摆动向右进行焊接。当把定位焊缝覆盖,电弧到达定位焊缝与坡口根部连接处时,将坡口根部击穿,形成熔孔并产生第一个熔池,即转入正常施焊。确保电弧始终不脱离熔池,利用其向上的吹力阻止熔化金属下淌。

(4)焊丝摆动间距要小且均匀,防止向外穿丝。如发生穿丝时,可以将焊丝回拉少许,把穿出的焊丝重新熔化掉再继续施焊。当焊丝用完或者由于送丝机构、焊枪发生故障,需要中断焊接时,焊枪不要马上离开熔池,应稍作停顿,以防止产生缩孔和气孔。

(5)接头时,焊丝的顶端应对准缓坡的最高点引弧,然后以锯齿形摆动焊丝,将焊道缓坡覆盖。当电弧到达缓坡最低处时,稍压低电弧,转入正常施焊。

(6)如果工件较厚，需开坡口采用多层焊接。多层焊的打底焊与单层单道焊类似。填充焊时要掌握好电弧在坡口里侧的停留时间，保证焊道之间、焊道与坡口之间熔合良好。填充焊的最后一层焊缝表面应距离工件表面1.5～2mm，不要将坡口棱边熔化。盖面焊应根据填充焊道的高度适当调整焊接速度及摆幅，保证焊道表面平滑，两侧不咬边，中间不下坠。

关键细节7　CO_2气体保护焊常见缺陷及预防措施

CO_2气体保护焊常见缺陷及预防措施见表5-4。

表5-4　CO_2气体保护焊常见缺陷及预防措施

缺陷	原　因	预防措施
产生气孔	(1)由于在金属熔池中溶进了较多的有害气体，加上CO_2气流的冷却作用，熔池凝固较快，气体来不及逸出，容易产生气孔。 (2)当CO_2气体中水分含量过多时，会产生气孔。 (3)CO_2气体流量过大或过小都会破坏焊接时的保护气路，如气阀、流量计、减压阀调整不当，气路有泄漏或堵塞现象。 (4)焊接参数选择不合理或操作不正确，如焊丝伸出过长，焊接速度太快，电弧电压过高，收弧太快等均会产生气孔。 (5)喷嘴形状或直径选择不当，喷嘴距工件太远，导气管或喷嘴堵塞。 (6)周围空气对流太大。 (7)被焊工件和焊丝中含有油污、铁锈等时，容易产生气孔。 (8)CO_2气体在电弧高温下具有氧化性，因而要求焊丝含有较高含量的脱氧元素，当这些元素含量过低时，容易生成气孔	(1)采用纯度较高的CO_2气体。 (2)经常清除CO_2气体中的水分。 (3)选择合适的气流量。 (4)选择正确的焊接参数。 (5)选择合适的喷嘴形状及直径。 (6)不在风速过大的地方施焊。 (7)焊前认真清理工件表面。 (8)选用含有较高脱氧元素的焊丝
飞溅	(1)当采用正极性焊接时，机械冲击力大，容易产生大颗粒飞溅。 (2)当熔滴短路过渡时，短路电流增长速度过快或过慢，均会引起飞溅。 (3)当焊接电流、电弧电压等焊接参数选择不当时会引起飞溅。 (4)送丝速度不均匀，也会引起飞溅。 (5)焊丝与工件表面附有脏物会引起飞溅。 (6)导电嘴磨损过大，也会引起飞溅	(1)选用含锰、硅脱氧元素多，含碳量低的焊丝，可减少CO气体的生成，从而减小飞溅。 (2)焊前认真清理工件表面。 (3)焊接时采用直流反接，可使飞溅明显减小。 (4)通过调节焊接回路中的电感值，可使熔滴过渡过程稳定，从而减轻飞溅。 (5)合理地选择焊接参数，特别应使电弧电压与焊接电流之间具有最佳的配合，可有效地减小飞溅。 (6)送丝速度要均匀

（续）

缺陷	原　因	预防措施
裂纹	(1)焊缝区有油污、漆迹、垢皮、铁锈等，容易产生裂纹。 (2)当工件上焊缝过多，分布又不合理时，会由于小的热应力的积累而产生裂纹。 (3)工件或焊丝的硫、磷含量过高而硅、锰含量低时，容易产生裂纹。 (4)工件的含碳量较高时，由于冷却较快，容易产生淬火组织而导致裂纹。 (5)熔深大而熔宽窄时，容易产生结晶裂纹。 (6)当焊接速度过快时，熔化金属冷却速度快，容易产生裂纹	(1)工件尽量选用含碳量低的材料。 (2)采用硅、锰含量高的焊丝。 (3)合理分布焊缝，避免热应力的产生。 (4)选择合理的焊接参数，用较小的焊接速度，保证良好的焊缝成形
未焊透	(1)焊接参数选择不当，如电弧电压太低，焊接电流太小，短路过渡时电感量太小，送丝速度不均匀，焊接速度太快等，均会产生未焊透或未熔合的缺陷。 (2)操作不当，如焊接时摆动过大，工件坡口开得太窄，坡口角度小，装配间隙小，散热太快等，都会出现未焊透和未熔合的问题	(1)开坡口接头的坡口角度及间隙要合适。 (2)保证合适的焊丝伸出长度，使坡口根部能够完全熔合。 (3)焊接时在两侧的坡口面上要有足够的停留时间。 (4)焊枪保持正确的角度
烧穿	(1)对工件过分加热。 (2)焊接参数选择不当。 (3)操作方法不正确	(1)注意焊接参数的选择，如减小电弧电压与焊接电流，适当提高焊接速度，采用短弧焊等。 (2)合理进行操作，如运条时焊丝可作适当的直线往复运动，以增加熔池的冷却作用。 (3)对于较长的焊缝可采用分段焊，以避免热量集中。 (4)采用加铜垫板的方法增强散热效果。 (5)采用较小的装配间隙和坡口尺寸

第二节　药芯焊丝 CO_2 气体保护焊

一、药芯焊丝 CO_2 气体保护焊的概念及特点

药芯焊丝 CO_2 气体保护焊是以可熔化的药芯焊丝为一个电极，母材作为另一电极，通过保护气体及系列的冶金反应进行焊接的方法，简称为药芯焊丝气保焊。药芯焊丝 CO_2 气体保护焊有以下优点：

(1)采用渣气联合保护，焊缝美观，电弧稳定性好，飞溅少，且颗粒细小，容易清除。

(2)焊丝熔敷速度快，焊丝伸出长度较短。熔敷效率(为 85%～90%)和生产率都较高(生产效率比焊条电弧焊高了 3～5 倍)。

(3)适应性强。通过对焊剂成分的调节，可达到焊缝要求的金属化学成分，改善焊缝

机械性能，适用于各种钢材的焊接。

(4)由于熔接熔池受到 CO_2 气体熔渣的保护，因此抗气孔能力比实芯焊丝 CO_2 气体保护焊强。

(5)对焊接电源无特殊要求。交流和直流焊机都可以使用，采用直流电源焊接时，要用反接法焊接。选用电源时也不受平特性或陡降特性的限制。

药芯焊丝 CO_2 气体保护焊虽有诸多优点，但其焊丝制造比较复杂，送丝困难，焊丝外表容易锈蚀，粉剂容易吸潮，对焊丝保管要求严格。

二、药芯焊丝 CO_2 气体保护焊的原理

药芯焊丝 CO_2 气体保护焊的基本工作原理与普通 CO_2 气体保护焊一样，是将可熔化的药芯焊丝作为一个电极（通常接正极，即直流反接），母材作为另一电极。其工作原理如图 5-12 所示，喷嘴中喷出的 CO_2 或 CO_2＋Ar 气体，对焊接区起气体保护作用。管状焊丝中的药粉（焊剂），在高温作用下熔化，并参与冶金反应形成熔渣。对焊丝端部、熔滴和熔池起到保护作用。

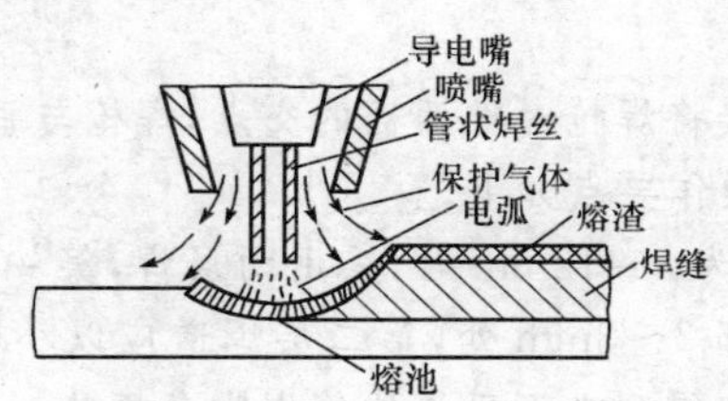

图 5-12　药芯焊丝 CO_2 气体保护焊的基本工作原理

三、药芯焊丝 CO_2 气体保护焊操作技术

药芯焊丝 CO_2 气体保护焊工艺参数及其选择见表 5-5。

表 5-5　药芯焊丝 CO_2 气体保护焊工艺参数及其选择

序号	焊接工艺参数	参数的选择
1	焊接电流与电弧电压	药芯焊丝中的焊剂改变了电弧性质，稳弧性得到改善，所以可以采用交流、直流、平特性、降特性电源，但大多数还是用直流平特性电源。焊接电流的数值与送丝速度成正比。电弧电压与焊接电流相配合，焊接电流增加，电弧电压相应提高
2	焊丝伸出长度	送丝速度确定之后，焊丝伸出长度随焊接电流增大而减小。一般在 19～38mm 之间，过长则飞溅增加，电弧稳定性变差；太短则飞溅物易堵塞喷嘴，造成保护不良，引起气孔等缺陷
3	焊丝工作位置	平焊时焊丝行走角度在 15°～20°之间，太大会降低保护效果；角焊时焊丝的工作角度在 40°～50°之间
4	保护气体流量	保护气体的流量与普通 CO_2 气体保护焊相同

关键细节8 药芯焊丝 CO_2 气体保护焊平焊

(1)平对接焊的操作要点如下。

1)焊枪与焊件的夹角为75°～80°。坡口角度及间隙小时，采用直线式右焊法；坡口角度大及间隙大时，采用小幅摆动左焊法。

2)焊枪与焊件的夹角不能过小，否则保护效果不好，易出气孔。

3)焊接厚板时，为得到一定的焊缝宽度，焊枪可做适当的横向摆动，但焊丝不应插入对缝的间隙内。

4)焊盖面焊之前，应使焊道表面平坦，焊道平面低于工件表面1.5～2.5mm，以保证盖面焊道质量。

(2)T形接头横角焊的操作要点如下。

1)单道焊时最大焊脚为8mm。一般焊接电流应小于350A，技术不熟练者应小于300A。

2)若采用长弧焊，焊枪与垂直板成35°～50°(一般为45°)的角度；焊丝轴线对准水平板处距角缝顶端1～2mm。

3)若采用短弧焊，可直接将焊枪对准两板的交点，焊枪与垂直板的角度大约为45°。

(3)T形接头多层焊的操作要点如下。

1)T形接头多层焊焊脚为8～12mm时，采用两层焊，第一层使用较大电流，焊枪与垂直板夹角减小，并指向距根部2～3mm处，第二层焊道应以小电流施焊，焊枪指向第一层焊道的凹陷处，采用左焊法即得到表面平滑的等焊脚角焊缝。

2)焊脚通过12mm时，采用三层以上的焊道，这时焊枪角度与指向应保证最后得到等焊脚和光滑均匀的焊道。

关键细节9 药芯焊丝 CO_2 气体保护焊立焊

(1)当用细焊丝短路过渡焊接时，应自上而下焊接，焊枪上部略向下倾斜。电弧要始终对准熔池前方，气体流量比平焊稍大。主要运条方式是直线式和小幅摆动法，但对开坡口的对接焊缝和角接焊缝应尽量避免摆动。

(2)当使用ϕ1.6焊丝的颗粒状过渡(长弧焊)方式进行焊接时，仍和焊条电弧焊相似，采用自下而上焊接，电流取下限值，以防止熔化金属下淌。

(3)角接焊缝向上立焊时，如果要求很大的焊脚，第一层也可采用三角形摆动，三角每点都要停留0.5～1s，要均匀向上移动，以后各层可采用月牙形摆动。

关键细节10 药芯焊丝 CO_2 气体保护焊横焊

(1)横焊时选用的焊接参数与立焊相同。

(2)为防止温度过高，熔池金属下淌，焊枪可做小幅度的前后直线往复摆动。

(3)焊枪与焊缝水平线的夹角为55°～65°，焊枪与焊缝间的夹角为5°～15°。

(4)厚板对接横焊和角焊时，均需采用多层焊。第一层焊道应尽量焊成等焊脚焊道，从下往上排列焊道，每层焊完都应尽量得到平坦的焊缝表面，随着焊道层次的增加，逐步减少每道焊道的熔敷金属量，并增加焊道数。

关键细节11　药芯焊丝 CO_2 气体保护焊仰焊

(1)应适当减小焊接电流，焊枪可做小幅度直线往复摆动，防止熔化金属下淌。

(2)气体流量应稍大些。

(3)焊枪与竖板夹角及向焊接方向倾斜的角度分别为40°～45°和5°～10°。

(4)厚板多层焊时，第一层类似于单面焊，第二、三层都以均匀摆动焊枪的方式进行焊接，但在坡口面交界处应做短暂停留。

第三节　熔化极惰性气体保护焊

一、熔化极惰性气体保护焊的概念及特点

使用熔化电极的气体保护焊，称为熔化极气体保护焊。使用熔化电极的惰性气体（Ar或Ar＋He）保护焊称为熔化极惰性气体保护焊，简称MIG焊。熔化极惰性气体保护焊的特点如下：

(1)熔化极惰性气体保护焊用填充丝作为电极，焊接电流增大，热量集中，利用率高。

(2)熔化极惰性气体保护焊可焊接金属的厚度范围较广，最薄可达1mm，最厚几乎不受限制。焊接薄板时，速度快、变形小。

(3)焊接铝及其合金时，采用直流反接阴极接法，雾化作用显著，能够改善焊缝质量。

(4)在相同的电流下，熔化极惰性气体保护焊可获得比手工电弧焊更大的熔深。

(5)容易实现自动化操作。熔化极氩弧焊的电弧是明弧，焊接过程参数稳定，易于检测及控制，因此容易实现自动化。

目前，世界上绝大多数的弧焊机器手及机器人均采用这种焊接方法，但其还有诸多缺点：

(1)灵活性差，进行熔化极惰性气体保护焊时，焊枪必须靠近工件，对焊接区的空间有一定的尺寸要求。

(2)由于电弧和熔池受气体保护，因此焊接区周围要避免较大的空气流动，在室外该焊接方法受到一定的限制。

(3)焊接及辅助设备相对复杂，焊枪不够轻便。

(4)对焊丝及工件的油、锈很敏感，焊前必须严格去除。

(5)惰性气体价格高，焊接成本高。

二、熔化极惰性气体保护焊的原理

熔化极惰性气体保护焊，是以填充焊丝作电极，保护气体从喷嘴中以一定速度流出，将电弧熔化的焊丝、熔池及附近的焊件金属与空气隔开，使电弧、熔化的焊丝、溶池及附近的母材金属得到保护，以获得性能良好的焊缝。

熔化极惰性气体保护焊是目前应用十分广泛的焊接方法，可用于焊接碳钢、低合金钢、不锈钢、耐热合金、镁及镁合金、铜及铜合金、钛及钛合金等的焊接；也可用于平焊、横焊、立焊及全位置焊接。

三、熔化极惰性气体保护焊常用设备

熔化极惰性气体保护电弧焊的设备主要由焊接电源、焊枪、供气系统、冷却水系统和控制系统组成。

1. 焊接电源

熔化极惰性气体保护电弧焊的电源通常采用直流焊接电源，焊接电源的额定功率取决于各种用途所需要的电流范围。

2. 焊枪

常用的熔化极惰性气体保护焊焊枪分为半自动焊枪和自动焊枪两种。

(1)半自动焊枪有鹅颈式和手枪式两种。鹅颈式焊枪适合于小直径焊丝，使用灵活方便，对于空间较窄区域的焊接通常采用该焊枪进行焊接；手枪式焊枪适合于较大直径的焊丝，它要求冷却效果要好，通常采用内部循环水冷却。

(2)自动焊枪的基本结构与半自动焊枪相同，一般采用内部循环水冷却，其载流量较大，可达1500A，焊枪直接装在焊接机头的下部，焊丝通过丝轮和导丝管送进焊枪。

3. 供气系统

供气系统通常与钨极氩弧焊的供气系统相似，对于二氧化碳气体，还需要安装预热器、高压干燥器和低压干燥器，用来吸收气体中的水分，防止焊缝中产生气孔。

4. 冷却水系统

水冷式焊枪的冷却水系统由水箱、水泵、冷却水管和水压开关组成。水箱里的冷却水经水泵流经冷却水管，经过水压开关后流入焊枪，然后经冷却水管再回流至水箱，形成冷却水循环。水压开关的作用是保证只有冷却水流经焊枪才能正常启动焊接，用来保护焊枪。

5. 控制系统

控制系统由基本控制系统和程序控制系统组成。

(1)基本控制系统的主要作用是在焊前和焊接过程中调节焊接电流或电压、送丝速度、焊接速度和气体流量的大小。

(2)程序控制系统主要用来控制焊接设备的启动和停止；实现提前送气、滞后停气；控制水压开关动作，保证焊枪受到良好的冷却；控制送丝速度和焊接速度；控制引弧和熄弧。

四、熔化极惰性气体保护焊操作技术

熔化极惰性气体保护焊工艺参数如下：

(1)焊丝直径。焊丝直径根据工件的厚度、施焊位置来选择，薄板焊接及空间位置的焊接通常采用细丝(直径≤1.6mm)，平焊位置的中等厚度板及大厚度板焊接通常采用粗丝。表5-6给出了直径为0.8～2.0mm的焊丝的适用范围。

表 5-6　　焊丝的适用范围

焊丝直径/mm	工件厚度/mm	施焊位置	熔滴过渡形式
0.8	1～3	全位置	短路过渡
1.0	1～6	全位置、单面焊双面成形	短路过渡
1.2	2～12		
	中等厚度、大厚度	打底	
1.6	6～25	平焊、横焊或立焊	射流过渡
	中等厚度、大厚度		
2.0	中等厚度、大厚度		

(2)焊接电流与电弧电压。焊接电流是熔化极惰性气体保护焊的最重要的焊接工艺参数。实际焊接过程中，应根据工件厚度、焊接方法、焊丝直径、焊接位置来选择焊接电流。利用等速送丝式焊机焊接时，焊接电流是通过送丝速度来调节的。熔化极惰性气体保护焊通常采用直流反接，焊接电流一定时，电弧电压与焊接电流相匹配。

(3)焊接速度。焊接速度与焊接电流适当配合才能得到良好的焊缝成形。自动熔化极氩弧焊的焊接速度一般为 25～150m/h；半自动熔化极氩弧焊的焊接速度一般为 5～60m/h。

(4)焊丝伸出长度。焊丝伸出长度增加可增强其电阻热作用，使焊丝熔化速度加快，可获得稳定的射流过渡，并降低临界电流。一般焊丝伸出长度为 13～25mm，具体长度视焊丝直径等条件而定。

(5)气体流量。熔化极惰性气体保护焊对熔池保护要求较高。保护气体的流量一般根据电流大小、喷嘴直径及接头形式来选择。通常喷嘴直径为 20mm 左右，气体流量为 10～60L/min，喷嘴至焊件距离为 8～15mm。

关键细节 12　半机械化惰性气体保护焊

半机械化熔化极惰性气体保护焊的操作技术见表 5-7。

表 5-7　　半机械化熔化极惰性气体保护焊的操作技术

序　号	焊接形式	操　作　技　术
1	板对接平焊	(1)右焊法时电极与焊接方向成 70°～85°的夹角，与两侧表面成 90°的夹角，焊接电弧指向焊缝，对焊缝起缓冷作用； (2)左焊法时电极与焊接方向的反方向成 75°～85°夹角，与两侧表面成 90°夹角，电弧指向未焊金属，有预热作用，焊道窄而熔深小，熔融金属容易向前流动，采用左焊法焊接时，便于观察焊接轴线和焊缝成形； (3)焊接薄板短焊缝时，电弧直线移动，焊长焊缝时，电弧斜锯齿形横向摆动幅度不能太大，以免产生气孔； (4)焊接厚板时，电弧可作锯齿形或圆形摆动

（续）

序　号	焊接形式	操　作　技　术
2	T形接头平角焊	(1)采用长弧焊，右焊法，电极与垂直板成30°～50°夹角，与焊接方向成65°～80°夹角，焊丝轴线对准水平板处距垂直立板根部为1～2mm； (2)采用短弧焊时电弧与垂直立板成45°角，焊丝轴线直接对准垂直立板根部。焊接不等厚度时电弧偏向厚板一侧
3	搭接平角焊	上板为薄板的搭接接头，电极与厚板成45°～50°夹角，与焊接方向成60°～80°的夹角，焊丝轴线对准上板的上边缘。上板为厚板的搭接接头，电极与下板成45°的夹角，焊丝轴线对准焊缝的根部
4	板对接的立焊	(1)采用自下而上的焊接方法，焊接熔深大，余高较大，用三角形摆动电弧适用于中、厚板的焊接； (2)自上而下的焊接方法，熔池金属不易下坠，焊缝成形美观，适用于薄板焊接

关键细节13　机械化熔化极惰性气体保护焊

机械化熔化极惰性气体保护焊的操作技术见表5-8。

表5-8　机械化熔化极惰性气体保护焊的操作技术

序　号	焊接方式	操　作　技　术
1	板对接平焊	焊缝两端加接引弧板与引出板，坡口角度为60°，钝边为0～3mm，间隙为0～2mm，单面焊双面成形。用垫板保证焊缝的均匀焊透，垫板分为永久性垫板和临时性铜垫板两种
2	环焊	环焊缝机械化MIG焊有两种方法，一种是焊枪固定不动而工件旋转，另一种是焊枪旋转而工件不动。 (1)焊枪固定不动。焊枪固定在工件的中心垂直位置，采用细焊丝，在引弧处先不加焊丝焊接15～30mm，并保证焊透，然后在该段焊缝上引弧进行焊接。焊枪固定在工件中心水平位置，为了减少熔池金属流动，焊丝必须对准焊接熔池。 (2)工件固定不动。在大型焊件无法使工件旋转的情况下选用。工件不动，焊枪沿导轨在环行工件上连续回转进行焊接。导轨要固定，安装正确，焊接参数应随焊枪所处的空间位置进行调整。定位焊位置在水平中心线和垂直中心线上，对称焊四点

第四节　钨极气体保护焊

一、钨极气体保护焊的概念及特点

钨极气体保护焊是利用高熔点钨棒作为一个电极，以工件作为另一个电极，并利用氩气、氦气或氩氦混合气体作为保护介质的一种焊接方法。我国通常只采用氩气做保护气体，因此又叫做钨极氩弧焊，简称TIG焊。钨极气体保护焊的优点如下。

(1)钨极气体保护焊以难熔金属钝钨或活化钨制作电极，在焊接过程中不熔化。

(2)钨极气体保护焊，电弧能量比较集中，热影响区小，在焊接薄板时要比采用气焊变形小。

(3)钨极气体保护焊，利用氩气隔绝大气，防止了氧、氮、氢等气体对电弧及熔池的影响，被焊金属及焊丝的元素不易烧损(仅有极少数烧损)。因此，容易保持恒定的电弧长度，焊接过程稳定，焊接质量好。

(4)钨极气体保护焊能焊接活泼性较强和含有高熔点氧化膜的铝、镁及其合金，适合于焊接有色金属及其合金、不锈钢、高温合金钢以及难熔的活性金属等，常用于结构钢管及薄壁件的焊接。

(5)进行钨极气体保护焊接时可不用焊剂，从而焊缝表面无熔渣，有利于观察熔池及焊缝成形，及时发现缺陷，在焊接过程中可采取适当措施来消除缺陷。

(6)钨极氩弧稳定性好，当焊接电流小于 10A 时电弧仍能稳定燃烧。

(7)由于热源和填充焊丝分别控制，热量调节方便，使输入焊缝的线能量更容易控制。因此，适用于各种位置的焊接，也容易实现单面焊双面成形。

(8)因为氩气流对电弧有压缩作用，故热量较集中，熔池较小；氩气对近缝区的冷却可使热影响区变窄，使焊件变形量减小。

(9)焊接接头组织致密，综合力学性能较好；进行不锈钢焊接时，焊缝的耐腐蚀性特别是抗晶间腐蚀性能较好。

(10)由于填充焊丝不通过焊接电流，所以不会产生因熔滴过渡造成的电弧电压和电流变化所引起的飞溅现象，为获得光滑的焊缝表面提供了良好的条件。

(11)钨极气体保护焊的电弧是明弧，焊接过程参数稳定，便于检测及控制。

钨极气体保护焊除上述优点外，还有以下缺点：

(1)钨极气体保护焊的熔数率小，焊接速度低，焊缝金属容易受到钨的污染，常需要采取防风措施。

(2)钨极有少量的熔化蒸发，钨微粒进入熔池会造成夹钨，影响焊缝质量，尤其是电流过大时，钨极烧损严重，夹钨现象明显。

(3)与焊条电弧焊相比，操作难度较大，设备比较复杂，且对工件清理要求特别高。

(4)钨极气体保护焊的生产成本比焊条电弧焊、埋弧焊和 CO_2 气体保护焊均高。

二、钨极气体保护焊的原理

钨极气体保护焊用难熔金属钨作电极，用氩气对电极及熔化金属进行保护，其原理如图 5-13 所示。

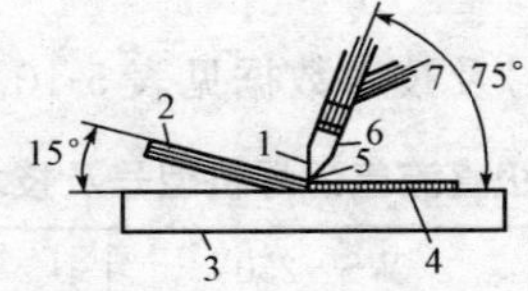

图 5-13　钨极气体保护焊的原理

1—钨极；2—填充金属；3—工件；4—焊缝金属；5—电弧；6—喷嘴；7—保护气体

氩气属惰性气体，不熔于液态金属。焊接时电弧在电极与焊件之间燃烧，氩气使金属熔池、熔滴及钨极端头与空气隔绝。

钨极气体保护焊是目前广泛应用的一种焊接方法。可以焊接易氧化的有色金属及其合金、不锈钢、高温合金、钛及钛合金以及难熔的活性金属（钼、铌、锆）等，被广泛应用于飞机制造、原子能、化工、纺织等工业中金属结构的焊接生产。

三、钨极气体保护焊常用设备

1. 钨极气体保护焊焊机

（1）焊机型号。焊机型号表示方法如图 5-14 所示。

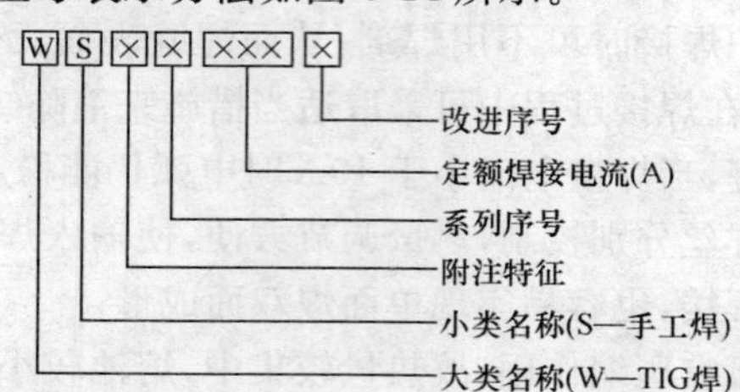

图 5-14　钨极气体保护焊型号表示方法

（2）型号代码。焊机型号代码见表 5-9。

表 5-9　焊机型号代码

第一字位		第二字位		第三字位		第四字位		第五字位	
大类名称	代表字母	小类名称	代表字母	附注特征	代表字母	系列序号	数字序号	基本规格	单位
钨极气体保护焊	W					焊车式	省略	额定焊接电流	A
		自动焊	Z	直流	省略	全位置焊车式	1		
						横臂式	2		
		手工焊	S	交流	J	机床式	3		
						旋转焊头式	4		
		点焊	D	交直流	E	台式	5		
						机械手式	6		
		其他	Q	脉冲	M	变位式	7		
						真空充气式	8		

（3）技术参数。

1）手工钨极直流氩弧焊机型号及技术数据见表 5-10。

表 5-10　手工钨极直流氩弧焊机型号及技术数据

型　号	WS—250	WS—300	WS—400
输入电源/(V/Hz)	380/50	380/50	380/50
额定输入容量/(kV·A)	18	22.6	30

（续）

型　　号	WS－250	WS－300	WS－400
电流调节范围/A	25～250	30～340	60～450
负载持续率(%)	60	60	60
工作电压/V	11～22	11～23	13～28
电流衰减时间/s	3～10	3～10	3～10
滞后停气时间/s	4～8	4～8	4～8
冷却水流量/(L/min)	＞1	＞1	＞1
外形尺寸($l\times b\times h$,mm)	690×500×1140	690×500×1140	740×540×1180
质量/kg	260	270	350

2)手工钨极交流氩弧焊机型号及技术数据见表5-11。

表5-11　手工钨极交流氩弧焊机型号及技术数据

项　　目	WSJ－150	WSJ－300	WSJ－400－1	WSJ－500
额定焊接电流/A	150	300	400	500
电流调节范围/A	30～150	50～300	50～400	50～500
额定负载持续率(%)	35	60	60	60
空载电压/V	80	80	80～88	80～88
电源电压/V	380(或220)	380	380	220(或380)
电源频率/Hz	50	50	50	50
相数/N	1	1	1	1
额定容量/(kV·A)	8	—	—	—
额定工作电压/V	—	22	26	30

3)手工钨极交直流氩弧焊机型号及技术数据见表5-12。

表5-12　手工钨极交直流氩弧焊机型号及技术数据

型号	WSE－150	WSE－250	WSE－400
电源电压/V	380	380	380
相数/N	1	1	1
频率/Hz	50	50	50
空载电压/V	82	70(直流) 85(交流)	70
工作电压/V	16	11～20	12～28
额定初级电流/A	40	额定容量22kVA	—
电流调节范围/A	15～180	25～250	50～450

（续）

型号		WSE－150	WSE－250	WSE－400
连续焊接电流/A		96	—	—
额定负载持续率(%)		35	60	60
质量/kg	焊接电源	150	230	250
	控制箱	42	—	—
	焊枪	0.3～0.4	—	—
钨极直径/mm		0.8～3	—	1～8
外形尺寸($l \times b \times h$,mm)	焊接电源	654×466×722	810×620×1020	560×500×1000
	控制箱	580×422×430	—	—
	焊枪	235×30×150	—	—

4)机械化钨极氩弧焊机型号及技术数据见表5-13。

表5-13 机械化钨极氩弧焊机型号及技术数据

结构形式	悬臂式	小车式	
型号	WZE2－500	WZE－500	WZE－300
电源电压/V	380(三相四线)	380	380
额定焊接电流/A	500	500	300
电极直径/mm	2～7	2～7	2～6
填充焊丝直径/mm	(不锈钢)0.8～2.5 (铝)2～2.5	(不锈钢)0.8～2.5 (铝)2～2.5	0.8～2
额定负载持续率(%)	60	60	60
焊接速度/(m/h)	5～80	5～80	6.6～120
送丝速度/(m/h)	20～1000	20～1000	13.2～240
保护气体导前时间/s	—	3	—
保护气体滞后时间/s	—	25	—
电流衰减时间/s	—	5～15 (额定电流时)	—
氩气流量/(L/min)	—	0～50	—
冷却水消耗量/(L/min)	—	1	—

2. 钨极气体保护焊焊枪

钨极氩弧焊焊枪主要由枪体、喷嘴、电极夹持装置、导气管、冷却水管、按钮开关等组成。钨极氩弧焊焊枪的主要功能是夹持钨极、传导焊接电流、输送保护气体及启动停止焊接等。

(1)焊枪型号表示方法如图5-15所示。

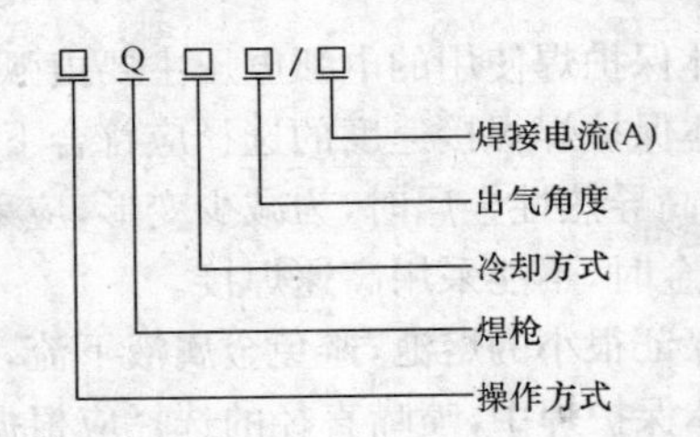

图 5-15 钨极气体保护焊焊枪型号表示方法

其中,操作方式一般不标字母;标字母 Z 时表示自动焊枪,标字母 B 时表示半自动焊枪。出气角度是指焊枪和工件平行时,保护气喷射方向与焊件间的夹角。在冷却方式中,S 代表水冷,Q 代表气冷。

(2)对焊枪的要求。

1)电极夹持要保证电极装夹方便,有利于钨极的装夹及送进,并能保证钨极对中。

2)导电性能良好,能满足一定的电容量要求;采用循环水冷却的枪体要保证冷却性能良好,冷却水顺利流通,有利于持久工作。

3)喷嘴和焊枪要绝缘,以免发生短路和防止因喷嘴烧坏而使焊接中断。

四、钨极气体保护焊操作技术

钨极气体保护焊的焊接工艺参数包括焊接电流、钨极直径、电弧电压、焊接速度、喷嘴直径、气体流量和钨极伸出长度与端部形状。

(1)焊接电流与钨极直径。手工氩弧焊用焊接电流通常根据工件的厚度、材质以及焊接接头的空间位置进行选择,焊接电流增加时,焊缝的高度和宽度都略有增加。

手工钨极氩弧焊用的钨极直径是一个比较重要的参数,它直接决定焊枪尺寸和冷却形式。因此,必须根据焊接电流选择合适的钨极直径。不同钨极直径和不同电源允许使用的焊接电流值见表 5-14。

表 5-14　不同钨极直径和不同电源允许使用的焊接电流值

钨极直径/mm	焊接电流/A			
	交流		直流正接	直流反接
	W	WTh	W,WTh	W,WTh
0.5	5～15	5～20	5～20	—
1.0	10～60	15～18	15～18	—
1.6	50～100	70～150	70～150	10～20
2.5	100～160	140～235	150～250	15～30
3.0	150～210	225～325	250～400	25～40
4.0	200～275	300～425	400～500	40～55
5.0	250～350	400～520	500～800	55～80

(2)电弧电压。钨极气体保护焊使用的电弧电压主要由弧长决定。

(3)焊接速度。钨极气体保护焊焊接速度的选择应符合下列要求。

1)在焊接铝及铝合金等高导热性金属时,为减少变形,应采取较快的焊接速度。

2)焊接有裂纹倾向的合金时,不能采用高速焊接。

3)在非平焊焊接时,要保证很小的熔池,避免金属液下流,尽量选择快的焊接速度。

(4)喷嘴直径。钨极气体保护焊中,喷嘴直径的选择应根据下列公式进行:

$$D=(2.5\sim3.5)d_W$$

式中 D——喷嘴的直径或内径(mm);

d_W——钨极的直径(mm)。

(5)气体流量。保护气流量合适时,喷出的气流是层流,保护效果好,可按下式计算氩气的流量:

$$Q=(0.8\sim1.2)D$$

式中 Q——氩气的流量(L/min);

D——喷嘴的直径(mm)。

(6)钨极的伸出长度与端部形状。

1)钨极的伸出长度。为了防止电弧热烧坏喷嘴,钨极端部应突出喷嘴以外。钨极端头到喷嘴端面的距离叫钨极的伸出长度。通常焊对接焊缝时,钨极的伸出长度宜为5~6mm,焊接角焊缝时,钨极的伸出长度宜为7~8mm。

2)钨极端部形状。钨极端部形状对焊缝的形成具有一定的影响。通常,在焊接薄板和焊接电流较小时,可用小直径的钨极,并将其磨成尖锥角(约20°);在大电流焊接时,要求钨极端部磨成钝锥角或带有平顶的锥形。

关键细节14 钨极氩弧焊基本操作规程

(1)熟悉产品图样及工艺规程,掌握施焊位置、尺寸和要求,合理地选择施焊方法及顺序。依据工艺文件和产品图样要求,正确选择焊丝。

(2)将氩弧焊枪、氩气接头、电缆快速接头、控制接头分别与焊机相应插座连接好。工件通过焊接地线与"+"接线柱连接。检查焊机上的调整机构、导线、电缆及接地是否良好。检查焊枪是否正常,枪把绝缘是否良好,地线与工件连接是否可靠,水路、气路是否畅通,高频或脉冲引弧和稳弧器是否良好。

(3)工件坡口内不得有熔渣、泥土、油污、砂粒等物存在。在焊缝两侧20mm范围内不得有油、锈,焊丝应进行除油除锈。

(4)检查胎具的可靠性,对需预热的工件还要检查预热设备、测温仪器。

(5)接好电源后,根据焊接需要选择交流氩弧焊或直流氩弧焊,并将线路切换开关和控制切换开关扳到交流(AC)档或直流(DC)档。将焊接方式切换开关置于"氩弧"位置。

(6)打开氩气瓶和流量计,将开关拨至"试气"位置,此时气体从焊枪中流出。调好气流后,再将开关拨至"焊接"位置。

(7)焊接电流的大小,可用电流调节手轮进行调节,顺时针旋转电流减小,逆时针旋转电流增大。电流调节范围可通过电流大小转换开关来限定。

(8)选择合适的钨棒及对应的卡头,再将钨棒磨成合适的锥度,并装在焊枪内。上述工作完成后按动焊枪上的开关即可进行焊接。

(9)穿戴好个人防护用品,应在通风良好的环境下工作,工作场地严防潮湿和存有积水,严禁堆放易燃物品。工件接地可靠,用直流电源焊接时要注意减少高频电压下的作业时间,引弧后要立即切断高频电源。冬季施焊时,一定要用压缩空气将整个水路系统中的水吹净,以免冻坏管道。修磨钨极时要戴专用手套和口罩。

关键细节 15　钨极氩弧气体保护焊焊枪的使用技巧

(1)平焊。在平焊时,焊枪、焊丝与工件的角度如图 5-16 所示。焊枪角度过小,会降低氩气保护效果;角度过大,操作和填加丝比较困难。对某些易被空气污染的材料,如钛合金等,应尽可能使焊枪与工件夹角为 90°,以确保氩气保护效果良好。

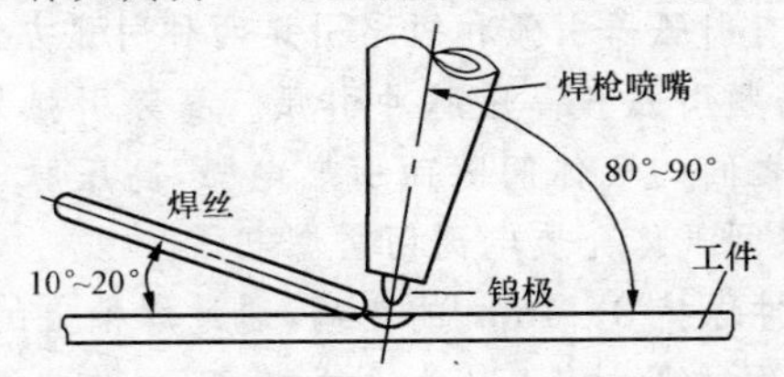

图 5-16　钨极氩弧气体保护焊平焊角度

(2)环焊。环焊时,焊枪、焊丝与工件的角度和平焊区别不大,但工件的转动是逆着焊接方向的,如图 5-17 所示。

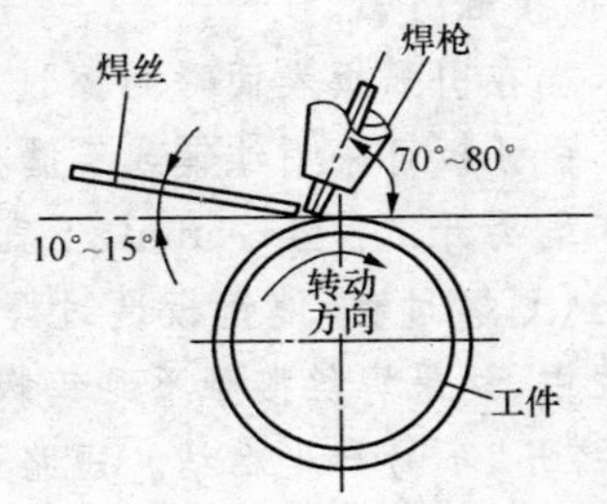

图 5-17　钨极氩弧气体保护焊环焊角度

常用的焊枪运走形式有直线移动形和横向摆动形两种。

1)直线移动形可分为直线匀速移动和直线断续移动两种方法。

①直线匀速移动是指焊枪沿焊缝作平稳的直线匀速移动,适合于不锈钢、耐热钢等薄件的焊接。其优点是电弧稳定,避免焊缝重复加热,氩气保护效果好,焊接质量稳定。

②直线断续移动主要用于中等厚度材料(3～6mm)的焊接。在焊接过程中,焊枪按一定的时间间隔停留和移动。一般在焊枪停留时,当熔池熔透后,加入焊丝,接着沿焊缝作纵向间断的直线移动。

2)横向摆动。根据焊缝的尺寸和接头形式的不同,要求焊枪作小幅度的横向摆动。按摆动方法不同,可分为月牙形摆动和斜月牙形摆动两种。

①月牙形摆动是指焊枪的横向摆动是划弧线，两侧略停顿并平稳向前移动，如图5-18(a)所示。这种运动适用于大的T字形角焊、厚板的搭接角度焊、开V形及X形坡口的对接焊或特殊加宽要求的焊接。

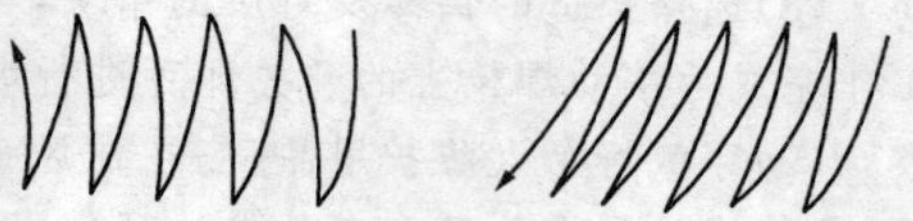

图5-18　钨极氩弧气体保护焊摆动形式

(a)月牙形摆动；(b)斜月牙形摆动

②斜月牙形摆动是指焊枪在沿焊接方向移动过程中划倾斜的圆弧，如图5-18(b)所示。这种运动适用于不等厚的角接焊和对接焊的横向焊缝。焊接时，焊枪略向厚板一侧倾斜，并在厚板一侧停留时间略长。

关键细节16　手工钨极氩弧焊引弧方法

手工钨极氩弧焊一般有引弧器引弧和短路引弧两种引弧方法。

(1)引弧器引弧包括高频引弧和高压脉冲引弧。高频引弧是利用高频振荡器产生的高频高压击穿钨极与工件之间的气体间隙而引燃电弧，高压脉冲引弧是在钨极与工件之间加一个高压脉冲，使两极间气体介质电离而引燃电弧。

引弧操作时钨极与工件保持3～4mm的距离，通过焊枪上的启动按钮直接引燃电弧。引弧处不能在工件坡口外面的母材上，以免造成弧斑，损伤工件表面，引起腐蚀或裂纹。引弧处应在起焊处前10mm左右，电弧稳定后，移回焊接处进行正常焊接。此种引弧法效果好，钨极端头损耗小，引弧处焊接质量高，不会产生夹钨缺欠。

(2)短路引弧。短路引弧是钨极与引弧板或工件接触引燃电弧的方法，按操作方式分，又可分为直接接触引弧和间接接触引弧。

直接接触引弧法是指钨极末端在引弧板表面瞬间擦过，像划弧似地逐渐离开引弧板，引燃后将电弧带到被焊处焊接。引弧板可采用纯铜或石墨板。

间接接触引弧法是指钨极末端离开工件4～5mm，不直接与工件接触，利用填充焊丝在钨极与工件之间，从内向外迅速划擦过去，使钨极通过焊丝与工件间接短路，引燃后将电弧移至施焊处焊接。划擦过程中，如果焊丝接触不到钨极，可加大角度或减小钨极至工件的距离。此法操作简便，应用广泛，不易产生粘结。短路引弧的缺点是引弧时钨极损耗大，钨极端部形状容易被破坏，所以仅当焊机没有引弧器时才使用。

关键细节17　手工钨极氩弧焊填丝

送丝的方法有连续填丝和断续填丝两种。

(1)连续填丝。连续填丝操作技术较好，适用于保护层扰动下，填丝量较大、工艺参数较强下的焊接。连续填丝要求焊丝平直，用左手拇指、食指、中指配合动作送丝。无名指和小指夹住焊丝的控制方向，连续送丝时手臂动作不应过大，待焊丝快用完时才能前移。

(2)断续填丝。断续填丝也称点滴填丝，适用于全位置焊。断续填丝用左手拇指、食指、中指掐紧焊丝，焊丝末端应始终处于氩气保护区内。填丝动作要轻，不得扰动氩气保护层，以防空气侵入，更不能像气焊那样在熔池内搅拌，而是靠手臂和手腕的上下反复动作，将焊丝端部的熔滴送入溶池。

填丝时应注意以下问题：

(1)必须等坡口两侧熔化后才能填丝，以免造成熔合不良。

(2)不要把焊丝直接放在电弧下面，以免发生短路。送丝的位置如图5-19所示。

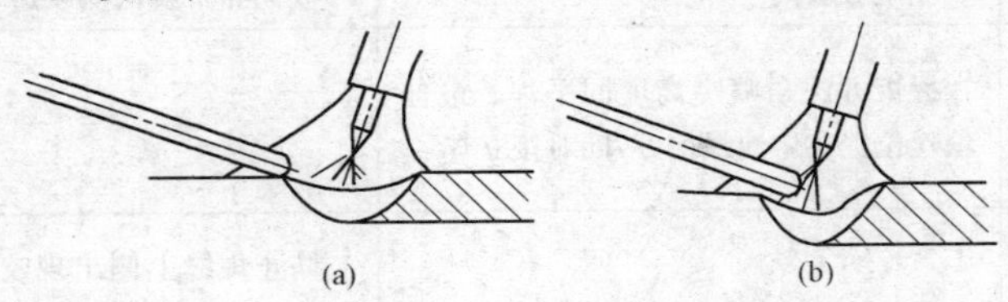

图5-19　送丝的位置
(a)正确；(b)不正确

(3)送丝时，注意焊丝与工件的夹角为15°，从熔池前沿点进，随后撤回，如此反复动作。焊丝端头应始终处在氩气保护区内，以免高温氧化，造成焊接缺欠。焊丝加入动作要熟练，速度要均匀。如果速度过快，焊缝余高大；过慢则焊缝易出现下凹和咬边现象。坡口间隙大于焊丝直径时，焊丝应随电弧作同步横向摆动，送丝速度均应与焊接速度相适应。

(4)撤回焊丝时，不要让焊丝端头撤出氩气保护区，以免焊丝端头被氧化，在下次送进时，进入熔池，造成氧化物夹渣或产生气孔。不要使钨极与焊丝相碰，否则会发生短路，产生很大的飞溅，造成焊缝污染或夹钨。

(5)不要将焊丝直接伸入熔池中央或在焊缝内横向来回摆动。

关键细节18　钨极氩弧气体保护焊各种位置的焊接操作

钨极氩弧气体保护焊各种焊接位置的焊接特点与注意事项见表5-15。

表5-15　钨极氩弧气体保护焊各种焊接位置的焊接特点与注意事项

焊接方法		焊接特点	注意事项
平焊	I形坡口对接接头的平焊	采用左焊法，选择合适的握炬方法，喷嘴高度为6～7mm，弧长2～3mm，焊炬前倾，焊丝端部放在熔池前沿	焊炬行走角、焊接电流不能太大，为防止焊枪晃动，最好用空冷焊枪
	I形坡口角度平焊	握炬方法同对接平焊。喷嘴高度为6～7mm，弧长2～3mm	钨极伸出长度不能太大，电弧对中接缝中心不能偏离过多，焊丝不能填得太多
	板搭接平焊	握炬方法同对接平焊。喷嘴高度与弧长同角接平焊，不加丝时，焊缝宽度约等于钨极直径的两倍	板较薄时可不加焊丝，但要求搭接面无间隙，两板紧密贴合；弧长等于钨极直径，缝宽约为钨极直径的2倍，必须严格控制焊接速度；加丝时，缝宽是钨极直径的2.5～3倍，从熔池上部填丝可防止咬边
	T形接头平焊	握炬方法、喷嘴高度与弧长同对接平焊	电弧要对准顶角处；焊枪行走角、弧长不能太大；先预热，待起点处坡口两侧熔化，形成熔池后才开始加丝

（续）

焊接方法		焊接特点	注意事项
立焊	板对接立焊	握炬方法同平焊	要防止焊缝两侧咬边，中间下坠
	T形接头向上立焊	握炬方法与喷嘴高度同平焊。最佳填丝位置在熔池最前方，同对接立焊	—
横焊	对接横焊	最佳填丝位置在熔池前面和上面的边缘处	防止焊缝上侧出现咬边，下侧出现焊瘤；同时要做到焊炬和上下两垂直面间的工作角不相等，利用电弧向上的吹力支持液态金属
	T形接头横焊	握炬方法、弧长与喷嘴高度同T形接头平焊	—
仰焊	对接仰焊	最佳添丝位置在熔池正前沿处	—
	T形接头仰焊	如条件许可，采用反面填丝	由于熔池容易下坠，因此焊接电流要小，速度要快

关键细节19 钨极氩弧气体保护焊接头应注意的问题

由于在焊接过程中需要更换钨极、焊丝等，因此接头是不可避免的，应尽可能设法控制接头质量。焊缝接头是两段焊缝交接的地方，对接头的质量控制非常重要。由于温度的差别和填充金属量的变化，该处易出现超高、缺肉、未焊透、夹渣、气孔等缺陷，所以应注意以下问题。

(1)焊接时应尽量避免停弧，减少冷接头个数。

(2)一般在接头处要有斜坡，不留死角。

(3)重新引弧的位置在原弧坑后面，须在待焊处前方5～10mm处引弧。

(4)稳弧之后将电弧拉回接头后面，使焊缝重叠20～30mm。重叠处一般不加或只加少量焊丝。

(5)熔池要熔透到接头根部，以保证接头处熔合良好。

关键细节20 钨极氩弧气体保护焊常见的收弧方法

收弧是保证焊接质量的重要环节，若收弧不当，易引起弧坑裂纹、烧穿、缩孔等缺欠，影响焊缝质量。常见的收弧方法见表5-16。

表5-16 常见的收弧方法

收弧方法	操作要领	适用场合
焊缝增高法	在焊接终止时，焊枪前移速度减慢，焊枪向后倾斜度增大，送丝量增加，当熔池饱满到一定程度后熄弧	此法应用普通，一般结构都适用

（续）

收弧方法	操作要领	适用场合
增加焊速法	在焊接终止时，焊枪前移速度逐渐加快，送丝量逐渐减小，直至焊件不熔化，焊缝从宽到窄，逐渐终止	此法适用于管子氩弧焊，对焊工技能要求较高
采用引出板法	在焊件收尾处外接一块电弧引出板，焊完工件时将熔池引至引出板上熄弧，然后割除引出板	此法适用于平板及纵缝焊接
电流衰减法	在焊接终止时，先切断电源，让发电机的旋转速度逐渐减慢，焊接电流也随之减弱，从而达到衰减收弧	此法适用于采用氩弧焊发电机的场合

关键细节21 钨极氩弧气体保护焊常见缺陷及预防措施

钨极氩弧气体保护焊常见缺陷及预防措施见表5-17。

表5-17 钨极氩弧气体保护焊常见缺陷及防止措施

	原因	防止措施
气孔	(1)工件、焊丝表面有油污、氧化皮、铁锈。 (2)在潮湿的空气中焊接。 (3)氩气纯度较低，含杂质较多。 (4)氩气保护不良以及熔池高温氧化等	(1)工件和焊丝应清洁并干燥。 (2)氩气纯度应符合要求，采用纯度99.6%以上的氩气。 (3)正确选择保护气体流量。 (4)熔池应缓慢冷却。 (5)遇风时，要加挡风板施焊
裂纹	(1)焊丝选择不当。 (2)焊接顺序不正确。 (3)焊接时高温停留时间过长。 (4)母材含杂质较多，淬硬倾向大	(1)选择合适的焊丝和焊接参数，减小晶粒长大倾向。 (2)选择合理的焊接顺序，使工件自由伸缩，尽量减小焊接应力。 (3)采用正确的收弧方法，填满弧坑，减少弧坑裂纹。 (4)对易产生冷裂纹的材料，可采取焊前预热、焊后缓冷的措施
夹杂和夹钨	(1)工件和焊丝表面不清洁或焊丝熔化端严重氧化，当氧化物进入熔池时便产生夹杂。 (2)当钨极与工件或焊丝短路，或电流过大使钨极端头熔化落入熔池中，则产生夹钨。 (3)接触引弧时容易引起夹钨	(1)焊前对工件、焊丝进行仔细清理，清除表面氧化膜。 (2)加强氩气保护，焊丝端头应始终处于氩气保护范围内。 (3)采用高频振荡或高压脉冲引弧。 (4)选择合适的钨极直径和焊接参数。 (5)正确修磨钨极端部尖角。 (6)减小钨极伸出长度。 (7)调换有裂纹或撕裂的钨电极。 (8)当钨极粘在工件上时，应将粘着物彻底清除，并重新修磨钨极

（续）

	原　因	防止措施
咬边	(1)电流过大。 (2)焊枪角度不正确。 (3)焊丝送进太慢或送进位置不正确。 (4)当焊接速度过慢或过快时，熔池金属不能填满坡口两侧边缘。 (5)钨极修磨角度不当，造成电弧偏移	(1)正确掌握熔池温度。 (2)熔池应饱满。 (3)焊接速度要适当。 (4)正确选择焊接参数。 (5)正确选用钨极的修磨角度。 (6)合理填加焊丝
未熔合与未焊透	(1)焊接电流过小，焊接速度太快。 (2)对接间隙小，坡口钝边厚，坡口角度小。 (3)电弧过长，焊枪偏向一边。 (4)焊前清理不彻底，尤其是铝合金的氧化膜未清除掉。 (5)当采用无沟槽的垫板焊接时，工件与垫板过分贴紧等	(1)正确选择焊接参数。 (2)选择适当的对接间隙和坡口尺寸。 (3)正确掌握熔池温度和调整焊枪、焊丝的角度，操作时焊枪移动要平稳、均匀。 (4)选择合适的垫板沟槽尺寸

第六章　气焊与气割

第一节　气焊与气割概述

一、气焊与气割的基本概念及特点

气焊是指利用气体火焰作热源的焊接方法，其特点如下：

(1)设备简单，移动方便，特别是在没有电源的地方仍可进行预热和施焊。

(2)焊接熔池的温度较易控制，所以在焊接较薄、较小的工件时，不会像焊条电弧焊那样容易被烧穿。

(3)通用性强，除广泛地应用于碳钢、低合金钢等薄、小件的焊接外，还能在气焊熔剂作用下焊接不锈钢、铜、铝及其合金、铸铁件等，在钎接以及硬质合金堆焊方面还有独特优越性。

(4)气焊的生产效率低下，焊接变形较严重，焊接接头显微组织粗大，过热区较宽，力学性能较差。

气割是指利用气体火焰的热能将工件切割处预热到一定温度后，喷出高速切割氧气流，使其燃烧并放出热量实现切割的方法。气割有特点是设备简单，操作方便，生产效率高，成本低，并能在各种位置进行切割，能在钢板上切割各种形状复杂的零件。

二、气焊与气割的工作原理

1. 气焊的原理

气焊是利用可燃气体(乙炔气)与助燃气体(氧气)，在焊炬内进行混合，使混合气体发生剧烈燃烧，利用燃烧所放出的热量将焊接接头部位的母材金属和填充材料熔化，冷却凝固后使焊件牢固地连接在一起的一种熔焊方法。

2. 气割的原理

气割是利用可燃气体(乙炔气)与助燃气体(氧气)，在割炬内进行混合，使混合气体发生剧烈燃烧，利用燃烧所放出的热量将工件切割处预热到燃烧温度后，喷出高速切割氧流，使切口处金属剧烈燃烧，并将燃烧后的金属氧化物吹除，从而实现工件分离的方法。

三、气焊与气割的适用范围

气焊与气割技术在现代工业上的用途非常广泛。在各工业部门中，特别是机械、锅炉、压力容器、管道、电力、造船及金属结构制造方面得到了广泛应用。

气焊常用于薄板焊接、低熔点材料焊接、管子焊接、铸铁补焊、工具钢焊接以及无电源的野外施工等。

气割主要用于低碳钢、低合金钢钢板下料和铸钢件的浇冒口的切割。

第二节　气焊与气割常用设备

一、氧气瓶

氧气瓶是一种贮存和运输氧气用的高压容器。通常将空气中制取的氧气压入氧气瓶内。国内常用氧气瓶的充装压力为15MPa，容积为40L。在15MPa的压力下，可贮存6m³氧气。氧气瓶外表面涂成天蓝色，并写有黑色“氧气”字样。

氧气瓶为压缩气瓶，其瓶内的贮量可用氧气瓶的容积与瓶内压力的乘积来计算，公式为：

$$V=10V_0p$$

式中　V——氧气的贮量，即常压下的体积（L）；

V_0——氧气瓶的容积（L）；

p——氧气瓶的表压（MPa）。

国产部分氧气瓶的规格见表6-1。

表6-1　国产氧气瓶的规格

外形尺寸/mm		内容积/L	质量/kg	瓶阀型号	水压试验/MPa	20℃、14.7MPa条件下的名义装气量/m³
外径	高度					
ϕ219	1150±20	33	47	QF-2铜阀	22.5	5
	1250±20	36	53			5.5
	1370±20	40	57			6
	1480±20	44	60			6.5
	1570±20	47	63			7

关键细节1　氧气瓶的安全使用

（1）氧气瓶在运输前，要检查瓶嘴气阀安全橡胶圈是否齐全，瓶身、瓶嘴是否有油类等。装卸时，瓶嘴阀门朝同一方向，防止相互碰撞、损坏和爆炸。并禁止采用抛、摔及其他容易引起撞击的方法进行装卸或搬运。严禁用电磁起重机吊运。

（2）氧气瓶在运输时，不准装运其他可燃气体。在强烈阳光下运输，要用帆布遮盖。

（3）氧气瓶的库存温度不得超过30℃，距离热源、明火在10m以外。

（4）氧气瓶减压阀、压力计、接头与导管等要涂以标记。安装减压阀前，先将瓶阀微开

1～2s，并检验氧气质量，合乎要求方可使用。

(5)瓶中氧气不准用尽，应留0.1MPa。严防乙炔倒灌引起爆炸。尚有剩余压力的氧气瓶，应将阀门拧紧，注上“空瓶”标记。

(6)检查瓶阀时，只准用肥皂水检验。在开启瓶阀和减压器时，人要站在侧面。开启的速度要缓慢，防止有机材料零件温度过高或气流过快产生静电火花而造成燃烧。

(7)氧气瓶不准改用充装其他气体。

(8)氧气瓶附件有缺损、阀门螺杆滑丝时，应停止使用。禁止使用没有减压器的氧气瓶。

(9)禁止用沾染油类的手和工具操作气瓶，以防引起爆炸。

(10)冬天，气瓶的减压器和管系发生冻结时，严禁用火烘烤或使用铁器一类的物品猛击气瓶，更不能猛拧减压表的调节螺钉，以防止氧气突然大量冲出，造成事故。

二、乙炔气瓶

乙炔气瓶是用来储存和运输乙炔的钢瓶。瓶口安装专门的乙炔气阀，乙炔瓶内装有多孔而轻质的固态填料，如活性炭、木屑、浮石及硅藻土等合成物，目前已广泛应用硅酸钙，由它来吸收液体物质丙酮，而丙酮用来溶解乙炔。常用的熔解乙炔瓶容积为40L，可溶解乙炔净重5～7kg，如按6.5kg计算，则乙炔气体积约6m^3。溶解乙炔瓶最高工作压力为1.55MPa。乙炔瓶阀下面的填料中心部分长孔内装有石棉，其作用是帮助乙炔从多孔性填料内的丙酮中分解出来，一般每小时从溶解乙炔瓶中输出的乙炔限用量不超过1kg，输出的压力不超过0.1MPa。

乙炔气瓶的外表涂白色漆，并用红色标写“乙炔”和“不可近火”字样。乙炔气瓶在使用时注意不能倒放和斜置，只能直立。

乙炔气瓶的公称容积和直径见表6-2。

表6-2　乙炔气瓶的公称容积和直径

公称容积/L	≤25	40	50	60
公称直径/mm	200	250	250	300

关键细节2　乙炔气瓶的安全使用

(1)乙炔气瓶在使用、运输、储存时，环境温度不得超过40℃。

(2)乙炔气瓶的漆色必须保持完好，不得任意涂改。

(3)乙炔气瓶在使用时，必须装设专用减压器和回火防止器，工作前必须检查是否完好，否则禁止使用。开启时，操作者应站在阀门的侧后方，动作要轻缓。使用压力不超过0.05MPa，输气流量不应超过1.5～2.0m^3/h，瓶内气体严禁用尽，必须留有不低于规定的余压。使用时要注意固定，防止倾倒，严禁侧卧使用。对已侧卧的乙炔气瓶，不准直接开气使用，使用前必须先立牢静止15min，再接减压器使用。禁止对乙炔气瓶进行敲击、碰撞等粗暴行为。工作地点频繁移动时，应装在专用焊车上。

(4)乙炔气瓶不得靠近热源和电器设备,夏季要有遮阳措施,防止暴晒,与明火的距离要大于10m(高空作业时与垂直地面处的平行距离)。瓶阀冻结时,严禁用火烘烤,可用10℃以下温水解冻。

(5)严禁银、汞等及其制品与乙炔接触,与乙炔接触的铜合金器具含铜量应高于70%(质量分数)。

(6)在用汽车、手推车运输乙炔气瓶时,应轻装轻卸,严禁抛、滑、滚、碰。吊装搬运时,应使用专用夹具和防雨的运输车,严禁用电磁起重机和链绳吊装搬运。装运时应妥善固定,汽车装运乙炔气瓶放置时,头部应朝向一方,装车高度不得超过车厢高度,直立排放时,车厢高度不得低于瓶高的三分之一。严禁与氯气瓶、氧气瓶及易燃物品同车运输。装运乙炔气瓶的车辆禁止烟火。

(7)乙炔气瓶在使用现场或班组小库内储量不得超过五瓶,可与耐火等级不低于二级的厂房相邻建造,相邻的墙应是无门窗的防火墙,严禁任何管线穿过。

(8)乙炔气瓶储存时要保持直立,并有防倒措施,严禁放在通风不良及有放射线的场所,储存间与明火和散放火地点距离不得小于10m,不应存放在地下室或半地下室。不得放在橡胶等绝缘体上,瓶库存储间有专人管理,要有消防器材及醒目的防火标志。

三、液化石油气瓶

常用液化石油气钢瓶有YSP—10型(充装10kg)和YSP—15型(充装15kg)两种。钢瓶表面涂灰色,并有红色的"液化石油气"字样。常用规格见表6-3。

表6-3 常用液化石油气瓶规格

类　别	容积/L	外径/mm	壁厚/mm	全高/mm	自重/kg	材质	耐压试验/MPa
10kg	23.5	325	4	530	13	20钢 Q235A	32
12～12.5kg	29	325	2.5	—	11.5	16MnR	32
15kg	34	335	2.5	645	12.8	16MnR	32
20kg	47	380	3/2.5	650	20/25	Q235A/16MnR	32

液化石油气钢瓶是一种液化气瓶,液化石油气是在一定压力下充入钢瓶并贮存于其中的。钢瓶的设计压力为1.6MPa,这是按照液化石油气的主要成分丙烷在48℃时的饱和蒸气压确定的。由于在相同温度下,液化石油气的各种成分中,丙烷的蒸气压最高,而实际使用条件的环境温度一般不会达到48℃,因此在正常情况下,钢瓶内的压力不会达到1.6MPa。

钢瓶内容积是按液态纯丙烷60℃时恰好充满整个钢瓶而设计的,瓶装10kg和15kg的钢瓶容积分别为23.5L和35.3L。液化石油气各种成分中,同温度下同样重量时,丙烷的体积最大,而使用条件下的环境温度一般不会达到60℃,因此只要按规定量充装,钢瓶内总会留有一定的气态空间。

关键细节 3 液化石油气瓶的安全使用

(1)液化石油气瓶应置于专用仓库储存,须遵守国家危险品贮存法规,气瓶仓库应符合《建筑设计防火规范》(GB 50016—2006)的有关规定,必须配备有专业知识的技术人员,其库房和场所应设专人管理,配备可靠的个人安全防护用品,并设置"危险"、"严禁烟火"的标志。

(2)仓库内不得有地沟、暗道,不得有明火和其他热源,仓库内应通风、干燥、避免阳光直射;储存仓库和储存间应有良好的通风、降温等设施,不得有地沟、暗道和底部通风孔,并且严禁任何管线穿过;应避免阳光直射,避开放射性射线源;应保证气瓶瓶体干燥。夏季应防止暴晒。

(3)盛装易起聚合反应或分解反应气体的气瓶,必须根据气体的性质控制仓库内的最高温度、规定储存期限,并应避开放射线源。

(4)空瓶与实瓶应分开放置,并有明显标志,毒性气体气瓶和瓶内气体相互接触能引起燃烧、爆炸、产生毒物的气瓶,应分室存放,并在附近设置防毒用具或灭火器材。气瓶必须与爆炸物品、氧化剂、易燃物品、自燃物品、腐蚀性物品隔离贮存。

(5)气瓶放置应整齐,应保持直立放置,妥善固定,且应有防止倾倒的措施。

四、焊炬

焊炬是气焊工艺中的主要工具,也可应用于气体火焰钎焊和火焰加热。焊炬的作用是将可燃气体(乙炔气)和助燃气体(氧气)按一定的比例混合,并以一定的速度喷出燃烧,产生适合于焊接要求的、稳定燃烧的火焰。

根据氧气与可燃气体在焊炬中的混合方式可分为射吸式和等压式两种。

(1)射吸式焊炬。射吸式焊炬主要靠喷射器(喷嘴和射吸管)的射吸作用来调节氧气和可燃气体的流量,能保证氧气与可燃气体具有固定的混合比,使火焰燃烧比较稳定。在该种焊炬中,可燃气体的流动主要靠氧气的射吸作用,因此,无论使用低压还是中压的可燃气体,都能保证焊炬的正常工作。射吸式焊距是应用最广泛的氧-乙炔焊炬,其技术数据见表 6-4。

表 6-4 射吸式焊距主要技术数据

焊炬型号	焊嘴号码	焊嘴孔径/mm	焊接范围/mm	氧气压力/MPa	乙炔压力/MPa	氧气耗量/(m^3/h)	乙炔耗量/(m^3/h)
	1	0.9	1~2	0.2		0.15	0.17
	2	1.0	2~3	0.25		0.20	0.24
H01-6	3	1.1	3~4	0.3	0.001~0.1	0.24	0.28
	4	1.2	4~5	0.35		0.28	0.33
	5	1.3	5~6	0.4		0.37	0.43

（续）

焊炬型号	焊嘴号码	焊嘴孔径/mm	焊接范围/mm	氧气压力/MPa	乙炔压力/MPa	氧气耗量/(m³/h)	乙炔耗量/(m³/h)
H01-12	1	1.4	6～7	0.4	0.001～0.1	0.37	0.43
	2	1.6	7～8	0.45		0.49	0.58
	3	1.8	8～9	0.5		0.65	0.78
	4	2.0	9～10	0.6		0.86	1.05
	5	2.2	10～12	0.7		1.10	1.21
H01-20	1	2.4	10～12	0.6		1.25	1.5
	2	2.6	12～14	0.65		1.45	1.7
	3	2.8	14～16	0.7		1.65	2.0
	4	3.0	16～18	0.75		1.95	2.3
	5	3.2	18～20	0.8		2.25	2.6

注：1. 气体消耗量为参考数据。

2. 焊炬型号含义：H—焊炬；0—手工；1—射吸式；6、12、20—能焊接低碳钢的最大厚度。

(2)等压式焊炬。等压式焊炬的氧气与可燃气体的压力基本相等，可燃气体依靠自身的压力与氧气混合，产生稳定的火焰。等压式焊炬结构简单，燃烧稳定，不容易产生回火。等压式焊炬的结构见图 6-1。

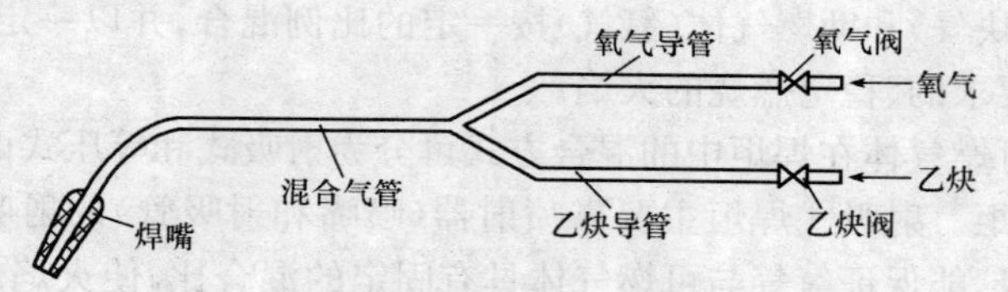

图 6-1 等压式焊炬的结构图

关键细节 4 焊炬的安全使用

(1)使用前必须检查其射吸情况。先将氧气橡皮管紧接在氧气接头上，使焊炬接通氧气。此时先开启乙炔调节阀手轮，再开启氧气调节手轮，用手指按在乙炔接头上，如果手指感到有一股吸力，则表明射吸作用正常。如果没有吸力，甚至氧气从乙炔接头中倒流出来，则说明没有射吸能力，必须进行修理，否则严禁使用。

(2)焊炬射吸检查正常后，再把乙炔橡皮管接在乙炔接头上。一般要求氧气进气接头必须与氧气橡皮管连接牢固，即用卡箍或退火的铁丝拧紧。而乙炔进气接头与乙炔橡皮管应避免连接太紧，以不漏气并容易插上和容易拔下为准。同时应检查其他各气体通道、各气体调节阀处和焊嘴处是否正常和漏气。

(3)上述检查合格后才能点火。点火时应把氧气调节阀稍微打开，然后打开乙炔调节阀。点火后应立即调整火焰，使火焰达到正常形状。如果调整不正常或有灭火现象，应检查是否漏气或管路堵塞，并进行修理。点火时也可以先打开乙炔调节阀，点燃乙炔并冒烟灰，此时立即打开氧气调节阀。这种点火方法可避免点火时的鸣爆现象，而且在送氧后一旦发生回火便立即关闭氧气，防止回火爆炸，这种点火方法还能较容易地发现焊炬是否堵塞等毛病，其缺点是稍有烟灰，影响卫生，但有利于安全操作。

(4)停止使用时，应先关闭乙炔调节阀，然后再关闭氧气调节阀，以防止火焰倒袭和产生烟灰。在使用过程中若发生回火，应迅速关闭乙炔调节阀，同时关闭氧气调节阀。等回火熄灭后，再打开氧气调节阀，吹除残留在焊炬内的余焰和烟灰，并将焊炬的手柄前部放在水中冷却。

(5)在使用过程中，如发现气体通路或阀门有漏气现象，应立即停止工作，消除漏气后，才能继续使用。

(6)焊炬各气体通路均不得沾染油脂，以防氧气遇到油脂而燃烧爆炸。焊嘴的配合面不能碰伤，以防止因漏气而影响使用。

(7)焊炬停止使用后应挂在适当的场合，或拆下橡皮管将焊炬存放在工具箱内。严禁将带气源的焊炬存放在工具箱内。

关键细节 5 *焊炬常见的故障及排除方法*

(1)出现"叭、叭"响声(放炮)和连续灭火现象。这是因焊炬使用时间过长，乙炔中的杂质，特别是氢氧化钙等烟灰在射吸管内壁附着太厚所致。排除时用比射吸管孔径细的齐头钢丝刮除里面的烟灰，尤其是在射吸管孔端部10mm处，更要清除干净。

(2)射吸能力小，火焰较小。因氧气阀针积灰较厚或因氧气阀针弯曲和射吸管孔与氧气调节阀孔不同轴引起，应清除积灰和调直阀针。

(3)没有射吸能力，同时还出现逆流现象。因射吸管孔处有杂质或焊嘴堵塞。如果焊嘴没有堵塞，应把乙炔橡皮管卸下来，用手指堵住焊嘴并开启氧气调节阀使氧气倒流，将杂质从乙炔管接头吹出。必要时可把混合气管卸下来，清除内部杂质。如果焊嘴堵塞，可用通针及砂布将飞溅物清除干净。

(4)点燃后火焰忽大忽小。因氧气阀针杆的螺纹磨损，配合间隙过大，使阀针和针孔不同轴引起，须更换氧气阀针。

(5)乙炔接头处倒流。主要是与氧气阀针相吻合的喷嘴松动漏气，应拧紧。

(6)在焊接大型焊件或预热焊件时，出现连续灭火等现象。原因是焊嘴和混合气管温度过高或焊嘴松动。这时应关闭乙炔，将焊嘴浸入水中冷却或拧紧焊嘴，或将石棉绳用水湿润后，将焊嘴和混合气管缠绕包裹住。

五、割炬

割炬是气割工艺中的主要工具。割炬的作用是将可燃气体(乙炔)与助燃气体(氧气)以一定的方式和比例混合，并以一定的速度喷出燃烧，形成具有一定热能和形状的预热火焰，并在预热火焰的中心喷射高压切割氧进行气割。根据可燃气体和助燃气体的不同混合方式，割炬可分为射吸式和等压式两类。

(1)射吸式割炬。射吸式割炬是在射吸式焊炬的基础上增加切割氧的气路和阀门，采用固定的射吸管，更换切割氧孔径大小不同的割嘴，来适应不同厚度工件的需要。割嘴可分为组合式(环形)和回整体式(梅花形)。国产射吸式割炬的主要技术数据见表6-5。

表6-5　　国产射吸式割炬的主要技术数据

割炬型号	割嘴型号	割嘴孔径/mm	切割厚度范围(低碳钢)/mm	气体压力/MPa		气体消耗量/(m³/h)	
				氧气	乙炔	氧气	乙炔
G01-30	1	0.7	3.0～10	0.20	0.001～0.1	0.8	0.21
	2	0.9	10～20	0.25		1.4	0.24
	3	1.1	20～30	0.3		2.2	0.31
G01-100	1	1.0	20～40	0.3		2.2～2.7	0.35～0.4
	2	1.3	40～60	0.4		3.5～4.2	0.4～0.5
	3	1.6	60～100	0.5		5.5～7.3	0.5～0.61
G01-300	1	1.8	100～150	0.5		9.0～10.8	0.68～0.78
	2	2.2	150～200	0.65		11～14	0.8～1.1
	3	2.6	200～250	0.8		14.5～18	1.15～1.2
	4	3.0	250～300	1.0		19～26	1.25～1.6

注：1. 气体消耗量为参考数据。

2. 割炬型号含义：G—割炬；0—手工；1—射吸式；30、100、300—能切割低碳钢最大厚度。

(2)等压式割炬。等压式割炬的乙炔、预热氧、切割氧分别从单独的管路进入割嘴，预热氧和乙炔在割嘴内开始混合而产生预热火焰。等压式割炬适合采用中压乙炔，火焰稳定，不易回火。

关键细节6　割炬的安全使用

(1)根据切割工件的厚度，选择合适的割嘴。装配割嘴时，必须使内嘴和外嘴保持同心，以保证切割氧射流位于预热火焰的中心，安装割嘴时注意拧紧割嘴螺母。

(2)射吸式割炬经射吸情况检查正常后，方可把乙炔皮管接上，以不漏气并容易插上、拔下为准。使用等压式割炬时，应保证乙炔有一定的工作压力。

(3)点火后，当拧预热氧调节阀调整火焰时，若火焰立即熄灭，其原因是各气体通道内存有脏物或射吸管喇叭口接触不严，以及割嘴外套与内嘴配合不当。此时，应将射吸管螺母拧紧；如果拧紧螺母也无效时，应拆下射吸管，清除各气体通道内的脏物及调整割嘴外套与内套间隙，并拧紧。

(4)预热火焰调整正常后，割嘴头发出有节奏的“叭、叭”声，但火焰并不熄灭，若将切割氧开大时，火焰就立即熄灭，其原因是割嘴芯处漏气。此时，应拆下割嘴外套，轻轻拧紧嘴芯，如果仍然无效，可再拆下外套，并用石棉绳垫上。

(5)点火后火焰虽正常，但打开切割氧调节阀时，火焰立即熄灭，其原因是割嘴头和割炬配合面不严。此时应将割嘴拧紧，无效时应拆下割嘴，用细砂纸轻轻研磨割嘴头配合面，直到配合严密。

(6)当发生回火时，应立即关闭切割氧调节阀，然后关闭乙炔调节阀及预热氧调节阀。正常停止工作时，应先关切割氧调节阀，再关乙炔和预热氧调节阀。

(7)割嘴通道应经常保持清洁光滑，孔道内的污物应随时用通针清除干净。

(8)工件表面的厚锈、油水污物要清理掉。在水泥地面上切割时应垫高工件，以防锈皮和熔渣在水泥地面上爆溅伤人。

六、减压器

减压器是用来将瓶内的高压气体降为工作需要的低压气体，并保持输出气体的压力和流量稳定，以便使用的装置。

减压器按工作气体不同可分为氧气用、乙炔气用和液化石油气用等；按使用情况和输送能力不同，可分为集中式和岗位式两类；按构造和作用分为杠杆式和弹簧式，弹簧式减压器又分为正作用式和反作用式两类；按减压次数分类又分为单级式和双级式两类。

目前国产的减压器主要是单级反作用式和双级混合式（第一级为正作用式，第二级为反作用式）两类。常用减压器的主要技术数据见表6-7。

表6-7 减压器的主要技术数据

型 号	QD—1	QD—2A	QD—50	QD—20	QW5—25/0.6
名称	单级氧气减压器	单级氧气减压器	双级氧气减压器	单级乙炔减压器	单级丙烷减压器
进气最高压力/MPa	15	15	15	1.6	2.5
工作压力调节范围/MPa	0.1～2.5	0.1～1	0.5～2.5	0.01～0.15	0.01～0.06
公称流量/(L/min)	1333	667	3667	150	100
出气口孔径/mm	6	5	9	4	5
安全阀泄气压力/MPa	2.9～3.9	1.15～1.6	—	0.18～0.24	0.07～0.12
进口连接螺纹	G5/8	G5/8	G1	夹环连接	G5/8左

关键细节7 减压器常见故障及处理措施

减压器常见故障及处理措施见表6-8。

表6-8 减压器常见故障及处理措施

常见故障	产生原因	处理措施
减压器漏气	(1)安全阀漏气； (2)活门垫损坏或弹簧变形； (3)减压器连接部分漏气，螺纹配合松动或垫圈损坏	(1)调整弹簧； (2)更换活门垫； (3)拧紧螺钉
减压器表针爬高（直流）	(1)活门或活门座上有污物； (2)活门密封垫不平； (3)回动弹簧压紧力不够	(1)除去活门垫污物； (2)更换密封垫； (3)更换或调整弹簧

（续）

常见故障	产生原因	处理措施
低压表调节螺钉拧到底，但工作压力不升高	主弹簧损坏或传动杆弯曲	更换主弹簧或传动杆
工作时氧气压力下降或表针振动	减压器内部冻结	用热水或蒸汽解冻，吹干后即可使用
低压表显示有压力，使用时压力值突然下降	氧气阀门没完全打开	彻底打开氧气阀门

七、回火防止器

回火防止器按乙炔压力不同可分为低压式和中压式两种；按作用原理可分为水封式和干式两种。

(1)中压(封闭式)水封回火防止器。中压(封闭式)水封回火防止器适用于中压乙炔发生器，它主要由进气管、止回阀、桶体、水位阀、分配盘、滤清器、排气口、弹簧片、排气阀门、弹簧、出口阀等组成。

(2)中压防爆膜干式回火防止器。中压防爆膜干式回火防止器主要由出气管、进气管、盖、逆止阀、阀体、膜盖、膜座和防爆膜等组成。

关键细节8　水封式回火防止器使用应注意的问题

目前国内大多使用水封式回火防止器。水封式回火防止器的使用应注意下列安全要求：

(1)器内水量不得少于水位计标定的要求。水位也不宜过高，以免乙炔带水过多，影响火焰温度。每次发生回火后应随时检查水位并补足。此外，回火防止器使用时应垂直挂放。

(2)冬季使用时，工作结束后应把水全部放净，以免冻结。如发生冻结现象，只能用热水或蒸汽解冻，严禁用明火或红铁烘烤。

(3)每个岗位回火防止器只能供一把焊炬或割炬单独使用。

(4)乙炔容易产生带黏性油质的杂质，因此应经常检查逆止阀的密封性。

(5)使用前应先排净器内乙炔与氧气的混合气体。

八、压力表

压力表是用来测量和表示氧气瓶、乙炔气瓶内部压力的装置。为保持压力表的准确性、灵敏性和可靠性，工作中应注意对其保持洁净并定期进行校验。

关键细节9　压力表的安装要求

(1)压力表的安装位置应符合安装状态的要求，表盘一般不应水平放置，安装位置的高低应便于工作人员观测。

(2)压力表安装处与测压点的距离应尽量短,要保证完好的密封性,不能出现泄漏现象。

(3)在安装的压力表前端应有缓冲器;为便于检验,在仪表下方应装有切断阀;当介质较脏或有脉冲压力时,可采用过滤器、缓冲器和稳压器等。

九、橡胶软管

目前,国产的气焊与气割用的橡胶软管是用优质橡胶夹着麻织物或棉织纤维制成的。根据输送的气体不同,氧气橡胶软管的工作压力为1.5MPa,试验压力为3.0MPa;乙炔橡胶软管的工作压力为0.5MPa。通常氧气橡胶软管的内径为8mm,乙炔橡胶软管的内径为10mm。根据标准规定,氧气橡胶软管为黑色,乙炔橡胶软管为红色。

关键细节10　橡胶软管的使用要求

(1)使用橡胶软管时,应注意不得使其沾染油脂,以免加速老化。

(2)要防止机械损伤和外界挤压伤。

(3)操作中要注意防止烫伤。

(4)已经严重老化的橡胶软管应停止使用,及时更换新橡胶软管。

(5)乙炔橡胶软管和氧气橡胶软管禁止互相更换或混用。

第三节　气焊工艺操作技术

一、气焊主要参数

气焊参数主要包括焊丝直径、火焰种类、火焰能率、焊嘴倾斜角度、焊丝倾角和焊接速度等。

1. 焊丝直径

焊丝直径主要根据焊件的厚度、焊接接头的坡口形式以及焊缝的空间位置等因素来选择。

(1)焊件厚度与焊丝直径的关系见表6-9。

表6-9　焊件厚度与焊丝直径的关系

焊件厚度/mm	1.0～2.0	2.0～3.0	3.0～5.0	5.0～10.0	10～15
焊丝直径/mm	1.0～2.0	2.0～3.0	3.0～4.0	3.0～5.0	4.0～6.0

(2)对于焊接开坡口的第一层焊缝应选用较细的焊丝,以后各层可采用较粗焊丝。

(3)焊缝的空间位置不同,焊丝直径的选择也不同,一般平焊时可用较粗焊丝,而立焊、横焊、仰焊可用较细焊丝。

2. 火焰种类

目前,气焊与气割的常用可燃气体为乙炔,乙炔与氧气混合燃烧而产生的火焰称为氧乙炔焰，氧乙炔焰的种类见表6-10。

表6-10　氧乙炔焰的种类

种　类	定　义	图　示	获 得 方 法
中性焰	在焊炬混合室内，当氧气与乙炔的混合比值（O_2/C_2H_2的体积比）为1～1.2时，乙炔充分燃烧，燃烧后的气体中既无过剩氧又无过剩乙炔，这种在一次燃烧区内既无过剩氧又无游离碳的火焰称为中性焰	外焰 内焰 焰芯	当焊炬点燃后，逐渐开大氧气调节阀，此时，火焰由长变短，火焰颜色由橘红色变为蓝白色，焰芯、内焰及外焰的轮廓都变得特别清楚时，即为标准的中性焰。但要注意，在焊接过程中，由于气体的压力、气体的质量等原因，火焰的性质随时有改变，要注意观察，及时调节，使之始终保持为中性焰
碳化焰	当焊炬混合室内氧气与乙炔的混合比值（O_2/C_2H_2的体积比）小于1（一般在0.85～0.95之间）时，得到的火焰是碳化焰	外焰 内焰 焰芯	在中性焰的基础上，减少氧气或增加乙炔均可得到碳化焰
氧化焰	当焊炬混合室内氧与乙炔的混合比值（O_2/C_2H_2的体积比）大于1.2（一般为1.3～1.7）时，得到的火焰是氧化焰	内焰 焰芯	在中性焰的基础上，逐渐增加氧气，这时整个火焰将缩短，当听到有“嗖、嗖”的响声时便是氧化焰

3. 火焰能率

气焊火焰的能率是按每小时混合气体消耗量（L/h）来表示的。可燃气体的消耗量是由焊炬型号及焊嘴号码的大小来决定的。焊嘴孔径越大，火焰能率也就越大，反之则越小。火焰能率的选择原则如下。

（1）在焊接厚大焊件、熔点较高的金属材料及导热性好的材料时（如铜、铝及其合金），要选用较大的焊炬型号及焊嘴号码，即选用较大的火焰能率。

（2）焊接薄小焊件、熔点较低且导热性差的金属材料时，要选用较小的焊炬型号及焊嘴号码，即选用较小的火焰能率，以免焊件被烧穿和使焊缝组织过热。

在实际生产中，为了提高焊接生产率，在保证焊缝质量的前提下，通常尽量采用较大的火焰能率。

4. 焊嘴倾斜角度

焊嘴的倾斜角度是指焊嘴的中心线与焊件平面间的夹角。焊炬倾斜角的大小主要是依据焊件厚度、焊嘴大小和金属材料的熔点及导热性来选择的。在焊接过程中，焊嘴的倾斜角是需要改变的。开始焊接时，为了较快地加热工件和迅速形成熔池，焊嘴倾斜角可为80°～90°。

5. 焊丝倾角

在气焊工艺中，焊丝主要用于填充焊接熔池并形成焊缝。焊丝倾角与焊件厚度、焊嘴倾角有关。当焊件厚度大时，焊嘴倾斜度也大，则焊丝的倾斜度小。当焊件厚度小时，焊嘴倾斜度也小，则焊丝的倾斜度大。进行各种位置焊接时，焊丝倾角一般为30°～40°。

6. 焊接速度

焊接速度是影响焊接生产率和焊件质量的重要因素。因此，必须根据不同焊件结构、焊件材料、焊件材料的热导率来正确地选择焊接速度。

一般说来，对厚度大、熔点高的焊件，焊接速度要慢些，对厚度小、熔点低的焊件，焊接速度要快些。另外，焊接速度还要根据焊工的熟练程度、焊缝空间位置及其他条件来选择。在保证焊接质量的前提下，焊接速度应尽量快，以提高焊接生产率。

二、气焊基本操作技术

1. 焊缝的起焊

气焊在起焊时，由于焊件温度低，焊嘴倾斜角应大些，这样有利于焊件预热。同时，为保证起焊处加热均匀，气焊火焰在起焊部位应往复移动。当起焊点处形成白亮且清晰的熔池时，即可加入焊丝（或不加入焊丝），并向前移动焊嘴进行焊接。注意，如果两焊件厚度不同，气焊火焰应稍微偏向厚板一侧，使焊缝两侧温度一致，避免熔池离开焊缝的正中央，而偏向薄板的一侧。

2. 焊接

进行气焊时，根据焊嘴的移动方向和焊嘴指向的不同，可分为左焊法和右焊法，两种焊接方法的比较见表6-11。

表6-11　左焊法和右焊法的比较

方法	定义	示意图	特点及适用范围
左焊法	左焊法是指焊接热源从接头右端向左端移动，并指向待焊部位的操作方法	焊丝 焊炬 ← 焊接方向	左焊法使气焊工能够清楚地看到熔池边缘，所以能焊出宽度均匀的焊缝。由于焊炬火焰指向焊件未焊部分，对工件金属有预热作用，因此焊接薄板时，生产效率高。这种焊接方法容易掌握，应用普遍。缺点是焊缝易氧化，冷却速度快，热量利用率低，因此适用于焊接5mm以下的薄板或低熔点金属
右焊法	右焊法是指焊接热源从接头的左端向右端移动，并指向已焊部分的操作方法	焊丝 焊炬 焊接方向 →	右焊法焊炬火焰指向焊缝，火焰可以罩住整个熔池，保护了熔化金属，防止焊缝金属的氧化和产生气孔，减慢焊缝的冷却速度，改善了焊缝组织。右焊法的缺点主要是不易看清已焊好的焊缝，操作难度高，一般较少采用，适用于厚度大、熔点较高的工件

3. 焊丝填充

在焊接过程中，为获得合格质量的焊缝，气焊工要观察熔池的形状，尽力使熔池的形状和大小保持一致。而且要将焊丝末端置于外层火焰下进行预热至白亮且出现清晰的溶池后，将焊丝熔滴送入熔池，并立即将焊丝抬起，让火焰继续向前移动，形成新的熔池后再继续加入焊丝，如此循环，即形成焊缝。如果使用的火焰能率大，焊件温度高，熔化速度快，焊丝应经常保持在焰芯前端，使熔化的焊丝熔滴连续加入熔池。反之则加入焊丝的速度要相应减小。在焊接薄件或焊件间隙大的情况下，应将火焰焰芯直接指在焊丝上，使焊丝阻挡部分热量。焊炬上下跳动，阻止熔池前面或焊缝边缘过早地熔化下塌。

4. 焊炬和焊丝摆动

(1)焊炬摆动。在焊接过程中，为获得质量合格的焊缝，焊炬应做均匀协调地摆动，焊炬摆动基本有三个动作。

1)沿焊接方向作前进运动，不断地熔化焊件和焊丝形成焊缝。

2)在垂直于焊缝的方向作上下跳动，以便调节熔池的温度，防止烧穿。

3)横向摆动，主要是使焊件坡口边缘能很好地熔化，控制熔化金属的流动，防止焊缝产生过热或烧穿等缺陷，从而得到宽窄一致、内在质量可靠的焊缝。

(2)焊丝摆动。在焊接过程中，焊丝也随焊炬做前进运动，但主要还是做上下跳动运动。在使用气焊熔剂时，焊丝还应做横向摆动，搅拌熔池。

5. 焊缝接头

在焊接过程中，更换焊丝停顿或某种原因中途停顿再继续焊接处称为接头。焊接接头时应注意下列问题。

(1)焊接接头时，应当用火焰将原熔池周围充分加热，将已冷却的熔池重新熔化，待形成新的熔池后，再加入焊丝。

(2)新加入的焊丝熔滴与被熔化的原焊缝金属之间必须充分地熔合。

(3)在焊接重要焊件时，接头处必须与原焊缝重叠8～10mm，以得到强度大、组织致密的焊接接头。

6. 焊缝收尾

焊缝收尾是指当一条焊缝焊接至终点结束时的焊接工作。焊缝收尾过程中，由于焊件温度较高，散热条件差，需要减小焊炬的倾斜角，加快焊接速度，并多加入一些焊丝，以防止熔池面积扩大，更重要的是避免烧穿。另外，为了避免空气中的氧气和氮气侵入熔池，可用温度较低的外焰保护熔池，直至将终点熔池填满，火焰才可缓慢离开熔池。

关键细节11　气焊的平焊

(1)起焊。首先将火焰的焰心前端对准工件进行预热。如果工件较厚，可让火焰在20mm范围内作几次往复预热。

(2)焊接。

1)气焊焊接时，应在板端起焊处的金属由红色固体状态变为白亮的液体熔池时送入焊丝。将焊丝端头送达火焰焰心的焰尖处，向熔池滴入熔滴，然后立即稍微抬起焊丝端头

2～3mm，并随即将焊炬的角度减小为40°～45°。

2)紧接着让火焰焰心的焰尖处于熔池表面及熔池中心的位置，保持零距离，转入正常焊接阶段。

3)随着火焰的前移和不断地向熔池滴入熔滴形成焊缝，随后焊炬角度应根据工件厚度而变化。不同厚度钢板的焊炬与工件间角度见表6-12。

表6-12　不同厚度钢板的焊炬与工件间角

板厚/mm	角度α(°)	板厚/mm	角度α(°)
≤1	20	8～10	60
>1～3	30	9～15	70
4～5	40	>15	80
6～7	50		

4)随着焊接的继续，焊炬会不自然地抬高，导致热量的不集中，造成未熔合和未焊透等缺欠。操作中要尽量避免这种现象。当填充焊丝量较大时，焊丝端头不必上下点动，可使其一直处于熔池的前沿位置，并使焊丝端头与熔池中心保持在2～3mm的距离，距熔池表面高度保持在1～2mm的距离，使其自动连续地向熔池内滴入。采用锯齿形或月牙形运炬方式时，焊炬要在焊道两侧稍加停留，使焊道两侧得到充分热量而完全熔合。

(3)收尾。平焊收尾时，为了避免产生塌陷或烧穿现象，应减小焊炬角度，加快焊接速度，多填充焊丝；也可利用有节奏的跳动火焰的方式进行焊接，即焊炬向上挑起，再向下回焊，往复几次。

关键细节12　气焊的横焊

(1)焊接时应适当控制熔池温度，选用较小的火焰能率。

(2)焊炬向上倾斜，保证火焰与工件之间的夹角在60°～75°之间，利用火焰的吹力托住熔化金属，防止下淌。

(3)焊接时，焊丝始终处在熔池中，并不断把熔化金属向熔池上边推进，焊丝来回作半圆形摆动，在摆动过程中被熔化，可避免熔化金属堆积在熔池下边形成咬边及焊瘤等缺陷。

(4)焊接薄件时，焊炬一般不能摆动，焊丝要始终浸在熔池中。

(5)焊接较厚工件时，焊炬稍作斜环形摆动，焊丝仍要始终浸在熔池中，并不断地把熔化金属向熔池上边推动，焊丝来回作半圆形(或斜环形)摆动，并在摆动过程中被火焰加热熔化，从而避免熔化金属堆积在熔池下面而形成咬边及焊瘤等缺陷。

关键细节13　气焊的立焊

立焊是比较难的焊接位置，因为立焊时熔池内熔化金属容易下淌，焊缝较难成形，高低宽窄不易控制，较难得到均匀平整的焊缝。立焊主要采用自下而上的焊接方向。立焊的基本操作要点如下。

(1)应采用比平焊小一些的火焰能率来进行焊接；

(2)严格控制熔池温度，不要使熔池面积太大，熔深也不能太深；

(3)焊嘴要沿焊接方向向上倾斜，与焊件成60°的夹角，以借助火焰气流的吹力托住熔化金属、阻止熔化金属下淌。由于操作失调，熔化金属即将下淌时，应立即把火焰向上提起，待熔池温度降低后，再继续进行焊接。

(4)为了避免熔池温度过高，火焰应集中在焊丝上，同时增加焊接速度来保证焊接过程正常进行。

(5)一般情况下，焊接时焊炬不作横向摆动，仅作上下跳动，这样便于控制熔池温度，使熔池有冷却的机会，保证熔池受热适当。而焊丝则在火焰气流范围内进行环形运动，将熔化金属均匀地熔敷在母材上。

(6)立焊的起焊和收尾操作，与平焊的操作是一样的。

关键细节 14　气焊的仰焊

仰焊是各种不同焊接位置中最难焊接的，主要是因为熔池向下，熔化金属因自重极易下坠，熔滴过渡和焊缝成形困难。同时劳动条件差，生产效率低。仰焊一般用于焊接某些固定位置的焊件。仰焊基本操作要点如下。

(1)采用较小的火焰能率，严格控制熔池温度和熔池大小，使液态金属快速凝固。

(2)焊嘴与焊件间的夹角保持在80°左右，焊丝与焊嘴间的夹角保持在70°左右。

(3)采用较细直径的焊丝，以较小的熔滴熔敷在熔池内，利用火焰吹力托住熔化金属，阻止熔化金属下淌。

(4)在焊接开坡口或较厚的焊件时，若一次焊满较难得到理想的熔透深度及成形美观的焊缝，必须采用多层焊。第一层主要是保证熔透。第二层是控制焊缝两侧熔合良好，与基本金属过渡均匀，使焊缝成形美观。采用多层焊是防止熔池金属熔滴下坠的主要操作方法。

(5)仰焊时要特别注意劳动保护。防止飞溅金属微粒和金属熔滴烫伤面部及身体。同时要选择较轻便的焊炬，以减轻焊工的劳动强度。

关键细节 15　气焊常见缺陷及防止措施

气焊的常见缺陷及防止措施见表6-13。

表6-13　气焊的常见缺陷及防止措施

缺陷	产生原因	防止措施
气孔	(1)火焰调整不正确。 (2)工件和焊丝表面未进行有效的清理。 (3)焊丝与母材化学成分不匹配。 (4)焊接速度太快。 (5)填充焊丝方式不正确，造成焊丝粘于熔池	(1)合理调整火焰，用中性焰焊接，不用碳化焰，并采用正确的摆动方法。 (2)认真清理焊丝及工件表面的油污。 (3)根据工件材料正确选用焊丝。 (4)采用正确的焊接速度。 (5)保持正确的焊炬和焊丝角度。 (6)焊接结束和中断时，焊炬要慢慢抬起，以使熔池缓冷，让其中的气体得以排出。 (7)熔池受热面不宜过大，焊炬和焊丝的摆动也不能过多过快，减少熔池中溶解气体的含量。 (8)焊前进行适当的预热。 (9)当工件加热到半熔化状态时，用焊炬同时预热焊丝。当工件熔化后，再将焊丝放入熔池

(续)

缺陷	产生原因	防止措施
咬边	(1)火焰能率太大。 (2)焊丝、焊炬角度不正确。 (3)熔池温度太高。 (4)火焰产生偏吹。 (5)焊丝摆动范围过大	(1)采用较小的火焰能率。 (2)正确调整焊丝和焊炬的角度并合理摆动。 (3)严格控制熔池温度。 (4)横焊时焊炬稍向上向后倾斜。 (5)火焰对正焊缝中心。 (6)焊丝摆动范围达到熔池边缘即可
裂纹	(1)定位焊位置不合理,产生应力集中。 (2)冷却速度太快。 (3)焊缝收尾处没有填满。 (4)焊缝高度不够或熔合不良	(1)定位焊的焊点两端加厚,或者在正式焊接时将其熔化。 (2)尽量减慢焊缝冷却速度。 (3)填满焊缝收尾处。 (4)保证合理的焊缝高度。 (5)避免有过多的接头

第四节 气割工艺操作技术

一、气割主要参数

气割参数主要包括切割氧压力、预热火焰能率、割嘴与被割工件表面距离、割嘴与被割工件表面倾斜角和切割速度等。

1. 切割氧压力

在气割工艺中,切割氧压力与焊件厚度、割炬型号、割嘴号码以及氧气纯度等因素有关。切割氧压力选择的基本原则如下:

(1)割件越厚,所选择的割炬型号、割嘴号码越大,要求切割氧压力也越大。

(2)割件较薄时,所选择的割炬型号、割嘴号码较小,则要求切割氧压力较低。

如果切割氧压力过低,会使切割过程缓慢,易形成粘渣,甚至不能将工件的厚度全部割穿。而切割氧压力过大,不仅造成氧气浪费,而且使切口表面粗糙,切口加大,气割速度反而减慢。因此,气割氧压力的选择尤为重要。切割氧压力与割件厚度、割炬型号、割嘴号码的关系见表6-5。

2. 预热火焰能率

预热火焰是用来提供足够的热量把被割工件加热到燃点,并始终保持在氧气中燃烧的温度。气割时氧的纯度不应低于98.5%。

一般割件越厚,火焰能率应越大。火焰能率主要是由割炬型号和割嘴号码决定的,割炬型号和割嘴号码越大,火焰能率也越大。

预热火焰能率的选择在气割中也很重要。

(1)预热火焰能率过大,会使切口上边缘熔化,切割面变粗糙,切口下缘挂渣等。

(2)预热火焰能率过小时,割件得不到足够的热量,使切割速度减慢,甚至使切割过程中断而必须重新预热起割。

(3)预热火焰应采用中性焰,碳化焰因有游离状态的碳,会使切口边缘增碳,故不能使用。

3. 割嘴与被割工件表面的距离

一般情况下火焰焰芯至割件表面的距离应控制在3～5mm。距离过小,火焰焰芯触及工件表面,不但会引起切口上缘熔化和切口渗碳的可能,而且喷溅的熔渣会堵塞割嘴。距离过大,会使预热时间加长。

4. 割嘴与被割工件表面的倾斜角

一般情况下,割嘴向切割方向倾斜,火焰指向已割金属称作割嘴前倾。割嘴与被割工件表面的倾斜角直接影响气割速度和后拖量。割嘴沿气割方向向后倾斜一定角度,可减少后拖量,从而提高了切割速度。进行直线切割时,应充分利用这一特点来提高生产效率。

割嘴倾斜角的大小,主要根据工件厚度而定。

(1)切割30mm以下厚度钢板时,割嘴可后倾20°～30°。

(2)切割大于30mm厚钢板时,开始气割时应将割嘴向前倾斜5°～10°,待全部厚度割透后再将割嘴垂直于工件,当快割完时,割嘴应逐渐向后倾斜5°～10°。

5. 切割速度

切割速度与工件厚度和使用的割嘴形状有关。一般情况下,工件越厚,切割速度越慢;工件越薄,气割速度应越快。

合适的切割速度是火焰和熔渣以接近垂直的方向喷向工件的底面。切割速度太慢,会使切口边缘熔化;切割速度过快,则会产生很大的后拖量或割不穿现象。拖量就是指在切割过程中,切割面上的切割氧流轨迹的始点与终点在水平方向上的距离,由于各种原因,后拖量现象是不可避免的,这种现象在切割厚板时更为明显。因此,选择切割速度应以尽量使切口产生的后拖量比较小为原则,以保证气割质量和降低气体消耗量。

二、气割基本操作技术

(1)割嘴距离工件表面的高度及角度都要根据工件厚度的实际情况而进行调整,如表6-14所示。切割时,要时刻观察切口,一旦有异常现象,马上停下来检查割嘴,保证割嘴内孔光滑.表面干净。

表6-14　割嘴倾角与工件厚度的关系

割件厚度/mm	<6	6～8	>8～30	>30		
倾角方向	后倾	后倾	垂直	起割	正常切割中	停割
				前倾	垂直	后倾
倾斜角(°)	25～45	45～80	0	5～10	0	5～10

（2）在气割过程中，割嘴与工件表面距离应始终保持均匀一致，以保证切口宽窄一致。割嘴与工件表面的距离主要由割件厚度确定，如表 6-15 所示。

表 6-15　割嘴与工件表面的距离

板　厚/mm	3～5	6～12	＞12～42	＞42～80	＞80～100
割嘴与工件表面的距离/mm	4～5	＞5～7	＞7～9	8～12	10～14

（3）开始切割时，首先要预热待割部分工件的边缘。当边缘出现红亮状态时，将火焰略移出边缘线以外，同时慢慢打开切割氧阀门，然后向待割部分移动。当工件下面有氧化渣随氧气流飞出时，证明边缘部分已经割透，再移动割炬向前切割。

（4）气割过程中，操作者要始终注意割嘴和切割线的相对位置，注意后拖量的大小，如果后拖量大或割不透时，应放慢切割速度或提高切割氧的压力。

（5）在切割过程中，如果由于割嘴过热或其他原因引起回火时，不要惊慌，用右手食指快速将预热氧阀门关闭；如果还有回火现象，马上关闭乙炔阀门，回火就能停止。一般在回火后，割炬会发热，可将割嘴插入水中冷却，然后检查割炬的射吸功能是否正常。如果回火时间较短，射吸功能将不会受到影响。

（6）切割临近终点时，割嘴头部应向切割反方向倾斜一些，以利于工件的下部提前割透，使收尾割缝整齐。切割结束时，立即关闭切割氧阀门并将割炬抬起，关闭乙炔阀门，最后关闭预热氧阀门。

关键细节 16　角钢的气割

（1）厚度在 5mm 以下的角钢在气割时，采用一次气割完成，可将角钢两边着地放置，先割一面时，使割嘴与角钢表面垂直。气割到角钢中间转向另一面时，将割嘴与角钢另一表面倾斜 20°左右，直至角钢被割断，如图 6-2 所示。这种方法，不仅使氧化渣容易清除，直角面容易割齐，而且可以提高工作效率。

（2）厚度在 5mm 以上的角钢在气割时，也应采用一次气割，把角钢一面着地，先割水平面，割至中间角时，割嘴就停止移动，割嘴由垂直转为水平再往上移动，直至把垂直面割断，如图 6-3 所示。若采用两次气割，不仅容易产生直角面割不齐的缺陷，还会产生顶角未割断的问题。

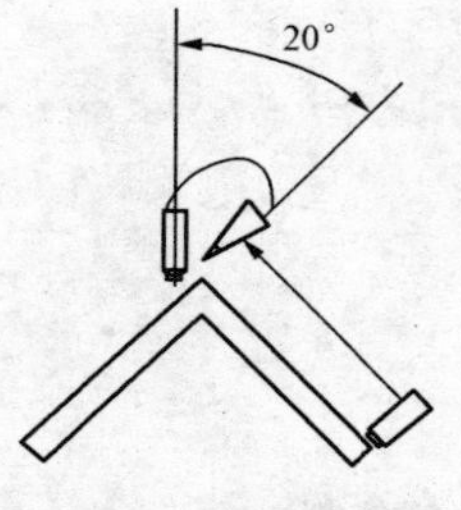

图 6-2　气割角度（一）

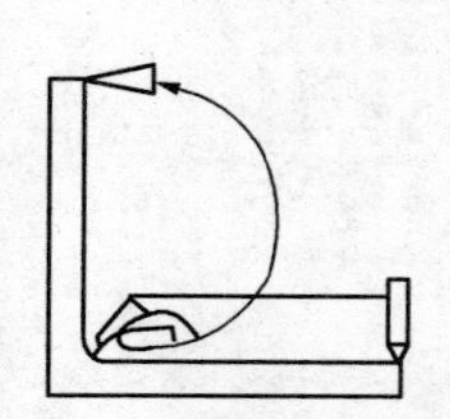
图 6-3　气割角度（二）

关键细节17 工字钢的气割

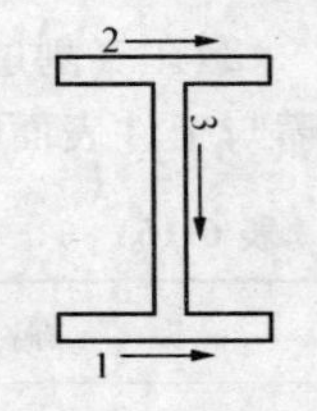

图 6-4 工字钢气割顺序

气割工字钢时，先割两个垂直面，后割水平面。但三次气割断面不容易割齐，这就要求焊工在气割时力求割嘴垂直，如图 6-4 所示。

关键细节18 槽钢的气割

(1)10＃以下的槽钢开口朝地放置，用一次气割完成。先割垂直面时，割嘴可和垂直面成 90°，当要割至垂直面和水平面的顶角时，割嘴就慢慢转为和水平面成 45°左右，然后再气割，当将要割至水平面和另一垂直面的顶角时，割嘴慢慢转为与另一垂直面成 20°左右，直至槽钢被割断，如图 6-5 所示。

(2)10＃以上的槽钢开口朝天放置，用一次气割完成。起割时，割嘴和先割的垂直面成 45°左右，割至水平面时，割嘴慢慢转为垂直，然后再气割，同时割嘴慢慢转为往后倾斜 30°左右，割至另一垂直面时，割嘴转为水平方向再往上移动，直至另一垂直面割断，如图 6-5 所示。

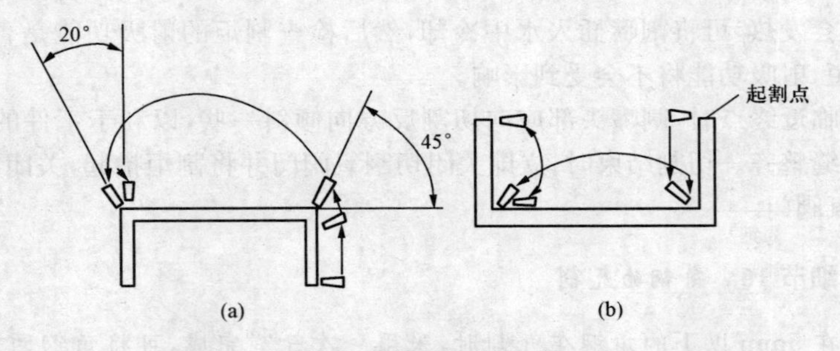

图 6-5 槽钢气割方法

(a)10＃以下槽钢；(b)10＃以上槽钢

关键细节19 圆钢的气割

圆钢应从侧面开始预热。预热火焰应垂直于圆钢表面。开始气割时，在慢慢打开高压氧调节阀的同时，将割嘴慢慢转为与地面相垂直的方向，并加大气割氧气流，使圆钢割透，每个切口最好一次割完。如果圆钢直径较大，一次割不透，可以采用分瓣气割，如图 6-6所示。

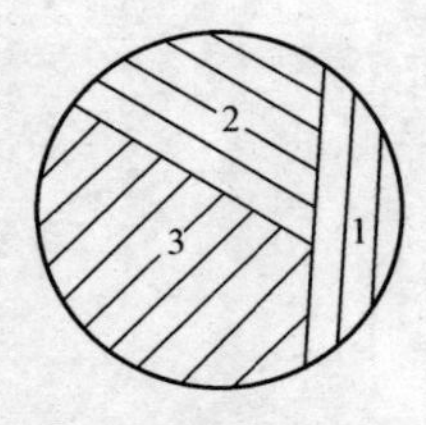

图 6-6 圆钢气割(按 1,2,3 分瓣气割)

关键细节 20　气割常见缺陷及防止措施

常见气割缺陷及防止措施见表 6-16。

表 6-16　常见气割缺陷及防止措施

缺　陷	原　因	防　止　措　施
断面割纹粗糙	氧气纯度低，切割氧气压力太大，预热火焰能率小，嘴距离不稳定，切割速度不稳定或过快	一般气割用氧气纯度（体积分数）应不低于 98.5%；要求较高时氧气纯度不低于 99.2%，或者高达 99.5%。适当降低氧气压力，加大预热火焰能率，稳定割嘴距离，切割速度适当
切口断面刻槽	回火或灭火后重新起割，割嘴或工件有振动	防止回火和灭火，割嘴不能离工件太近，工件表面应保持清洁，工件下部平台应采取措施不要阻碍熔渣排出，避免周围环境的干扰
下部出现深沟	切割速度太慢	加快切割速度，避免氧气流的扰动产生熔渣旋涡
出现喇叭口	切割速度太慢，风线不好	提高切割速度，适当增大氧气流速
后拖量过大	切割速度太快，预热火焰能率不足，割嘴倾角不当	降低切割速度，增大火焰能率，调整割嘴后倾角度
厚板凹心大	切割速度快或速度不均	降低切割速度，并保持速度均匀
切口不直	钢板放置不平，钢板变形，风线不正，割炬不稳定	检查气割平台，将钢板放平，切割前矫平钢板，调整割嘴的垂直度
切口过宽	割嘴号码太大，氧气压力过大，切割速度太慢	换小号割嘴，按工艺规程调整压力，加快切割速度
出现塌边	割嘴与工件的距离太近，预热火焰能率大，切割进度过慢	将割嘴抬高到正确高度，将火焰能率调小，或更换割嘴，提高切割速度
中断，割不透	材料有缺陷，预热火焰能率小，切割速度太快，切割氧压力小	检查材料是否有缺陷，以相反方向重新气割，检查氧气、乙炔压力，检查管道和割炬通道有无堵塞、漏气，调整火焰能率，放慢切割速度，提高切割氧压力
切口被熔渣粘连	氧气压力小，风线太短。切割薄板时切割速度慢	增大氧气压力，检查割嘴风线，加大切割速度
熔渣吹不掉	氧气压力太小	提高氧气压力，检查减压阀通畅情况
割后变形	预热火焰能率大，切割速度慢，气割顺序不合理，未采取工艺措施	采取调整火焰能率，提高切割速度，按工艺采用正确的切割顺序，采用工夹具，选择合理起割点等工艺措施
产生裂纹	工件含碳量高，工件厚度大	可预热，预热温度 250℃，或切割后进行退火处理

第七章　其他特殊焊接形式

第一节　电渣焊

一、电渣焊的概念及特点

电渣焊是指利用电流通过液体熔渣所产生的电阻热进行焊接的方法。根据电渣焊所使用电极的形状以及是否固定，电渣焊工艺可分为：丝极电渣焊、板极电渣焊、熔嘴电渣焊、管极电渣焊四种方法。这四种方法的比较见表 7-1。

表 7-1　　电渣焊焊接方法比较

方法	示意图	焊接原理	适用范围
丝极电渣焊	1—导轨；2—机头；3—操纵盒；4—成形滑块；5—焊件；6—导电嘴；7—渣池；8—熔池	丝极电渣焊使用的电极为焊丝，焊丝通过导电嘴被送入熔池，焊接机头随熔池的上升而向上移动，并带动导电嘴上移。焊丝还可以在接头间隙中往复摆动，从而可以获得比较均匀的熔宽和熔深。对于比较厚的焊件可以采用两根、三根或多根焊丝	丝极电渣焊适用于环焊缝的焊接、高碳钢及合金钢的对接及 T 形接头焊接
板极电渣焊	1—板极；2—渣池；3—金属熔池；4—焊缝；5—焊件	板极电渣焊所使用的电极为板状，板极由送进机构不断向熔池中送进，板极可以是铸件也可以是锻件，一般为焊缝长度的 4～5 倍，因此送进机构高大，焊接时如果板极晃动，易与焊件接触而造成短路	板极电渣焊适用于不宜拉成焊丝的合金材料的焊接

（续）

方　法	示　意　图	焊接原理	适用范围
熔嘴电渣焊	1—焊丝；2—钢管；3—熔嘴；4—渣池；5—金属熔池；6—焊缝；7—焊件；8—固定冷却铜板	熔嘴电渣焊的熔化电极为焊丝及固定于装配间隙中的熔嘴。熔嘴是根据焊接的断面形状，由钢板和钢管点固焊接而成的。焊接时熔嘴不用送进，与焊丝同时熔化进入熔池	熔嘴电渣焊适用于变断面焊件的焊接
管极电渣焊	冷却水 1—焊丝；2—送丝熔轮；3—包极夹头；4—管状焊条熔嘴管；5—管状焊条熔嘴药皮；6—引弧板；7—焊件；8—冷却成形板	管极电渣焊是熔嘴电渣焊的一个特例。当焊件很薄时，熔嘴即可简化为一根或两根涂有药皮的管子。所以，管极电渣焊的电极是固定在装配间隙中的带有涂料的钢管和管中不断向渣池中送进的焊丝。由于涂料的绝缘作用，管极不会与焊件短路，所以焊件的装配间隙可以缩小，这样就可以节省焊接材料，提高焊接生产率	管极电渣焊适用于薄板及曲线焊缝的焊接

电渣焊适用于大厚度的焊接，也适用于焊缝处于垂直位置的焊接及倾斜焊缝（与地平面的垂直面夹角≤30°）的焊接，电渣焊有以下优点：

（1）生产效率高。焊件均可制成I形坡口，只留一定尺寸的装配间隙便可一次焊接成形，所以生产效率较高，且焊接材料消耗较少，劳动卫生条件好。

（2）电能消耗少。焊接热源是电流通过液体熔渣而产生的电阻热。电渣焊时电流主要由焊丝或板极末端经渣池流向金属熔池。电流场呈锥形，是电渣焊的主要产热区，锥形流场的作用是造成渣池的对流，把热量带到渣池底部两侧，使母材形成凹形熔化区。电渣焊的渣池温度可达1600～2000℃。电渣焊的电能消耗只有埋弧焊的1/2～1/3。

（3）金属熔池的凝固速率低，熔池中的气体和杂质较易浮出，焊缝不易产生气孔和夹渣。

(4)焊缝成形系数调节范围大，容易防止产生焊缝热裂纹。

(5)渣池的热量大，对短时间的电流波动不敏感，使用的电流密度大，为 0.2～300A/mm²。

电渣焊的缺点是焊缝的晶粒粗大，焊缝热影响区严重过热，在焊接低合金钢时，焊缝和热影响区会产生粗大的魏氏组织。为了改善电渣焊焊缝的组织及力学性能，必须进行焊后热处理。

二、电渣焊工作原理

电渣焊是在垂直位置或接近垂直位置进行的。电渣焊过程中，应注意在被焊工件的两端面保持一定的间隙，需在间隙两侧使用中间通水冷却的成形铜滑块紧贴于工件，使被焊处构成一个方柱形的空腔，在空腔底部放上一层焊剂以保持熔池的形状。焊接电源的一个极接在工件上，另一个极接在焊丝的导电嘴上，引弧后电弧首先应对焊剂加热，使其熔化，形成具有一定导电性的液态熔渣熔池，然后电弧熄灭。焊丝通过导电嘴送入渣池中，焊丝和工件间的电流通过渣池产生很大的电阻热，使渣池达到 1600～2000℃的高温，并把热量传给工件和焊丝，使工件边缘和焊丝熔化，形成熔池，随着焊丝与工件边缘不断熔化，使熔池及渣池不断上升，金属熔池达到一定深度后，下部逐渐冷却凝固成焊缝。

三、电渣焊常用设备

1. 焊接电源

电渣焊设备的交流电源可采用三相或单相变压器，直流电源可采用硅弧焊整流器或晶闸管弧焊整流器。电渣焊电源应保证避免发生电弧的放电过程或电渣电弧的混合过程，必须是空载电压低、感抗小(不带电抗器)的平特性电源。由于电渣焊的焊接时间长，中间不能停顿，所以焊接电源负载持续率应按 100％考虑。常用的电渣焊电源有 BP1-3×1000 和 BP13×3000 电渣焊变压器，其主要技术数据见表 7-2。

表 7-2　电渣焊变压器的主要参数

型　号		BP1-3×1000	BP1-3×3000
一次额定电压/V		380	380
二次电压的调节范围/V		38～53.4	7.9～63.3
额定负载持续率(％)		80	100
不同负载持续率时的焊接电流/A	100％	900	3000
	80％	1000	—
额定容量/kV·A		160	450
相数		3	3
冷却方式		通风机，功率 1kW	一次侧空冷，二次侧空冷

2. 电渣焊机

电渣焊机是利用电流通过液态熔渣所产生的电阻热使电极和工件熔化进行焊接的设

备。电渣焊机主要由机体、电源、强迫成形装置和控制装置等部分组成。电渣焊适用于在垂直位置或接近垂直位置焊接大厚度工件，热效率高达 80%。常用电渣焊机的技术参数见表 7-3 和表 7-4。

表 7-3 常用电渣焊机的技术参数

形式		导轨式
焊接电流/A	连续（负载持续率 100%）	900
	断续（负载持续率 60%）	1000
焊接电流调节方式		远距离有级调节
焊接电压/V		38～53.4
电极尺寸/mm	焊丝	$\phi 3$
	板极	250（最大宽度）
焊接厚度/mm	单程对接直焊缝	60～250
	对接焊缝	250～500
	T 形接头、角接焊缝	60～250
	环形焊缝	壁厚 450（最大直径 3000）
	板极对接焊缝	800 以下
焊接速度/(m/h)		0.5～9.6
焊丝输送速度/(m/h)		60～450
升降速度/(m/h)		50～80
焊丝水平往复运动速度/(m/h)		21～75
焊丝水平往复运动行程/mm		250
相邻焊丝间可调距离/mm		150
停留在焊丝临界点上持续时间/s		6
焊丝盘容量/kg		135
弧焊变压器	型号	BP1-3×1000
	电源电压/V	3 相 380
	额定容量/(kV·A)	160
升降电动机功率/kW		0.7 直流
滑块	冷却方式	
	冷却水耗量/(L/min)	—
	滑块压力/N	
外形尺寸（长×宽×高，mm）	组成直缝焊	1360×800×1100
	组成角缝焊	1100×800×1100
	组成环缝焊	1130×800×1100
	组成板极焊	1505×800×1100
	控制箱	885×568×1400
	焊丝盘	700×400×730
	变压器	1400×846×1768

（续）

形式		导轨式
质量/kg	焊机	650(直缝焊)
	控制箱	260
	变压器	1400

表 7-4 常用电渣焊机的技术参数

电源电压/V		单相 380
频率/Hz		50
额定输入电流/A		197
空载电压/V		78
额定负载持续率(%)		60
额定焊接电流/A		单丝 1000
工作电压/V		38～55
管状焊条直径/mm		10,12
焊丝直径/mm		2.4～3.2
送丝速度/(m/min)		2～3
送丝盘最大焊丝容量/kg		15
机头质量/kg		17.5(不计焊丝)
机头总高/mm		1200
外形尺寸(长×宽×高,mm)	电源	970×660×1080
	操作盒	110×260×190
质量/kg	电源	330
	操作盒	3

四、电渣焊工艺操作技术

电渣焊适用于板厚40mm以上结构的焊接，一般用于直焊缝焊接。目前电渣焊已在我国水轮机、水压机、轧钢机、重型机械、锅炉制造、石油化工等大型设备制造中得到广泛使用。电渣焊除焊接碳钢、低合金、中合金钢和高合金钢以及铸铁外，也可用来焊接铝及铝合金、镁合金、钛及钛合金和铜。电渣焊工艺参数有焊接电流与送丝速度、焊接电压、渣池深度、装配间隙宽度、焊丝直径和伸出长度、焊丝摆动及焊接速度等。

1. 焊接电流与送丝速度

电渣焊焊接电流与送丝速度成正比，与焊丝直径、焊丝材料、焊丝伸出长度和焊接电压等因素有关。电渣焊焊接电流一般为480～520A，送丝速度为140～500m/h。

2. 焊接电压

电渣焊焊接电压是影响金属熔池宽度和深度的重要因素，焊接电压增大时，金属熔池的宽度、深度都会增大。但电压过高则会破坏电渣过程的稳定性，甚至造成未焊透缺陷。电压过低会导致焊丝与工件的短路，引起电渣的飞溅。焊接电压一般应根据接头形式来确定，一般为43～56V。

3. 渣池深度

电渣焊过程中，渣池深度对金属熔池的宽度影响较大。随着渣池深度的增加，金属熔池的宽度减小，深度也略有减小。深度是根据送丝速度来决定的。渣池深度一般为40～70mm。

4. 装配间隙宽度

当宽度增大时，金属熔池深度基本不变，金属熔池宽度增大。宽度太大则降低生产率，增加成本。宽度过小，导电嘴易与工件边缘接触打弧，焊丝导向困难。电渣焊的设计间隙与装配间隙宽度见表7-5。

表7-5　电渣焊的设计间隙与装配间隙　mm

工件厚度	设计间隙	装配间隙
16～30	20	20～21
30～80	24	26～27
80～500	26	28～32
500～1000	30	36～40
1000～2000	30	40～42

5. 焊丝直径和伸出长度

进行丝极电渣焊焊接时，焊丝直径通常为3mm，焊丝伸出长度通常为50～70mm。若送丝速度不变，增加焊丝伸出长度，则焊接电流略有下降，金属熔池宽度和深度减小，而形状系数略有增大。焊丝伸出长度过长时，难以保证焊丝在间隙中的准确位置，当伸出长度达到165mm时，应采取相应的导向措施。伸出长度过短时，导电嘴易被渣池辐射热所过度加热而破坏。

6. 焊丝摆动

(1)单丝摆动焊接。焊丝不摆动时，单根焊丝置于间隙的中心处，焊缝横截面呈腰鼓形，即中间宽而两端窄；焊丝横向摆动时，应在摆动到端点处做适当的停留，那么在工件整个厚度方向的工件边缘熔透深度可以比较均匀。焊丝摆动速度通常为40～80m/h，焊丝停留时间为3～8s。

(2)多丝摆动焊接。当用多丝摆动焊接时，焊丝之间的距离l可由下式确定：

$$l=(\delta+a_2-2a)/n$$

$$a_1=l-a_2$$

式中　a——焊丝至工件边缘(端头)的距离(mm)；

a_1——焊丝摆动幅度(mm)；

a_2——焊丝未摆动距离(mm)；

n——焊丝根数；

δ——板厚。

7. 焊接速度

一般低碳钢的焊接速度为0.7～1.2m/h，中碳钢和低合金钢的焊接速度为0.3～0.7m/h。

关键细节1　电渣焊直缝焊接

（1）建立焊渣。焊丝伸出长度以40～50mm为宜；引出电弧后，要逐步加入熔剂，使之逐步形成熔渣。引弧时可先在引弧槽内放入少量铁屑并撒上一层焊剂，引弧后靠电弧热使焊剂熔化建立渣池。引弧造渣阶段应比正常焊接的电压和电流稍高。

（2）正常焊接。经常测量渣池深度，均匀地添加焊剂，严格按照工艺要求控制恒定的工艺参数，以保证稳定的造渣过程。经常调整焊丝（熔嘴），使其始终处于间隙中心位置，经常检查水冷滑块的出水温度及流量。要防止产生漏渣漏水现象，当发生漏渣而使渣池变浅后应降低送丝速度并逐步加入适量焊剂以维持电渣过程的稳定进行。

（3）焊缝收尾。在收尾时，可采用断续丝或逐渐减小送丝速度和焊接电压的方法来防止缩孔的形成和火口裂纹的产生。焊接结束时不要立即把渣池放掉，以免产生裂纹。焊后应及时切除引出部分和∩形定位板，以免引出部分产生的裂纹扩展到焊缝上。

关键细节2　电渣焊环缝焊接

（1）建立焊渣。环缝焊时，首先装好内（外）滑块，引弧从靠近内（外）径开始。随渣池的扩大，开始摆动焊丝并进入第二根焊丝，随筒体的旋转，渣池扩大，逐个装接引弧挡铁，依次送入第三根焊丝，最后完成造渣过程。

（2）正常焊接。环焊缝在工件转动时，应适时割掉间隙垫（或∩形定位板），当焊至±1/4环缝时，开始切除引弧槽及附近未焊部分。切割表面凹凸不平度应在±2mm范围内，并要将残渣及氧化皮清理干净。气割工件按样板进行，气割结束后立即装焊预制好的引出板。如发生焊接过程中断，也应控制筒体收缩变形，并采用适当的方式重新建立电渣过程。

（3）焊缝收尾。环焊缝时，当切割线转至和水平轴线垂直时，即停止转动，此时靠焊机上升机构焊直缝，逐个在引出板外侧加条状挡铁。这一阶段电压提高1～2V，靠近内径焊丝尽量接近切割线，控制在6～10mm，为防止裂纹，宜适当减小焊接电流，当焊出工件之后即可减小送丝速度和焊接电压，焊接结束后，待引出板冷却至200～300℃时，即可割掉引出板。

第二节　电阻焊

一、电阻焊的概念及特点

电阻焊是将被焊工件压紧于两电极之间，并通过电流，利用电流流经工件接触面及邻近区域产生的电阻热将其加热到熔化或塑性状态，使之形成金属结合的一种方法。电阻焊主要分为点焊、缝焊、凸焊和对焊，见表7-6。

表 7-6　点焊、缝焊、凸焊和对焊的基本概念

类　别	内　容
点焊	点焊是焊件装配成搭接接头后，压紧在两电极之间，利用电阻热熔化固体金属，形成焊点的电阻焊方法
缝焊	缝焊是指工件装配搭接或对接接头并置于两滚轮之间，滚轮加压工件并转动，连续或断续送电，使之形成一条连续焊缝的电阻焊的方法
凸焊	凸焊是指在一个工件的贴合面上预先加工出一个或多个凸起点，使其与另一个工件表面相接触加压并通电加热，然后将凸起点压塌，使这些接触点形成焊点的电阻焊方法
对焊	对焊是指将工件装配成对接接头，使其端面紧密接触，利用电阻加热至塑性状态，然后迅速施加顶锻力使之完成焊接的方法

电阻焊是压焊的一种，是重要的焊接工艺之一，在航空工业、造船工业、汽车工业、锅炉工业、地铁车辆、建筑行业、家用电器等方面被广泛应用。电阻焊有以下几个特点：

(1)电阻焊的焊缝是在压力下凝固或聚合结晶的，属于压焊范畴，具有锻压特征。

(2)电阻焊焊接热量集中，加热时间短，焊接热影响区小，焊接变形与应力也小，通常焊后不需要校正和热处理。

(3)电阻焊的熔核始终被固体金属包围，使熔化金属与空气处于隔绝状态，焊接冶金过程比较简单。

(4)电阻焊焊接过程不需要焊条、焊丝、焊剂、保护气体等焊接材料，降低了焊接成本。

(5)电阻焊设备操作简单，容易实现机械化与自动化，劳动条件好。

电阻焊除以上优点外，还有以下缺点：

(1)电阻焊与其他工序一起安排在组装焊接生产线上，闪光对焊因有火花喷溅，生产过程需要进行隔离。

(2)电阻焊设备功率大，一次投资较大，设备维修困难，而且常用大功率单相交流焊机不利于电网的正常运行。

(3)点焊、缝焊的搭接接头不仅增加构件的重量，而且还使接头的抗拉强度及疲劳强度降低。

(4)对电阻焊焊接质量，目前还缺乏可靠的无损检测方法，只能靠工艺试样、破坏性试验来检查，以及靠各种监控技术来保证。

二、电阻焊工作原理

电阻焊是在焊件组合后通过电极施加压力，利用电流通过接头的接触面及邻近区域产生的电阻热进行焊接。电阻焊时产生的热量由下式决定：

$$Q=0.24I^2Rt$$

式中　Q——产生的热量(J)；

I——焊接电流(A)；

R——电极间电阻(由焊件本身电阻、焊件间接触电阻、电极与焊件间接触电阻组成)(Ω)；

t——焊接时间(s)。

点焊、缝焊、凸焊及对焊的工作原理见表7-7。

表7-7 电阻焊不同焊接方法的工作原理

电阻焊方法	工作原理	示意图
点焊	点焊是将焊件组装成搭接接头，并在两电极之间压紧，通以电流在接触处便产生电阻热，当焊件接触加热到一定的程度时断电（锻压），使焊件可以熔合在一起而形成焊点。焊点形成过程可分为彼此相接的三个阶段：焊件压紧、通电加热进行焊接、断电（锻压）	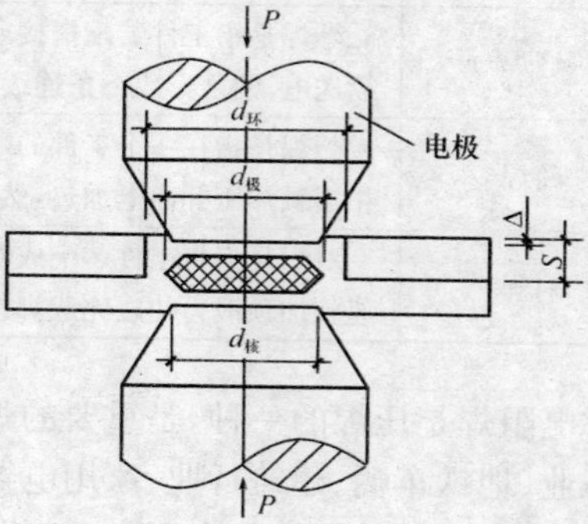 P；$d_{环}$；电极；$d_{极}$；Δ；S；$d_{核}$；P
缝焊	缝焊实质上是一种连续进行的点焊。缝焊时接触区的电阻、加热过程，冶金过程和焊点的形成过程都与点焊相似	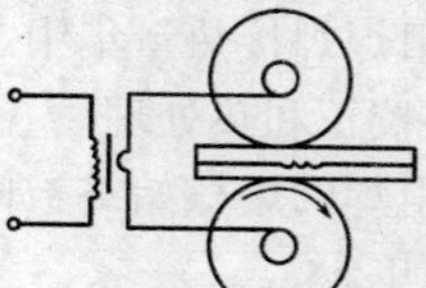
凸焊	凸焊是在一个工件的贴合面上预先加工出一个或多个凸起点，使其与另一个工件表面相接触，加压并通电加热，然后将凸起点压塌，使这些接触点形成焊点	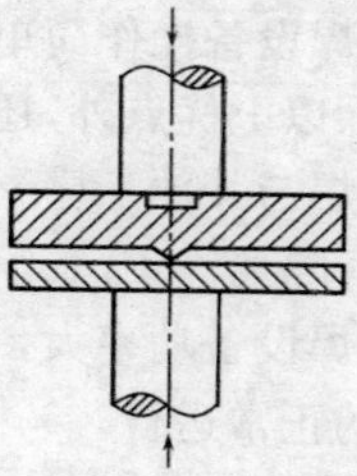
对焊	电阻对焊将工件装配成对接接头，使其端面紧密接触，利用电阻加热至塑性状态，然后迅速加顶锻力完成焊接，电阻对焊由预压、加热、顶锻、保持和休止等阶段组成	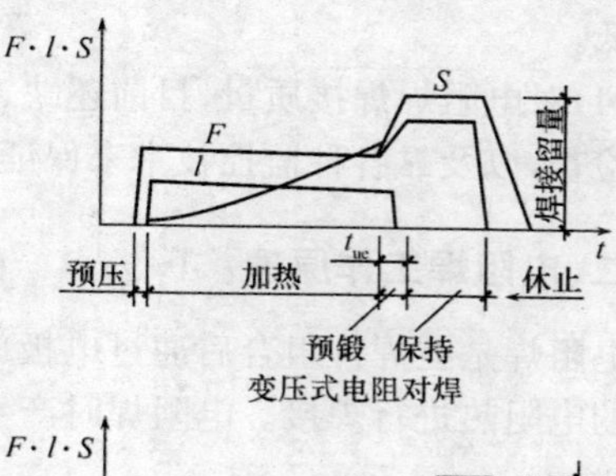 F·I·S；S；F；I；焊接留量；t；t_{uc}；预压；加热；休止；预锻；保持；变压式电阻对焊 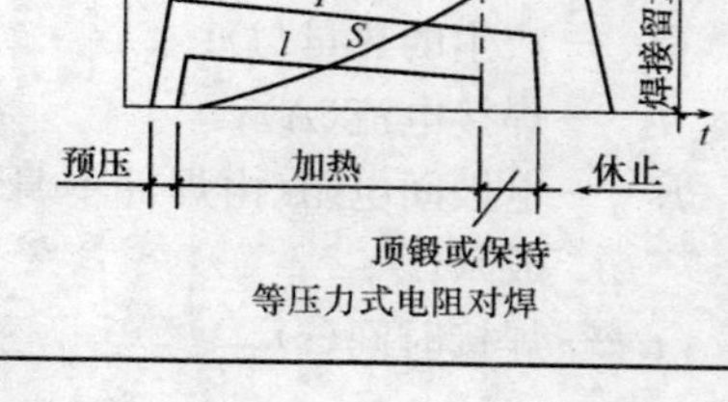 F·I·S；F；S；I；焊接留量；t；预压；加热；休止；顶锻或保持；等压力式电阻对焊

三、电阻焊常用设备

1. 点焊机

点焊机由机架、焊接变压器、加压机构、控制箱等部件组成。常用点焊机的型号及技术数据见表 7-8 和表 7-9。

表 7-8　固定式点焊机的型号及技术数据

技术数据 \ 型号		DN—16	DN—100	DN2—200	DN3—100
额定容量/kV·A		16	100	200	100
一次电压/V		220/280	380	380	380
二次电压/V		1.76～3.52	4.05～8.14	4.42～8.35	3.65～7.3
次极电压调节级数		8	16	16	8
额定负载持续率(%)		50	50	20	20
电极	最大压力/N	1500	14000	14000	5500
	工作行程/mm	20	20	—	—
电极臂间距/mm		150	—	—	—
电极臂有效伸长/mm		250	500	500±50	800
上电极辅助行程/mm		20	60	80	80
冷却水消耗量/(L/h)		120	810	810	700
压缩空气		—	0.55MPa 810L/h	0.55MPa $33m^3/h$	0.55MPa $15m^3/h$
焊件厚度/mm		3+3	—	6+6	2.5+2.5
生产率/(点/h)		60	—	65	60
重量/kg		240	1950	850	850
外形尺寸(长/mm×宽/mm×高/mm)		1015×510×1090	1300×570×1950	1350×570×1950	1610×700×1500

表 7-9　悬挂式点焊机的型号及技术数据

型号		DN4—25—1	DN5—75	DN5—150—2	DN5—200—1
额定容量/kV·A		25	75	150	200
一次电压/V		380	380	380	380
二次电压/V	串联	3.14	9.5～19	12.6～20.8	14.5～22.8
	并联		4.75～9.5	6.3～10.4	
二次电压调节级数		—	2×8	2×6	6
额定负载持续率(%)		20	20	20	20
电极最大压力/N	长焊钳	3000	2000	4000	7200
	短焊钳				9000

（续）

型号		DN4—25—1	DN5—75	DN5—150—2	DN5—200—1
电极工作行程/mm	长焊钳	20	30	20	60
	短焊钳				10
电极臂间距/mm	长焊钳	100	94	45、35、90	175
	短焊钳				62
电极臂有效伸长/mm	长焊钳	170	125	45、90、160	175
	短焊钳				62
冷却水消耗量/(L/h)		600	600	720	800
压缩空气	压力/MPa	0.5	0.5	0.55	0.5
	消耗量/(m^3/h)	—	13.5	22	10
钢焊件厚度/mm		1.5+1.5	1.5+1.5	1.5+1.5	(1.5+1.5)～(2.5+2.5)
质量/kg		25(焊钳)	370	370	350
外形尺寸(长×宽×高,mm)		615×330×280	850×455×770	850×455×770	652×695×732
配用控制箱型号		KD2-600	KD3-600-2	KD3-600-1	KD7-500

2. 缝焊机

缝焊机由机架、焊接变压器、加压机构、控制箱等部件组成。常用缝焊机的型号及技术参数见表7-10。

表7-10　缝焊机常用型号及主要技术参数

主要技术数据 \ 型号[①]	FN—25—1 (QMT—25横)	FN—25—2 (QML—25纵)	FN1—50 (QA—50—1)	FN1—150—1 FN1—150—8 (QA—150—1横)	FN1—150—2 FN1—150—9 (QA—150—1纵)
额定容量/kV·A	25	25	50	150	150
一次电压/V	220/380	220/380	380	380	380
二次电压调节范围/V	1.82～3.62	1.82～3.62	2.04～4.08	3.88～7.76	3.88～7.76
二次电压调节级数	8	8	8	8	8
额定负载持续率(%)	50	50	50	50	50
电极最大压力/kN	1.96	1.96	4.9	7.84	7.84
上滚盘工作行程/mm	20	20	30	50	50
上滚盘最大行程(磨损后)/mm	—	—	55	130	130
焊接钢板时电极最大臂伸/mm	400	400	500	800	800

（续）

主要技术数据＼型号①		FN—25—1（QMT—25横）	FN—25—2（QML—25纵）	FN1—50（QA—50—1）	FN1—150—1 FN1—150—8（QA—150—1横）	FN1—150—2 FN1—150—9（QA—150—1纵）
焊接圆筒形焊件时电极有效最大伸出长度/mm	内径最小为130mm	—	—	—	—	520
	内径最小为300mm	—	—	—	100	585
	内径最小为400mm	—	—	—	400	650
可焊钢板最大厚度/mm		1.5+1.5	1.5+1.5	2+2	2+2	2+2
焊接速度/(m/min)		0.86～3.43	0.86～3.43	0.5～4.0	1.2～4.3	0.89～3.1
冷却水消耗量/(L/h)		300	300	600	1000	750
压缩空气压力/MPa		—	—	0.44	0.49	0.49
压缩空气消耗量/(m^3/h)		—	—	0.2～0.3	1.5～2.5	1.5～2.5
电动机功率/kW		0.25	0.25	0.25	1	1
质量/kg		430	430	580	2000	2000
外形尺寸（长×宽×高，mm）		1040×610×1340	1040×610×1340	1470×785×1620	2200×1000×2250	2200×1000×2250
配用控制箱型号		—	—	内有控制箱，如需要，可配用KF—75	KF—100	KF—100
说明		可连续焊接低碳钢零件，焊接接头可保证水密性、气密性		连续焊接低碳钢及合金钢零件	连续焊接低碳钢及合金钢零件	

注：①（ ）中为旧型号。

3. 凸焊机

凸焊机的结构与点焊机相似，利用点焊机进行适当改装即可成为凸焊机。常用凸焊机的型号及技术参数见表7-11。

表7-11 凸焊机的型号及技术参数

型 号	TN1—200A	TR—6000
额定容量/k·VA	200	10
一次电压/V	380	380
一次电流/A	527	—

（续）

型　号		TN1—200A	TR—6000	
二次空载电压调节范围/V		4.42～8.85	—	
电容器容量/μF		—	70000	
电容器最高充电电压/V		—	420	
最大储存能量/J		—	6164	
二次电压调节级数		16	11	
额定负载持续率(%)		20	—	
最大电极压力/N		14000	16000	
上电极	工作行程/mm	80	100	
	辅助行程/mm	40	50	
下电极垂直调节长度/mm		150	—	
机臂间开度/mm		—	150～250	
上电极工作次数/(次/s)		65(行程 20mm)	—	
焊接持续时间/s		0.02～1.98	6	
冷却水消耗量/(L/h)		810	—	
焊件厚度/mm		—	1.5+1.5～2+2(铝)	
压缩空气	压力/MPa	0.55	0.6～0.8	
	消耗量/(m^3/h)	33	0.63	
质量/kg		900	焊机 1050	电容箱 250
焊件尺寸	长(mm)×宽(mm)×高(mm)	1360×710×599	1140×627×1714	1160×400×1490
配用控制箱号		K08—100—1	—	

4. 对焊机

对焊机由机架、静夹具、动夹具、闪光和顶锻机构、阻焊变压器和级数调解组、配套的电气控制箱等组成。常用对焊机的型号及主要技术数据见表7-12。

表7-12　杠杆挤压弹簧顶段式对焊机的型号及主要数据

型　号	UN1—25	UN1—75	UN1—100
额定容量/k·VA	25	75	100
一次电压/V	220/380	220/380	380
二次电压调节范围/V	1.76～3.52	3.52～7.04	4.5～7.6
二次电压调节级数	8	8	8
额定负载持续率(%)	20	20	20
钳口最大夹紧力/N	—	—	35000～40000

（续）

型　号			UN1—25	UN1—75	UN1—100
最大顶锻/N	弹簧加压		1500	—	—
	杠杆加压		10000	30000	40000
钳口最大距离/mm			50	80	80
最大进给/mm	弹簧加压		15	—	—
	杠杆加压		20	30	50
最大焊接截面/mm²	杠杆加压	低碳钢	300	600	1000
	弹簧加压	低碳钢	120	—	—
		铜	150	—	—
		黄铜	200	—	—
		铝	200	—	—
焊接生产率/(次/h)			110	75	20～30
冷却水消耗量/(L/h)			120	200	200
重量/kg			275	455	465
外形尺寸	长/mm		1340	1520	1580
	宽/mm		500	550	550
	高/mm		1300	1080	1150

四、电阻焊工艺操作技术

1. 点焊

点焊是将焊件装配成搭接接头后，在两电极之间压紧，利用电阻热熔化固体金属，形成焊点。点焊的方法及特点见表7-13。

表7-13　点焊的方法及特点

点焊方法	工　艺　特　点	示　意　图
双面单点焊	两个电极从焊件上、下两侧接近焊件并压紧，进行单点焊接。此种焊接方法能对焊件施加足够大压力，焊接电流集中通过焊接区，减少焊件的受热体积，有利于提高焊点质量	1、2—电极；3—焊件
双面双点焊	由两台焊接变压器分别对焊件上、下两面的成对电极供电。两台变压器的接线方向应保证上、下对准电极，并保证在焊接时间内极性相反。上、下两变压器的二次电压成顺向串联，形成单一的焊接回路。在一次点焊循环中可形成两个焊点。其优点是分流小，主要用于厚度较大，质量要求较高的大型部件的点焊	

（续）

点焊方法	工 艺 特 点	示 意 图
单面双点焊	两个电极放在焊件同一面，一次可同时焊成两个焊点。其优点是生产率高，可方便地焊接尺寸大、形状复杂和难以用双面单点焊的焊件，易于保证焊件一个表面光滑、平整、无电极压痕。缺点是焊接时部分电流直接经上面的焊件形成分流，使焊接区的电流密度下降。减小分流的措施是在焊件下面加铜垫板	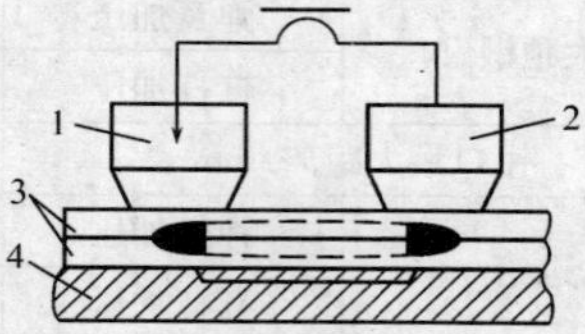 1，2—电极；3—焊件 4—铜垫板
单面单点焊	两个电极放在焊件的同一面，其中一个电极与焊件接触的工作面很大，仅起导电块的作用，对该电极也不施加压力。这种方法与单面双点焊相似，主要用于不能采用双面单点焊的场合	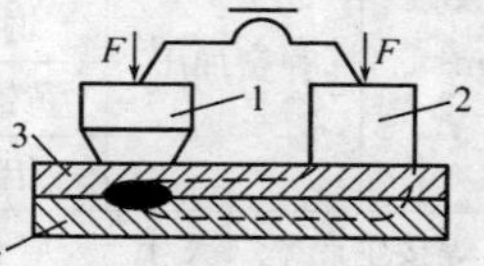 1，2—电极；3—焊件 4—铜垫板
多点焊	一次可以焊多个焊点的方法。多点焊既可采用数组单面双点焊组合起来，也可采用数组双面单点焊或双面双点焊组成进行点焊。由于这种方法生产率高，在汽车制造工业等需要大量生产的产业中得到了广泛应用	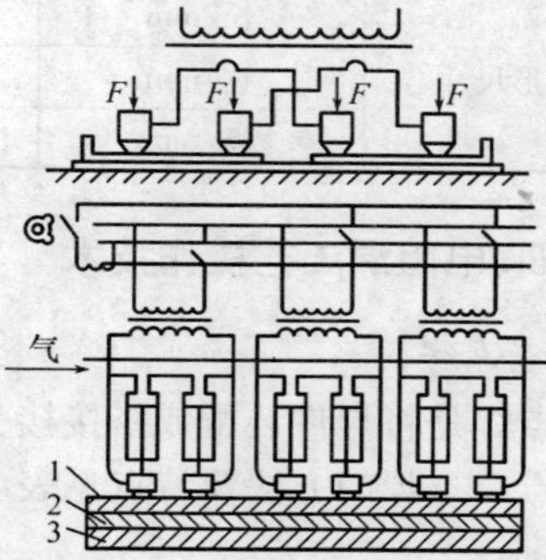 1—电极；2—焊件； 3—铜垫板

点焊工艺参数一般根据工件的材料和厚度，参考该种材料的焊接条件选取，主要参数如下：

(1)焊接电流。焊接电流是决定热析量大小的关键因素，直接影响熔核直径与焊透率，并影响点焊的强度。焊接过程中，若电流过小，则导致无法形成熔核或熔核过小；若电流过大，容易引起飞溅。因此，应在点焊过程中选择适当大小的焊接电流，以保证焊缝质量。

(2)焊接通电时间。焊接通电时间对点焊析热与散热均产生一定的影响，点焊过程中，焊接通电时间内焊接区析出的热量除部分散失外，主要用于对焊接区进行加热，使熔核扩大到要求尺寸。若焊接通电时间过短，则难以形成熔核或熔核过小。因此，点焊过程中，应保持充足的焊接通电时间。

(3)电极压力。电极压力是影响焊接区加热程度和塑性变形程度的重要因素。随着电极压力的增大，则接触电阻减小，使电流密度降低，从而减慢加热速度，导致焊点熔核减小而致使强度降低,但当电极压力过小时,将影响焊点质量的稳定性,因此,如在增大电极压力的同时,适当延长焊接时间或增大焊接电流,可使焊点强度的分散性降低,焊点质量得以稳定。

(4)电极工作面的形状与尺寸。电极头的形状和尺寸对焊接电流密度、散热效果、接触面积和点焊工件的表面质量产生重要影响。在点焊过程中,电极头产生压溃变形和粘损,需要不断地进行修锉。

关键细节3　点焊操作要点

(1)所有焊点都应尽量在电流分流值最小的条件下进行点焊。

(2)焊接时应先选择在结构最难以变形的部位(如圆弧上肋条附近等)上进行定位点焊。

(3)尽量减小变形。

(4)当接头的长度较长时,应从中间向两端进行点焊。

(5)对于不同厚度铝合金焊件的点焊,除采用规范外,还可以在厚件一侧采用球面半径较大的电极,可有利于改善电阻焊点核心偏向厚件的程度。

2. 缝焊

缝焊是将工件装配搭接或对接接头并置于两滚轮之间,滚轮加压工件并转动,连续或断续送电,使之形成一条连续焊缝。缝焊的分类及特点见表7-14。

表7-14　缝焊的分类及特点

缝焊方法	工艺特点	示意图
搭接缝焊	搭接缝焊,可用一对滚轮或用一个滚轮和一根芯轴电极进行缝焊。接头的最小搭接量与点焊相同。搭接缝焊又可分为双面缝焊、单面单缝缝焊、单面双缝缝焊,以及小直径圆周缝焊等	
压平缝焊	两焊件少量地搭接在一起,焊接时将接头压平,压平缝焊时的搭接量一般为焊件厚度的1~1.5倍。焊接时可采用圆锥形面的滚轮,其宽度应能覆盖接头的搭接部分。另外,要使用较大焊接压力和连续电流。压平缝焊常用于食品容器和冷冻机衬套等产品的焊接	电极 搭接量 电极 焊前 焊后
垫箔对接缝焊	先将焊件边缘对接,在接头通过滚轮时,不断将两条箔带垫于滚轮与板件之间。由于箔带增加了焊接区的电阻,使得散热困难,因而有利于熔核的形成。使用的箔带尺寸为:宽4~6mm,厚0.2~0.3mm。这种方法的优点是不易产生飞溅,减小电极压力,焊接后变形小,外观良好等。缺点是装配精度高,焊接时将箔带准确地垫于滚轮和焊件之间也有一定的难度	金属箔 滚盘电极 金属箔导套

（续）

缝焊方法	工　艺　特　点	示　意　图
铜线电极缝焊	焊拉时，将圆铜线不断地送到滚轮和焊件之间后再连续地盘绕在另一个绕线盘上，使镀层仅黏附在铜线上，不会污染滚轮。由于这种方法焊接成本不高，主要应用于制造食品罐头，如果先将铜线轧成扁平线再送入焊区，则搭接接头和压平缝焊一样	铜线

缝焊接头的形成本质上与点焊相同，因而影响焊接质量的诸因素也是类似的，缝焊的工艺参数如下：

(1)焊点间距。缝焊时，焊点间距通常在1.5～4.5mm范围内，并随着焊件厚度的增加而适当增大。

(2)焊接电流。缝焊时，焊接电流的大小决定了熔核的焊透率和重叠量，焊接电流随着板厚的增加而增加，一般在缝焊0.4～3.2mm钢板时，焊接电流范围为8.5～28kA。焊接电流还要与电极压力相匹配。缝焊时，由于熔核互相重叠而引起较大的分流，因此焊接电流比点焊的电流提高15%～30%，但过大的电流，会导致压痕过深和烧穿等缺陷发生。

(3)电极压力。电极压力对熔核尺寸和接头质量的影响与点焊相同。对各种材料进行缝焊时，电极压力至少要达到规定的最小值，否则接头的强度会明显下降。但电极压力过低，会使熔核产生缩孔，引起飞溅，并因接触电阻过大而加剧滚轮的烧损；电极压力过高，会导致压痕过深，同时会加速滚轮变形和损耗。所以进行缝焊时应根据厚度和选定的焊接电流确定合适的电极压力。

(4)焊接通电时间和休止时间。进行缝焊时，焊接通电时间和休止时间是决定熔核尺寸的重要因素。焊接通电时间和休止时间应有一个适当的匹配比例。

1)焊接速度较低时，焊接通电时间和休止时间的最佳比例为(1.25～2)∶1；

2)焊接速度较高时，焊接通电时间和休止时间的比例应在3∶1以上。

(5)焊接速度。焊接速度决定了滚轮与焊件的接触面积和接触时间，也直接影响接头的加热和散热。通常焊接速度根据被焊金属种类、厚度以及对接头强度的要求来选择。在焊接不锈钢、高温合金和有色金属时，为保证焊缝质量、避免飞溅，应采用较低的焊接速度；当对接头质量要求较高时，应采用步进缝焊，使熔核形成的全过程在滚轮停转的情况下完成。缝焊机的焊接速度可在0.5～3m/min的范围内调节。

关键细节4　缝焊操作要点

(1)焊前准备。

1)焊前清理。焊前应对接头两侧附近宽约20mm处进行清理。

2)焊件装配。采用定位销或夹具进行装配。

(2)进行定位焊点焊或在缝焊机上采用脉冲方式进行定位时，焊点间距为75～150mm，定位焊点的数量应能保证焊件足能固定住。定位焊的焊点直径应不大于焊缝的宽度，压痕深度小于焊件厚度的10%。

(3)定位焊后的间隙处理。

1)低碳钢和低合金结构钢。当焊件厚度小于0.8mm时,间隙要小于0.3mm;当焊件厚度大于0.8mm时,间隙要小于0.5mm。重要结构的环型焊缝应小于0.1mm。

2)不锈钢。当焊缝厚度小于0.8mm,间隙要小于0.3mm,重要结构的环型焊缝应小于0.1mm。

3)铝及合金。间隙小于较薄焊件厚度的10%。

3. 凸焊

凸焊主要用于焊接低碳钢和低合金钢的冲压件。凸焊的种类很多,除板件凸焊外,还有螺帽、螺钉类零件的凸焊,线材交叉凸焊,管子凸焊和板材T型凸焊等。凸焊的工艺参数有焊接电流、电极电压、焊接通电时间、凸点所处的焊件等。

(1)焊接电流。凸焊每一焊点所需的焊接电流比点焊同样的一个焊点时小,在采用合适的电极压力下不至于挤出过多金属作为最大电流。在凸点完全压溃之前电流能使凸点熔化作为最小电流。凸焊时的焊接电流应根据焊件的材质及厚度进行选择。进行多点凸焊时,总的焊接电流为凸点所需电流总和。

(2)电极压力。凸焊时电极压力应满足凸点达到焊接温度时全部压溃,并使两焊件紧密贴合。但应注意电极压力过大会过早地压溃凸点,失去凸焊的作用,同时因电流密度减小而降低接头强度。压力过小又会造成严重的喷溅。电极压力的大小应根据焊件的材质和厚度来确定。

(3)焊接通电时间。凸焊的焊接通电时间比点焊长。缩短通电时间时焊接电流应相应增大,但焊接电流过大会使金属过热和引起喷溅。对于给定的工件材料和厚度,焊接通电时间应根据焊接电流和凸点的刚度来确定。

(4)凸点所处的焊件。焊接同种金属时,凸点应冲在较厚的焊件上;焊接异种金属时,凸点应冲在导电率较高的焊件上。

关键细节5 凸焊操作要点

(1)焊接前清理焊件。

(2)凸点要求。

1)检查凸点的形状、尺寸及凸点有无异常现象。

2)为保证各点的加热均匀性,凸点的高度差应不超过±0.1mm。

3)各凸点间及凸点到焊件边缘的距离,不应小于$2D$(D为凸点直径)。

4)不等厚件凸焊时,凸件应在厚板上;但厚度比超过1∶3时,凸点应在薄板上。

5)异种金属凸焊时,凸点应在导电性和导热性好的金属上。

(3)电极设计要求。

1)点焊用的圆形平头电极用于单点凸焊时,电极头直径应不小于凸点直径的两倍。

2)大平头棒状电极适用于局部位置的多点凸焊。

3)具有一组局部接触面的电极,将电极在接触部位加工出突起接触面,或将较硬的铜合金嵌块固定在电极的接触部位。

4. 对焊

对焊分为电阻对焊和闪光对焊两种。

电阻对焊是将两工件端面始终压紧，利用电阻热加热至塑性状态，然后迅速施加顶锻压力（或不加顶锻压力只保持焊接时压力）完成焊接的方法。电阻对焊的工艺参数见表7-15。

表7-15　电阻对焊的工艺参数

项目	内　　容
伸出长度	伸出长度指的是焊件伸出夹具电极端面的长度。如果伸出长度过长，则顶锻时工件会失稳旁弯。伸出长度过短，则由于向夹钳口散热增强，使工件冷却过于强烈，导致产生塑性变形困难。伸出长度应根据不同金属材质来决定。如低碳钢为(0.5～1)D，铝为(1～2)D，铜为(1.5～2.5)D(其中D为焊件的直径)
焊接电流密度和焊接通电时间	在电阻对焊时，工件的加热主要取决于焊接电流密度和焊接时间。两者可以在一定范围内相应地调配，可以采用大焊接电流密度和短焊接时间（硬规范），也可以采用小焊接电流密度和长焊接时间（软规范）。但是规范过硬时，容易产生未焊透缺陷，过软时，会使接口端面严重氧化，接头区晶粒粗大，影响接头强度
焊接压力和顶锻压力	焊接压力和顶锻压力对接头处的产热和塑性变形都有影响。宜采用较小的焊接压力进行加热，而采用较大的顶锻压力进行顶锻。但焊接压力不宜太低，否则会产生飞溅，增加端面氧化

闪光对焊可分为连续闪光对焊和预热闪光对焊。连续闪光对焊由两个主要阶段组成：闪光阶段和顶锻阶段。预热闪光对焊只是在闪光阶段前增加了预热阶段。闪光对焊的工艺参数见表7-16。

表7-16　闪光对焊工艺参数

项目	内　　容
伸出长度	伸出长度与电阻对焊相同，主要是根据散热和稳定性确定。在一般情况下，棒材和厚壁管材为(0.7～1.0)D(D为直径或边长)
闪光留量	选择闪光留量时，应满足在闪光结束时整个焊件端面有一层熔化金属，同时在一定深度上达到塑性变形温度。闪光留量过小，会影响焊接质量，过大会浪费金属材料，降低生产率。另外，在选择闪光留量时，预热闪光对焊要比连续闪光对焊小30%～50%
闪光电流	闪光对焊时，闪光阶段通过焊件的电流，其大小取决于被焊金属的物理性能、闪光速度、焊件端面的面积和形状，以及加热状态。随着闪光速度的增加，闪光电流随之增加
闪光速度	闪光对焊时，具有足够大的闪光速度才能保证闪光的强烈和稳定。但闪光速度过大，会使加热区过窄，增加塑性变形的困难。因此，闪光速度应根据被焊材料的特点，以保证端面上获得均匀金属熔化层为标准。一般情况下，导电、导热性好的材料闪光速度较大
顶锻压力	顶锻压力一般采用顶锻压强来表示。顶锻压强的大小应保证能挤出接口内的液态金属，并在接头处产生一定塑性变形。同时还受到金属的性能、温度分布特点、顶锻留量和顶锻速度、工件端面形状等因素的影响。顶锻压强过大则变形量过大，会降低接头冲击韧性；顶锻压强过低则变形不足，接头强度下降。一般情况下，高温强度大的金属及导热性好的金属需要较大的顶锻压强

（续）

项目	内 容
顶锻留量	顶锻留量的大小影响到液态金属的排除和塑性变形的大小。顶锻留量过大，会降低接头的冲击韧性，顶锻留量过小，会使液态金属残留在接口中，易形成疏松、缩孔、裂纹等缺陷。顶锻留量应根据工件截面积选取，随焊件截面的增大而增加
顶锻速度	一般情况下，顶锻速度应越快越好。顶锻速度取决于焊件材料的性能，如焊接奥氏体钢的最小顶锻速度约是珠光体钢的两倍。导热性好的金属需要较高的顶锻速度
夹具夹持力	夹具夹持力用于保证在整个焊接过程中不打滑，它与顶锻压力和焊件与夹具间的摩擦力有关
预热温度	预热温度应根据焊件截面的大小和材料的性质来选择，对低碳钢而言，一般不超过700～900℃，预热温度太高，会因材料过热使接头的冲击韧性和塑性下降。焊接大截面焊件时，预热温度应相应提高
预热时间	预热时间与焊机功率、工件断面积和金属的性能有关。预热时间取决于所需的预热温度

关键细节 6 对焊操作要点

(1)焊前准备。电阻对焊与闪光对焊的准备方法有所不同。

1)电阻对焊的焊前应做好以下准备：

①两焊件对接端面的形状和尺寸应基本相同，使表面平整并与夹钳轴线成90°直角。

②对焊件的端面以及与夹具接触面进行清理。与夹具接触的工件表面的氧化物和脏物可用砂布、砂轮、钢丝刷等机械方法清理，也可使用化学清洗方法(如酸洗)。

③由于电阻对焊接头中易产生氧化物夹杂，因此对于质量要求高的稀有金属、某些合金钢和有色金属进行焊接时，可采用氩、氦等保护气体来解决。

2)闪光对焊的焊前应做好以下准备：

①闪光对焊时，对端面清理要求不高，但对夹具和焊件接触面的清理要求应和电阻对焊相同。

②对大截面焊件进行闪光对焊时，应将一个焊件的端部倒角来增大电流密度，以利于激发闪光。

③两焊件断面形状和尺寸应基本相同，其直径之差不应大于15%，其他形状不应大于10%。

(2)焊接接头。电阻对焊与闪光对焊的焊接接头也有所不同。

1)电阻对焊的焊接接头应设计成等截面的对接接头。

2)闪光对焊时，对于大截面的焊件，应将其中一个焊件的端部倒角，倒角尺寸如图7-1所示。

(3)焊后处理。

1)切除毛刺及多余的金属。通常在焊后趁热切除。焊大截面合金钢焊件时，多在热处理后切除。

2)零件的校形。对于焊后需要校形的零件(如强轮箍、刀具等)，通常在压力机、压胀机及其他专用机械上进行校形。

3)焊后热处理。焊后热处理根据材料性能和焊件要求而定。焊接大型零件和刀具，一般焊后要求退火处理，调质钢焊件要求回火处理，镍铬奥氏体钢有时要进行奥氏体化处理。焊后热处理可以在炉中做整体处理，也可以用高频感应加热进行局部热处理，或焊后再焊。

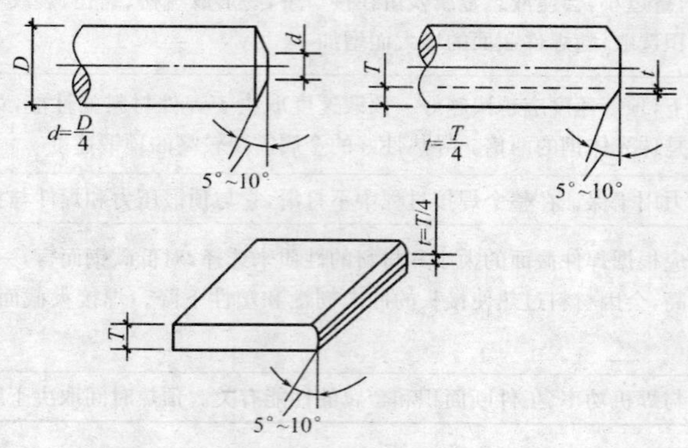

图 7-1　闪光对焊焊件端部倒角尺寸

第三节　堆　焊

一、堆焊的概念及特点

堆焊是为增大或恢复焊件尺寸，或使焊件表面获得具有特殊性能的熔敷金属而进行的焊接。堆焊焊接加工精度高、费用低，其结合强度高、工期短，适合现场处理。堆焊焊接残余应力小。堆焊工件形状多变，材料繁多，工作条件各异。堆焊后堆焊层含有较多的合金元素，母材金属的膨胀系数和相变温度有所差异，在堆焊和焊后热处理过程中若不采取有效措施，可能由于产生大的应力而导致破坏。材料堆焊必须根据具体情况正确进行选择，以保证堆焊零件具有较高的使用寿命。熔合区在高温条件下工作时，有时会出现碳迁移现象，使高温持久强度和抗腐蚀性能下降。焊缝组织中存在一定量碳化物，在堆焊后冷却过程中很容易产生裂纹，应采取预热和必要的冶金、工艺措施来避免裂纹的产生。堆焊时热循环较复杂，使得堆焊层的化学成分、金相组织很不均匀。

二、堆焊工作原理

堆焊是利用高频电火花放电原理，对工件进行焊接来修补金属表面缺陷与磨损，保证工件的完好性，实现工件的耐磨、耐热、耐腐蚀等特性。

堆焊除用于已磨损零件修复外，也用于制造新的双金属零件，如汽车、拖拉机易损件的修复；矿山冶金及建筑机械易损件的修复；阀门的制造与修理；热锻模的制造与修理；高速钢刀具的制造；水轮机叶片的修复等。

目前堆焊已广泛应用于农机、冶金、电站、矿山、建筑、铁路、车辆、石油、化工设备以及工具、模具等制造与修理中。

三、堆焊常用设备

常用等离子弧堆焊机型号及用途见表 7-17。

表 7-17 常用等离子弧对焊机型号及用途

类型	型号	主要用途
粉末等离子弧堆焊机	Lu—150	用于对直径小于 320mm 的圆形工件(如阀门的端面、斜面和轴的外圆)的焊接
	Lu—500	堆焊圆形平面、矩形平面,配靠模还可以堆焊椭圆形平面
	Lup—300 Lup—500	堆焊各种形状的几何表面,但需要与辅助机械配合使用
空气等离子弧堆焊机	Kl_z—400	用于在运煤机零件上堆焊自熔性耐磨合金
双热丝等离子弧堆焊机	LS—500—2	用于丝机材料的等离子弧堆焊

四、堆焊工艺技术

堆焊用的焊接方法很多,几乎所有的熔焊方法都能用来堆焊。堆焊的施工工艺技术如下:

(1)焊前准备。

1)合理选择焊条。

2)清理堆焊表面。

3)进行焊条烘干。一般酸性焊条以 150℃烘干 1h,碱性焊条以 250~350℃烘干 1h。

(2)正确选择工艺参数。焊接工艺参数包括焊接电流、电压、焊速、运条方式、焊接顺序、弧长、搭边量等,焊接工艺参数及焊接条件变化,对堆焊质量有着明显影响。各种焊条的堆焊参数见表 7-18。

表 7-18 不同类型焊条、焊条电弧对焊规范参数

焊条类型	牌号	不同直径焊条电流使用值/A					备注
		ϕ2.5	ϕ3.2	ϕ4	ϕ5	ϕ6	
珠光体钢	12CrMo	60~80	90~130	130~180	180~240	240~300	母材为中碳钢、高强钢时预热150~250℃
	15CrMo	60~80	80~120	110~150	130~190	—	
高速钢及工具钢	D307	—	100~130	130~160	170~220	—	预热 300~500℃焊后退火处理
	GRIDVR36	—	80~100	110~130	140~160	—	
高锰钢	D256	—	70~90	100~140	150~180	—	用 Cr19Ni9Mn6 作过渡层
	GRIDVR42	—	90~105	130~140	170~180	—	

（续）

焊条类型	牌号	不同直径焊条电流使用值/A					备　注
		φ2.5	φ3.2	φ4	φ5	φ6	
镍铬不锈钢	D547 D547Mo	50～80	80～110	110～160	160～200	—	大件预热 150～250℃
	D557						预热 300～450℃
铬锰奥氏体钢	D276	60～80	90～130	130～170	170～220	—	—
高铬不锈钢	—	—	80～120	120～160	160～210	—	预热 150～300℃
钴基合金	—	—	—	120～160	140～190	150～210	直流反接预热 300～600℃
镍基合金	Ni337		95～100	130～140	—	—	直流反接
	GRIDUR34	70～90	110～140	170～200	220～260	—	
铜基合金	紫铜	—	120～140	150～170	180～200	—	多为低氢型焊条，用直流反接
	锡青铜	—	110～130	150～170	170～200	—	
	铝青铜	—	70～90	80～120	110～150	—	
	白铜	—	90～100	120～130	—	—	

（3）运条方式。堆焊时焊条向前倾则电弧向后吹，如此的运条方式可防止气孔的产生和未熔合现象。

（4）缺陷的防止。堆焊时常产生开裂和剥离等缺陷。一般采用焊前预热和焊后缓冷的方法来防止缺陷的产生。

关键细节 7　埋弧堆焊工艺要点

（1）焊前准备。

1）合理选择焊丝与焊剂。

2）对工件与焊丝进行焊前清理。

3）焊剂烘干，400℃下烘干 2h。

（2）正确选择工艺参数。埋弧堆焊的工艺参数包括堆焊电流、电弧电压、堆焊速度及极性等，合理地选择参数，可获得最佳的堆焊效果。几种材质不同焊材的堆焊规范参数如表 7-19 所示。

表 7-19　不同材质、不同尺寸埋弧堆焊规范参数

堆焊材料类型	熔化极尺寸 /mm	堆焊电流 /A	电弧电压 /V	堆焊速度 /(cm/min)	外伸长度 /mm	备注
紫铜带	0.4×60	700～800	40	16～18.5	45	配 HJ431 焊剂
铜镍合金 B30	0.5×60	550～600	32～35	16～18.5	55～60	配 HJ431 焊剂

（续）

堆焊材料类型	熔化极尺寸/mm	堆焊电流/A	电弧电压/V	堆焊速度/(cm/min)	外伸长度/mm	备注
铬镍不锈钢	0.4×60 0.5×60 0.6×60 0.7×60	550 600 650 600～650	32 27 32 35～40	11.5 11 9 13～15	40 40 40 40	采用尽量小的线能量
热轧钢焊丝	φ3.2 φ4.0 φ5.0	350～400 450～500 650～700	30～40 30～40 30～40	—	30～40 30～40 30～40	轧辊堆焊预热200～400℃，连续堆焊可减少预热热量
热轧钢药芯带极	12×1 16×1 20×1	400～650 450～750 500～800	24～28 24～28 24～28	—	40 40 40	
珠光体钢带	0.4×50	700～900	22～27	带极送进速度18～22	—	—
高铬不锈钢带极	0.4×30 0.4×50 0.4×60	400～500 700～800 850～900	22～24 22～24 22～24	—	25～40 25～40 25～40	一般预热150～300℃
高铬不锈钢药芯带极	1×15 1×20 1×25 1×30 1×10	450～700 500～800 580～900 650～1000 400～600	24～28 24～28 26～30 26～30 24～28	—	35～40 35～40 35～40 35～40 35～40	焊剂焊前烘干(300℃下持续1h)

(3)埋弧堆焊可采用交流、直流电源，而采用直流正接可以显著提高熔敷速度并降低稀释率。

(4)焊丝直径一般为1.6～4.8mm，焊接电流为160～500A，电弧电压为30～35V。

关键细节8　熔化极气体堆焊工艺要点

(1)合理选用堆焊气体。熔化极气体保护堆焊常用的气体是氩气、二氧化碳气以及加入少量氧的混合气体。

(2)合理选择电源极性。熔化极气体堆焊的电源一般采用直流平特性。采用氩气作为保护气体时，电源采用直流反接；采用CO_2作为保护气体时，电源多采用直流正接。

(3)合理选择工艺参数。熔化极气体堆焊工艺参数见表7-20。

表7-20　熔化极气体堆焊规范参数

焊丝直径/mm	0.8	1.0	1.2	1.6	备注
焊接电流/A	80～180	120～200	180～250	250～330	直流降特性电源，采用直流正接
电弧电压/V	18～29	18～32	18～32	18～32	

(4)合理选择熔滴过渡形式。采用实芯焊丝(1.6mm以下)堆焊时,选择喷射过渡和短路过渡两种形式。喷射过渡选用的电流大,生产率高,稀释率也高;短路过渡选用的焊丝直径细(0.8～1.2mm),熔深浅,稀释率可小到5%,能进行全位置焊接。

(5)合理选用焊丝根数。焊丝根数应根据堆焊面积的大小来选择,小面积堆焊时可采用单根管状焊丝,大面积堆焊时可采用多至6根焊丝或药芯带极,但一般用2～3根焊丝即可。

关键细节9 钨极氩弧堆焊工艺要点

(1)合理选择电源极性。钨极氩弧堆焊应采用直流正接电源,有利于减少和避免钨极对堆焊层的污染。

(2)合理控制规范工艺参数,包括焊接电流、堆焊速度、焊丝速度以及焊枪摆动等。

(3)控制堆焊层的凝固速度。为减少缩孔和弧坑裂纹,钨级氩弧堆焊时多采用衰减电流的方法来控制堆焊层的凝固速度。

(4)降低稀释率。采用摆动焊枪、脉动电流、尽量减少电流或者将电弧主要对着熔敷层等办法来降低稀释率。

(5)将堆焊材料以颗粒状输送到电弧区,随着工件表面被电弧熔化,如将碳化钨颗粒导入到熔化的表面上,因为碳化钨颗粒基本不溶解,所以当熔化金属凝固时,就得到碳化钨均匀地分散在工件表面的堆焊层。

关键细节10 氧乙炔火焰堆焊工艺要点

(1)焊前应去除工件表面的铁锈及油污等。

(2)检查工件表面,不得存在裂纹、剥落、孔穴、凹坑等缺陷。

(3)氧乙炔火焰堆焊时应将火焰调整为碳化焰且焰心尖端距堆焊表面约3mm,并保持不动,当焊件表面加热至“出汗”时,抬高焊嘴使焰心尖端与堆焊面稍微拉开,将焊丝接近焰心的尖部,使焊丝熔化形成熔滴滴到已呈“出汗”状态的堆焊面上,使其均匀扩展开。

(4)每层堆焊最好控制在1～2mm的堆焊层之间,并一次连续堆焊好。如果需要得到更厚的堆焊层,可以连续堆焊2～3层。

(5)堆焊完成后,可根据需要用火焰重新熔化堆焊层,以保证堆焊层的质量,减少缺陷。

(6)为了防止堆焊合金或母材产生裂纹或减少变形,工件在堆焊前应进行预热,堆焊过程中要尽量使工件温度保持均匀,并应在焊后进行缓冷。

关键细节11 电渣堆焊工艺要点

(1)合理选择电源。电渣堆焊设备采用平性的交流电源。

(2)合理选择焊接位置。

1)最合适的位置为垂直位置,可采用固定式结晶器或水冷滑块成形。

2)利用成形模具可进行水平位置堆焊。

3)对含氢环境中工件的压力容器内壁进行堆焊时,为了防止剥离,第一层用埋弧堆焊，第二层用电渣堆焊。

4)用线圈在电极边缘加磁场力的方法能改变熔池的形状，使堆焊层更均匀。

5)采用调整焊剂成分和堆焊参数使带极的两边缘产生电弧，而带极的大部分仍是电渣堆焊，这样使堆焊层表面较为均匀，焊道间接合良好。

第四节 钎 焊

一、钎焊的概念及特点

钎焊是利用熔点低于母材的钎料和母材一起加热，在母材不熔化的情况下，钎料熔化后湿润并填充进两母材连接处的缝隙，形成钎焊缝，在缝隙中，钎料和母材之间相互溶解和扩散，从而牢固地结合的焊接方法。钎焊的优点如下：

(1)焊件母材的组织及机械性能变化比较小。焊件变形很小，容易保证焊件的尺寸精确。

(2)钎焊接头平整光滑、外形美观。

(3)适用于各种金属材料、异常金属、金属与非金属的连接。

(4)某些钎焊方法可以一次施焊多个零件或多条钎缝，且可连接不同材料，生产率较高。

(5)可以对极薄或极细的零件，以及粗细、厚薄相差很大的零件施焊。

(6)根据需要可以将某些材料的钎焊接头拆开，经过修整后可以重新钎焊。

(7)焊工劳动条件较好。

钎焊因其接头强度较低，接头的耐热能力比较差，工作温度较低，焊件表面清理及接头装配精度要求比较高，常用于焊接精密、复杂和由不同材料组成的构件，如蜂窝结构板、透平叶片、硬质合金刀具和印刷电路板等。

二、钎焊工作原理

钎焊是采用比母材熔点低的金属材料作钎料，将焊件和钎料加热到高于钎料熔点、低于母材熔点的温度，利用液态钎料润湿母材，填充接头间隙并与母材相互扩散从而实现焊件间的连接。

根据焊接温度的不同，钎焊可以分为两大类。焊接加热温度低于450℃称为软钎焊，高于450℃称为硬钎焊。

软钎焊多用于电子和食品工业中导电、气密和水密器件的焊接。以锡铅合金作为钎料的锡焊最为常用。软钎料一般需要用钎剂，以清除氧化膜，改善钎料的润湿性能。钎剂种类很多，电子工业中多用松香酒精溶液软钎焊。这种钎剂焊后的残渣对工件无腐蚀作用，称为无腐蚀性钎剂。焊接铜、铁等材料时用的钎剂，由氯化锌、氯化铵和凡士林等组成，焊铝时需要用氟化物和氟硼酸盐作为钎剂，还有用盐酸加氯化锌等作为钎剂的，这些钎剂焊后的残渣有腐蚀作用，称为腐蚀性钎剂，焊后必须清洗干净。

硬钎焊接头强度高，有的可在高温下工作。硬钎焊的钎料种类繁多，以铝、银、铜、锰和镍为基的钎料应用最广。铝基钎料常用于铝制品钎焊。银基、铜基钎料常用于铜、铁零件的钎焊。锰基和镍基钎料多用来焊接在高温下工作的不锈钢、耐热钢和高温合金等零件。焊接铍、钛、锆等难熔金属、石墨和陶瓷等材料则常用钯基、锆基和钛基等钎料。选用钎料时要考虑母材的特点和对接头性能的要求。硬钎焊钎剂通常由碱金属和重金属的氯化物和氟化物，或硼砂、硼酸、氟硼酸盐等组成，可制成粉状、糊状和液状。在有些钎料中还加入锂、硼和磷，以增强其去除氧化膜和润湿的能力。焊后钎剂残渣用温水、柠檬酸或草酸清洗干净。

钎焊常用的工艺方法较多，主要是按使用的设备和工作原理区分的。如按热源区分则有红外、电子束、激光、等离子、辉光放电钎焊等方法；按工作过程分有接触反应钎焊和扩散钎焊等方法。接触反应钎焊是利用钎料与母材反应生成液相填充接头间隙。扩散钎焊是增加保温扩散时间，使焊缝与母材充分均匀化，从而获得与母材性能相同的接头。具体见表7-21。

表7-21　钎焊常用的工艺方法

钎焊方法	分类		原理	应用
火焰钎焊	氧乙炔焰		用可燃气体与氧气(中压缩空气)混合燃烧的火焰来进行加热的钎焊，火焰钎焊可分为火焰硬钎焊和火焰软钎焊	主要用于钢的高温钎焊或厚大件钎焊
	压缩空气雾化汽油火焰、氧液化石油火焰、氧天然气火焰等	适用于钢以及低温钎料的硬钎焊，也用于铝的火焰钎焊；薄壁小件的钎焊		
炉中钎焊	空气炉中钎焊		把装配好的焊件放一般工业电炉中加热至钎焊温度完成钎焊	多用于钎焊铝、铜、铁及其合金
	保护气氛炉中钎焊	还原性气氛炉中焊	加有钎料的焊件在还原性气氛或惰性气氛的电炉中加热进行钎焊	适用于钎焊碳素钢、合金钢、硬质合金、高温合金等
		惰性气氛炉中钎焊		
	真空炉中钎焊	热壁型	使用真空钎焊容器，将装配套好钎料的焊件放入容器内，容器放入非真空炉中加热到钎焊温度，然后容器在空气中冷却	钎焊含有Cr、Ti、Al、等元素的合金钢、高温合金、钛合金、铝合金及难熔合金
		冷壁型	加热炉与钎焊室合为一体，炉壁作成水冷套，内置热反射屏，防止热向外辐射，提高热效率，炉盖密封，焊件钎焊后随炉冷却	

（续）

<table>
<tr><th>钎焊方法</th><th colspan="2">分　　类</th><th>原　　理</th><th>应　　用</th></tr>
<tr><td rowspan="3">感应钎焊</td><td colspan="2">高频(150～700kHz)</td><td rowspan="3">焊件钎焊处的加热是依靠在交变磁场中产生感应电流的电阻热来实现</td><td rowspan="3">广泛用于钎焊钢、铜及铜合金、高温合金等的具有对称形状的焊件</td></tr>
<tr><td colspan="2">中频(1～10kHz)</td></tr>
<tr><td colspan="2">工频(很少直接用于钎焊)</td></tr>
<tr><td rowspan="3">浸渍钎焊</td><td rowspan="2">盐浴浸渍钎焊</td><td>外热式</td><td rowspan="2">多为氯盐的混合盐浴，焊件加热的保护靠盐浴来实现。外热式由槽外部电阻丝加热；内热式靠电流通过盐浴产生的电阻热来加热。当钎焊铝及其合金时应使用钎剂作盐浴</td><td rowspan="2">适用于以铜基钎料和银基钎焊钢、铜及其合金、合金钢及高温合金。还可钎焊铝及其合金</td></tr>
<tr><td>内热式</td></tr>
<tr><td colspan="2">熔化钎料中浸渍钎焊(金属浴)</td><td>将经过表面清洗并装配好的钎焊件进行钎剂处理，再放入熔化钎料中，钎料把钎焊处加热到钎焊温度实现钎焊</td><td>主要用于以软钎料焊铜、铜合金及钢。对于钎缝多而复杂的产品(如蜂窝式换热器、电机电枢等)用此法效率高</td></tr>
<tr><td rowspan="2">电阻钎焊</td><td colspan="2">直接加热</td><td>电极压紧两个零件的钎焊处，电流通过钎焊面形成回路，靠通电中钎焊面产生的电阻热加热到钎焊温度实现钎焊</td><td rowspan="2">主要用于钎焊刀具、电机的定子线圈、导线端头以及各种电子元器件的触点等</td></tr>
<tr><td colspan="2">间接加热</td><td>电流或只通过一个零件，或根本不通过焊件。前者钎料熔化和另一零件加热是依靠通电加热的零件向它导热来实现。后者电流是通过并加热一个较大的石墨板或耐热合金板，焊件放置在此板上，全部依靠导热来实现，对焊件仍需压紧</td></tr>
</table>

目前钎焊工艺被广泛应用于硬质合金刀具、钻探钻头、自行车架、换热器、导管及各类容器等制造中；在微波波导、电子管和电子真空器件的制造中，钎焊甚至是唯一可能的连接方法。

三、钎焊常用设备

1. 火焰钎焊设备

火焰钎焊中，氧乙炔火焰钎焊是最常用的方法。氧乙炔火焰钎焊所用设备为乙炔发生器或乙炔气瓶、氧气瓶焊炬等。为使钎焊工件均匀加热，可采用专用的多焰喷嘴或固定式多头焊嘴。

2. 电阻钎焊机

电阻钎焊机的型号及技术数据见表7-22。

表7-22 电阻钎焊机型号及技术数据

型　号	容量/k·VA	电源电压/V	二次电压/V	最大钎焊面积/mm²
Q—10	10	380	1.31～2.62	900
Q—16	16	220或380	1.31～2.62	1600
Q—63	63	380	—	—

3. 盐浴电阻炉

盐浴电阻炉的型号与技术数据见表7-23。

表7-23 盐浴电阻炉的型号与技术数据

名称	型　号	功率/kW	电压/V	相数	最高工作温度(℃)	盐浴槽尺寸/mm	最大技术生产率/(kg/h)	质量/kg
插入式电极盐浴炉	RDM2—20—13	20	380	1	1300	180×180×430	90	740
	RDM2—25—8	25	380	1	850	300×300×490	90	812
	RDM2—35—13	35	380	3	1300	200×200×430	100	893
	RDM2—45—13	45	380	1	1300	260×240×600	200	1395
	RDM2—50—6	50	380	3	600	500×920×540	100	2690
	RDM2—75—13	75	380	3	1300	310×350×600	250	1769
	RDM2—100—8	100	380	3	850	600×920×540	160	2690
	RYD—20—13	20	380	1	1300	245×180×430	—	1000
	RYD—25—8	25	380	1	850	380×300×490	—	1020
	RYD—35—13	35	380	3	1300	305×200×430	—	1043
	RYD—45—13	45	380	1	1300	340×260×600	—	1458
	RYD—50—6	50	380	3	600	920×600×540	—	3052
	RYD—75—13	75	380	3	1300	525×350×600	—	1652
	RYD—100—8	100	380	3	850	920×600×540	—	3052
坩埚式	RYG—10—8	10	220	1	850	ϕ200×350	—	1200
	RYG—20—8	20	380	3	850	ϕ300×555	—	1350
	RYG—30—8	30	380	3	850	ϕ400×575	—	1600

四、钎焊工艺操作技术

1. 焊前准备

(1)焊件表面去油,焊件表面黏附的矿物油可用有机溶剂清除,动植物油可用碱溶液清除。

(2)氧化膜的化学清理。常用材料表面氧化膜的化学清理方法见表7-24。

表 7-24　常用材料表面氧化膜的化学清理方法

焊件材料	浸蚀溶液配方	化学清理方法
低碳钢和低合金钢	H_2SO_4 10%水溶液	40～60℃下浸蚀 10～20min
	H_2SO_4 5%～10%，HCl 2%～10%水溶液，加碘化亚钠 0.2%(缓蚀剂)	室温下浸蚀 2～10min
不锈钢	NHO_3 150mL，NaF50g，H_2O 850mL	20～90℃下浸蚀到表面光亮
	H_2SO_4 10%(浓度 94%～96%) HCl15%(浓度 35%～38%) HNO_3 5%(浓度 65%～68%)H_2O64%	100℃下浸蚀 30s，再在 HNO_3 15%的水溶液中光化处理，然后 100℃下浸 10min，适用于厚壁焊件
	HNO_3 10%，H_2SO_4 6% HF 50g/L，余量 H_2O	室温下浸蚀 10min 后，在 60～70℃热水中洗 10min，适用于薄壁焊件
	HNO_3 3%，HCl 7%，H_2O 90%	80℃下浸蚀后用热水冲洗，适用于含钨、钼的不锈钢深度浸蚀
铜及铜合金	H_2SO_4 12.5%，Na_2CO_3 1%～3%，余量 H_2O	20～77℃下浸蚀
	HNO_3 10%，Fe_2SO_4 10%，余量 H_2O	50～80℃下浸蚀
铝及铝合金	NaOH 10%，余量 H_2O	60～70℃下浸蚀 1～7min 后用热水冲洗，并在 HNO_3 15%的水溶液中光亮处理 2～5min，最后在流水中洗净
	NaOH 20～35g/L，Na_2CO_3 20～30g/L，余量 H_2O	先在 40～55℃下浸蚀 2min，然后用 60～70℃下浸蚀 1～7min 后用热水冲洗，并在 HNO_3 15%的水溶液中光亮处理 2～5min，最后在流水中洗净
	Cr_2O_3 150g/L，H_2SO_4 30g/L，余量 H_2O	50～60℃下浸蚀 5～20min
镍及镍合金	H_2SO_4(密度 1.87g/L)1500mL，HNO_3(密度 1.36g/L)2250mL，NaCl 30g，H_2O 1000mL	—
	HNO_3 10%～20%，HF 4%～8%，余量 H_2O	
钛及钛合金	HNO_3 20%，HF(浓度 40%)1%～3%，余量 H_2O	适用于氧化膜薄的零件
	HCl 15%，HNO_3 5%，NaCl 5%，余量 H_2O	适用于氧化膜厚的零件
	HF 2%～3%，HCl 3%～4%，余量 H_2O	—
钨、钼	HNO_3 5%，H_2SO_4 30%，余量 H_2O	—

(3)焊件装配。钎焊前需要将零件装配与定位，以确保零件之间的相互位置，对于结构复杂的零件，一般采用专用夹具来定位。钎焊夹具的材料应具有良好的耐高温及抗氧化性，应与钎焊焊件材质具有相近的热膨胀系数。

2. 钎焊的方法

常见的钎焊的方法及特点见表7-25。

表7-25　　常见的钎焊方法及特点

钎焊方法	释　义	特　点	适用范围
火焰钎焊	火焰钎焊是使用可燃气体与氧气(或压缩空气)混合燃烧的火焰进行加热的钎焊	设备简单、操作方便、燃气来源广、焊件结构及尺寸不受限制,但是这种方法的生产率低、操作技术要求高	适用于碳素钢、不锈钢、硬质合金、铸铁,以及铜、铝及其合金等材料的钎焊
浸渍钎焊	浸渍钎焊是将工件局部或整体浸入熔态的高温介质中加热,进行钎焊,浸渍钎焊包括盐浴钎焊、金属浴钎焊和峰波钎焊三种形式	加热迅速、生产率高、液态介质保护零件不受氧化,有时还能同时完成液淬火等热处理工艺	适用于大量生产
炉中钎焊	炉中钎焊是将装配好钎料的焊件放在炉中加热并进行钎焊的方法。炉中钎焊包括空气炉中钎焊、保护气氛炉中钎焊和真空炉中钎焊三种形式	焊件整体加热、焊件变形小、加热速度慢,一炉可同时钎焊多个焊件	适用于批量生产

以钎焊为例,焊接工艺如下。

(1)焊前清理。焊前要清除焊件表面及接合处的油污、氧化物、毛刺及其杂物,保证铜管端部及接合面的清洁与干燥,另外还需要保证钎料的清洁与干燥。

焊件表面的油污可用丙酮、酒精、汽油或三氯乙烯等有机溶液清洗,此外热的碱熔液除油污也可以得到很好的效果,对于小型复杂或大批零件可用超声波清洗。

表面氧化物及毛刺可用化学浸湿方法,然后在水中冲洗干净并加以干燥。

对于铜管,必须用去毛刺机去除两端面毛刺,然后用压缩空气(压力 $p=0.6\text{MPa}$)对铜管进行吹扫,吹干净铜屑。

一般的焊件在焊前已有专门的清洁工序(如酸洗),但仍有可能因处理工序不佳或储存方式不正确而使焊件表面留有油污或水分,因此在接头装配和焊接前仍需要以目视和触摸的方式检验焊件表面的清洁度和干燥度,若发现焊件不干净、潮湿或被氧化,应挑出来重新处理方可焊接。另外,焊料被污染应放弃使用或清洗后再使用。

(2)接头拼装。钎焊的接头形式有对接、搭接、T型接、卷边拉及套接等方式,制冷系统所采用的均为套接方式,不得采用其他接头方式。

1)钎焊间隙。钎焊接头的安装须保证合适均匀的钎缝间隙,针对所使用的铜磷钎料,要求钎缝间隙(单边)在0.05～0.10mm之间。间隙过大会破坏毛细作用而影响钎料在钎缝中的均匀铺展,另外,过大的间隙也会在受压或振动下引起焊缝破裂和出现半堵或堵塞现象;间隙过小会妨碍液态钎料的流入,使钎料不能充满整个钎缝使接头强度下降;钎缝间隙不均匀会妨碍液态钎料在钎缝中的均匀铺展,从而影响钎焊质量。

2)套接长度。对于套接形式的钎焊接头,选择合适的套接长度是相当重要的。一般铜管的套接长度在5～15mm(壁厚大于0.6mm直径大于8mm的管,其套接长度不应小于8mm);毛细管的套接长度在10～15mm。若套接管长度过短易使接头强度(主要指疲劳特性和低温性能)不够,更重要的是易出现焊堵现象。

接头安装完毕后,应检验钎焊接头是否变形,破损及套接长度是否合适,不良接头应力求避免,若出现不良接头应拆除重新安装后方可焊接。

(3)充气保护。接头安装经检查正常后开启充氮阀进行充氮保护,以防止铜管内壁受热而被空气氧化,焊前的充氮时间应依据具体工序的作业指导书要求选定,为保证焊前和焊接后有充足的氮气保护,对充氮的要求见表7-26。

表7-26 充氮要求

管径/mm	氮气流量(焊接中)/(L/min)	焊后保持时间/s	氮气压力/MPa	
			预充式(短时置换)	边充边焊(连续置换)
<10	≥4	≥3	0.05～0.2	0.05～0.1
≥10	≥6	≥6		

一般来说。预充式(短时置换)停留的时间为3～5秒就需快速焊接。

(4)冷却作业。冷却方法有浸入式冷却、喷淋式冷却、湿布式冷却和非接触式冷却等。

1)浸入式冷却:将需要冷却的部件完全浸没在水中进行钎焊的作业方法。

2)喷淋式冷却:向需要冷却的部件连续地淋水进行钎焊的作业方法。

3)湿布式冷却:用含水的湿布包裹需要冷却的部件进行钎焊的作业方法。

4)非接触式冷却:通过连续水流冷却工装外壁,来冷却部件进行钎焊的作业方法。

确保冷却部件充分冷却,在钎焊的过程中,部件的非耐热部分最高温度不超过120℃,且冷却作业应便于操作,不影响钎焊质量和工作效率。

为了防止钎焊余热使非耐热部件的温度上升,钎焊完成后,必须将钎焊部件浸入水中或淋水进行冷却,使其温度降至室温。

(5)调节火焰。焊接气体由助燃气体(氧气)和可燃气体(液化石油气)两部分组成,液化石油气(LPG)的主要成分是丙烷(C_3H_8)、丁烷(C_4H_{10})及一定量的丙烯(C_3H_6)和丁烷(C_4H_8)等碳氢化合物。此外为了增加液态钎料润湿性及防止铜管外表被氧化,在O_2－LPG混合气体中加入了气体助焊剂(其主要成分为硼酸三甲酯,要求含量为55～65%),三种气体混合物燃烧温度可达2400℃。

O_2－LPG气体火焰可根据氧气与LPG的混合比不同,有三种不同性质的火焰:氧化焰、中性焰和还原焰(亦叫碳化焰)三种火焰。调整火焰的过程如下:

首先打开LPG气阀,点火后调节氧气阀调出明显的碳化焰后再缓慢调大氧气阀直到白色外焰距蓝色2～4mm,此时外焰轮廓已模糊,即内焰与焰心将重合,此时的火焰为中性焰,再调大氧气则变为氧化焰,氧化焰的焰心呈白色,其长度随氧气量增大而变短。焊接铜管时应使用中性焰,尽量避免用氧化焰和碳化焰,气体助焊剂流量大小则需调到外焰呈亮绿色,另外也可依据焊后铜管的颜色来调节气体助焊剂,当焊后铜管有变黑的倾向时,则应调大气体助焊剂的流量,直到焊后铜管呈紫色为止。

焊接时，氧气与LPG的压力选择见表7-27。

表7-27 氧气与LPG的压力选择

焊接材料	钎　料	钎　剂	供气压力/MPa	
			LPG	O_2
紫铜—紫铜	磷铜钎料	气体助焊剂	0.05～0.09	0.4～0.8
黄铜—紫铜				
钢—铜	银钎料	气体助焊剂+固体助焊剂		

(6)焊炬及焊嘴的选择。使用通用焊炬进行钎焊时，最好使用多孔喷嘴(通常叫梅花嘴)，此时得到的火焰比较分散，温度比较适当，有利于保证均匀加热。焊炬及焊嘴的选择见表7-28和表7-29。

表7-28 焊炬的选择

铜管直径/mm	≤12.7	12.7～19.05	≥19.05
焊炬型号	H01—6	H01—12	H01—02

表7-29 焊嘴的选择

铜管直径/mm	≥16	12.7～9.53	9.53～6.35	≤6.35和毛细管
单孔嘴型	3号	2号	1号	—
梅花嘴型	4号	3号	2号	1号

以上两表是选择焊炬和焊嘴的一般原则，在实际选择中，还应考虑铜管的壁厚。也就是说，必须根据铜管的直径和壁厚，综合选择焊炬和焊嘴。

(7)加热。针对现有的情况，钎焊焊接有三种位置：竖直焊、水平焊、倒立焊，如图7-2所示。

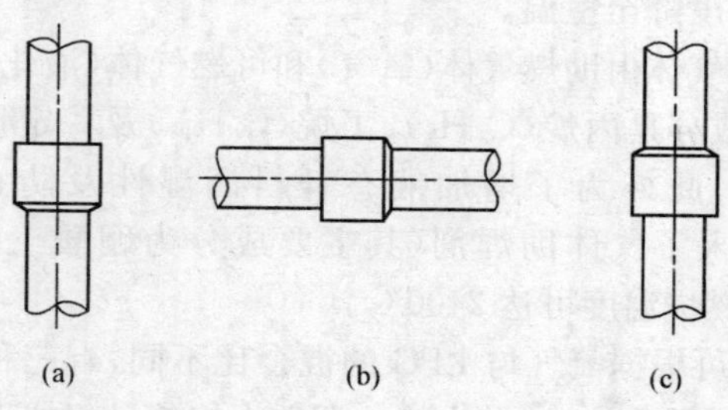

图7-2 焊接方式
(a)竖直焊；(b)水平焊；(c)倒立焊

三种施焊方式的加热方法如图7-3所示，管径大且管壁厚时，加热应近些。为保证接头均匀加热，焊接时使火焰沿铜管长度方向移动，保证杯形口和附近10mm范围内均匀受热，但倒立焊时下端不宜加热过多，若下端铜管温度太高，则会因重力和铺展作用使液态钎料向下流失。

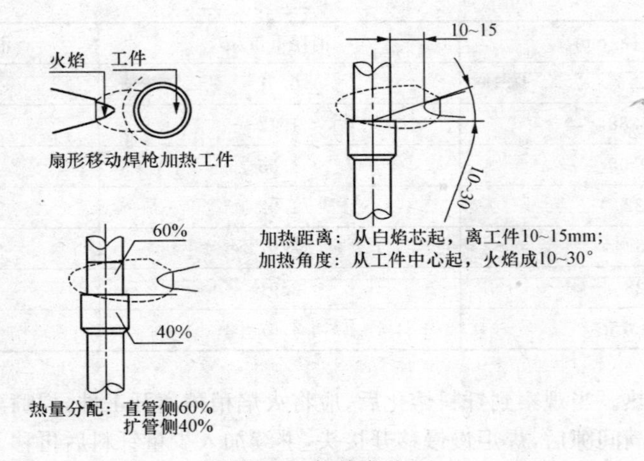

图 7-3　加热方法

加热时的注意事项：

1)管径较大时应选用大号的焊嘴，反之则用小号的焊嘴；

2)毛细管焊接时应尽可能避免直接对毛细管加热；

3)管壁厚度不同时应着重对厚壁加热；

4)螺纹管钎焊时，加热和保温时间比光铜管的时间要短些，以防钎料流失；

5)先加热插入接头中的铜管，使热量传导至接头内部。

(8)加入钎料和钎剂。

1)钎料加入方法。当铜管和杯形口被加热到呈暗红色的焊接温度时，需从火焰的另一侧加入钎料，如果钎焊黄铜和紫铜，则需先加热钎料，焊前涂覆钎剂后方可焊接。

钎料选择从火焰的另一侧加入，主要有三方面的考虑：

其一是防止钎料直接受火焰加热而温度过高使钎料中的磷被蒸发掉，影响焊接质量；

其二是可检测接头部分是否均匀达到焊接温度；

其三是钎料从低温侧向高温润湿铺展，低温处钎料填缝速度慢，所以让钎料在低温处先熔化、先填缝，而高温侧填缝时间要短些，这样可使钎料不至于在低温处填缝不充分而高温侧填缝过度而流失，能够使钎料能均匀填缝。

焊接时，可能出现焊料成球状滚落到接合处而不附着于工件表面的现象，可能的原因是被焊金属未达到焊接温度而焊料已熔化或是被焊金属不洁净。

2)钎料的用量。以磷铜钎料(ϕ2×500mm)为例，在合理的间隙条件下，通过实际测量，与铜管直径相对应的钎料用量标准见表 7-30。

表 7-30　铜管直径相对应的钎料用量标准

铜管直径/mm	消耗重量/g	消耗长度/mm
ϕ6.35	0.35	10
ϕ9.53	0.36	11

（续）

铜管直径/mm	消耗重量/g	消耗长度/mm
ϕ12.7	0.57	15
ϕ15.88	1.12	33
ϕ19.05	1.55	44
ϕ22	1.92	44.6
ϕ25.4	2.97	83
ϕ28	3.91	110
ϕ31.75	4.67	130

(9)保持加热。当观察到钎料熔化后，应将火焰稍稍离开工件，焊嘴离焊件40～60mm距离，等钎料填满间隙后，焊炬慢慢移开接头，继续加入少量钎料后再移开焊炬和钎料。

(10)焊后处理及检验。焊后应清除焊件表面的杂物，特别是黄铜与紫铜焊接后应用清水清洗或砂纸打磨焊件表面，以防止表面被腐蚀而产生铜绿，自动焊接时应用最后一排枪喷出气体助焊剂的氛围中冷却，防止高温的铜管在冷却过程中被氧化。其注意事项：

1)目视检查钎焊部位，不应有气孔、夹渣、未焊透、搭接未溶合等；

2)去除表面的焊剂和氧化膜；

3)用水冷却的部件，必须用气枪吹干水分；

4)按规定位置摆放所有部件，避免碰伤、损坏。

对钎焊接的质量要求如下：

1)焊缝接头表面光亮，填角均匀，光滑圆弧过度；

2)接头无过烧、表面严重氧化、焊缝粗糙、焊蚀等缺陷；

3)焊缝无气孔、夹渣、裂纹、焊瘤、管口堵塞等现象；

4)部件焊接成整机后，进行气密试验时，焊缝处不准有制冷剂泄漏。

关于焊后泄漏检验，一般有三种方法：

1)压力检漏。给焊后的热交换器充0.5MPa以上的N_2或干燥空气，然后对钎焊接头喷洒中性的洗涤剂，观察10s内有无气泡产生，若有气泡产生则判为泄漏，需补焊或重焊。此方法检验精度较低。

2)卤素检漏。此方法用于充冷媒后的热交换器检漏。将卤素检漏仪的精度选择为2g/年，用探针沿各焊接头移动(探针离工件应保持在1～2mm以内，移动速度为20～50mm/s)，若制冷剂泄漏速度大于2g/年，则检漏仪将自动报警。此方法较压力检漏精度高，但受人为因素影响较大。

3)真空箱氦质谱检漏。向热交换器中充入一定压力的氦气，然后将其放入真空箱，并对真空箱抽真空至20Pa，此时通过探测仪检验真空箱中是否有热交换器泄漏出的氦气。此方法比卤素检验精度更高，但它仅能检验热交换器是否有泄漏，而不能检查出具体的泄漏位置。

钎焊后应立刻检查焊缝是否饱满、圆滑，填缝是否充分，是否有氧化、焊蚀、气孔、夹渣、漏气及焊堵塞等现象，若检查发现有异常，则进行异常处理。

关键细节 12　钎焊常见缺陷及处理对策

钎焊常见缺陷及处理见表 7-31。

表 7-31　常见钎焊缺陷及处理

缺　陷	特　征	产生原因	处理措施	预防措施
钎焊未填满	接头间隙部分未填满	间隙过大或过小； 装配时铜管歪斜； 焊件表面不洁净； 焊件加热不够； 钎料加入不够	对未填满部分重焊	装配间隙要合适； 装配时铜管不能歪斜； 焊前清理焊件； 均匀加热到足够温度； 加入足够钎料
钎缝成形不良	钎料只在一面填缝，未完成圆角，钎缝表面粗糙	焊件加热不均匀； 保温时间过长； 焊件表面不洁净	补焊	均匀加热焊件接头区域； 钎焊保温时间适当； 焊前焊件清理干净
气孔	钎缝表面或内部有气孔	焊件清理不干净； 钎缝金属过热； 焊件潮湿	清除钎缝后重焊	焊前清理焊件； 降低钎焊温度； 缩短保温时间； 焊前烘干焊件
夹渣	钎缝中有杂质	焊件清理不干净； 加热不均匀； 间隙不合适； 钎料杂质量过高	清除钎缝后重焊	焊前清理焊件； 均匀加热； 合适的间隙
表面侵蚀	钎缝表面有凹坑或烧缺	钎料过多； 钎缝保温时间过长	机械磨平	适当钎焊温度； 适当保温时间
焊堵	铜管或毛细管全部或部分堵塞	钎料加入太多； 保温时间过长； 套接长度太短； 间隙过大	拆开清除堵塞物后重焊	加入适当钎料； 适当保温时间； 适当的套接长度
氧化	焊件表面或内部被氧化成黑色	使用氧化焰加热； 未用雾化助焊剂； 内部未充氮保护或充氮不够	打磨除去氧化物并烘干	使用中性焰加热； 使用雾化助焊剂； 内部充氮保护
钎料	钎料流到不需钎料的焊件表面或滴落	钎料加入太多； 直接加热钎料； 加热方法不正确	表面的钎料应打磨掉	加入适量钎料； 不可直接加热钎料； 正确加热
泄漏	工件中出现泄漏现象	加热不均匀； 焊缝过热而使磷被蒸发； 焊接火焰不正确，造成结碳或被氧化； 出现气孔或夹渣	拆开清理后重焊或补焊	均匀加热，均匀加入钎料； 选择正确火焰加热； 焊前清理焊件； 焊前烘干焊件

（续）

缺　陷	特　征	产生原因	处理措施	预防措施
过烧	内、外表面氧化皮过多，并有脱落现象（不靠外力，自然脱落），所焊接头形状粗糙，不光滑发黑，严重的有外套管裂管现象	钎焊温度过高（过高使用了氧化焰）； 钎焊时间过长； 已焊好的口仍不断加热、填料	用高压氮气或干燥空气对铜管内外吹	控制好加热时间； 控制好加热的温度

关键细节 13　钎焊补焊的技术要求

补焊是针对钎焊接头有缺陷的现象进行的一种补救措施，但不是所有有质量缺陷的接头都能采用此法，补焊接头的分类见表 7-32。

表 7-32　补焊接头的分类

序　号	分　类	接头形式
1	不能采用补焊的几种接头	(1)已经过烧的接头。 (2)接头处的铜管已经熔蚀。 (3)接头处开裂现象严重(一般大于 2mm)。 (4)已经补焊过一次的接头。 (5)接头处的铜管已经严重变薄
2	能采用补焊的几种接头	(1)接头间隙部分未填满。 (2)钎料只在一面填缝，未完成圆角，钎缝表面粗糙。 (3)钎缝中有杂质(清除钎缝后重焊)。 (4)有泄漏现象(未补焊过)。 (5)焊缝有气孔。 (6)接头部位及外套管壁焊瘤太大(超过 2mm)，需用外焰进行加热而且方向要向焊口处拨动

补焊时应注意的事项：

(1)对于壁厚大于 0.5mm 的铜管，可以采用普通的铜磷钎料进行补焊；

(2)对于壁厚小于 0.45mm 的铜管，可以采用含银钎料进行补焊；

(3)确认冷冻循环中是否有高压空气、混合气体、冷媒等，如有，从接头或阀门处排出，确认循环内部没有压力；

(4)确认泄漏部位，除去周围的可燃物；

(5)彻底清洁需要钎焊的泄漏部位，如有氧化膜，可用砂纸轻轻打磨；

(6)进行氮气置换，钎焊时必须先将第一次钎焊的焊料加热到可熔化的程度，再进行钎焊；

(7)用湿布冷却钎焊部位，注意水不能溅到电气品和隔热材上；

(8)用含有热水的布将钎焊部位的焊剂清除干净，如有必要，用砂纸清除氧化膜；

(9)用干布将钣金件、配管和周围的水擦干。

第八章　焊接质量管理

第一节　概　　述

一、质量管理的基本术语

1. 质量

质量是指反映实体满足明确和隐含需要的能力的特性总和。实体是可单独描述和研究的事物,它可以是活动或过程、产品、组织、体系或人及上述各项的任何组合。

2. 质量方针

质量方针是由组织的最高管理者正式颁布的、该组织总的质量宗旨和方向。质量方针是组织总方针的一个组成部分,由最高管理者批准,它是组织的质量政策;是组织全体职工必须遵守的准则和行动纲领;是企业长期或较长时期内质量活动的指导原则,它反映了企业领导的质量意识和决策。

3. 质量管理

质量管理是指确定质量方针、目标和职责并在质量体系中通过诸如质量策划、质量控制、质量保证和质量改进使其实施的全部管理职能的所有活动。

4. 质量策划

质量策划是指确定质量以及采用质量体系要素的目标和要求的活动。质量策划应包括产品策划、管理和作业策划、编制质量计划和规定质量改进等多方面的内容。

5. 质量控制

质量控制是指为达到质量要求所采取的作业技术和活动。

6. 质量保证

质量保证是指为了能够提供足够的信任以表明实体能够满足质量要求,而在质量体系中实施并根据需要进行证实的全部有计划和有系统的活动。

7. 质量改进

质量改进是指为向本组织及其顾客提供更多的收益,在整个组织内所采取的旨在提高活动过程效益和效率的各种措施。

8. 质量体系

质量体系是指为实施质量管理所需的组织结构、程序、过程和资源。

二、全面质量管理

全面质量管理是指"一个组织以质量为中心,以全员参与为基础,目的在于通过让顾客满意和本组织所有成员及社会受益而达到长期成功的管理途径。"全面质量管理的特点是针对不同企业的生产条件、工作环境及工作状态等多方面因素的变化,把组织管理、数理统计方法以及现代科学技术、社会心理学、行为科学等综合运用于质量管理，建立适用和完善的质量工作体系，对每一个生产环节加以管理，做到全面运行和控制。

(1)通过改善和提高工作质量来保证产品质量；

(2)通过对产品的形成和使用全过程管理，全面保证产品质量；

(3)通过形成生产(服务)企业全员、全企业、全过程的质量工作系统，建立质量体系以保证产品质量始终满足用户需要，使企业用最少的投入获取最佳的效益。

三、质量保证体系

质量保证体系是指企业以提高产品质量为目标，运用系统的概念和方法，把质量管理的各个阶段、各个环节、各个部门的质量管理职能和活动合理地组织起来，形成一个有明确任务、职责、权限而又相互协调、相互促进的有机整体。

建立健全的质量保证体系主要包括以下几个方面：

(1)明确的质量目标、质量方针和政策；

(2)各类人员、各业务技术部门的质量责任制；

(3)能有效行使职权的质量保证组织；

(4)完整的质量管理制度和质量控制标准、规范、程序；

(5)有效和质量管理活动，确保产品形成的全过程处于受控状态；

(6)质量记录完整，信息畅通，实施闭环管理；

(7)制造、试验、检测、分析手段满足承制产品的精度要求；

(8)外购器材的质量确有保证；

(9)用户满意的售后服务；

(10)质量教育坚持始终；

(11)质量监督(审核)制度化；

(12)实行质量成本管理，达到质量管理与经济效益统一。

关键细节1　质量保证体系控制内容

质量保证体系根据本单位的人、机、料、法、环等五个方面对产品实行全面的质量控制。

(1)人：包括人员结构、人员素质、技术水平、专业特长、工人级别和技术状况以及人员的实际技能等。

(2)机：包括品种、规格、数量、状况、使用、维护设备等的能力。

(3)料：一是原材料及辅料；二是资料，如各种技术资料、书籍等。

(4)法：包括各种规程、规定、规范、标准、规章制度、技术管理制度等。

(5)环：指工作环境、企业面貌。

第二节　焊接质量

一、常见焊接质量缺陷

常见的焊接质量缺陷有外部缺陷和内部缺陷两种。

1. 外部缺陷

外部缺陷位于焊缝外表面，用肉眼或低倍的放大镜就可观察到，例如，焊缝尺寸不符合要求、咬边、焊瘤、凹坑、表面裂纹等缺陷。

2. 内部缺陷

内部缺陷位于焊缝的内部，这类缺陷用破坏性检验或无损伤方法才能发现，例如，未焊透、内气孔、内部裂纹、夹渣等缺陷。

二、焊接质量检验标准

1. 焊缝

(1)焊缝外形应均匀，焊道与基本金属之间应平滑过渡。

(2)对接焊缝外形尺寸见表 8-1。

表 8-1　对接焊缝外形尺寸

焊缝形式	示意图	焊缝宽度 c	焊缝余高 h /mm
Ⅰ形焊缝(包括Ⅰ形带垫板对接焊缝)		$c=b+2a$	0～3
非Ⅰ形焊缝	(a) (b) (c)	图(a)中： $c=g+2a$ 图(b)中： $g=2\tan\beta\cdot(\delta-p)+b$ 图(c)中： $g=2\tan\beta\cdot(\delta-R-p)+2R+b$	0～3

注：1. 焊缝的最大宽度 c_{max} 和最小宽度 c_{min} 的差值，在任意 50mm 的焊缝长度范围内不得大于 4mm，在整个焊缝长度范围内不得大于 5mm。

2. 焊缝表面凹凸时，在焊缝任意 25mm 长度范围内，焊缝余高 $h_{max}-h_{min}$ 的差值不得大于 2mm，如图 8-1 所示。

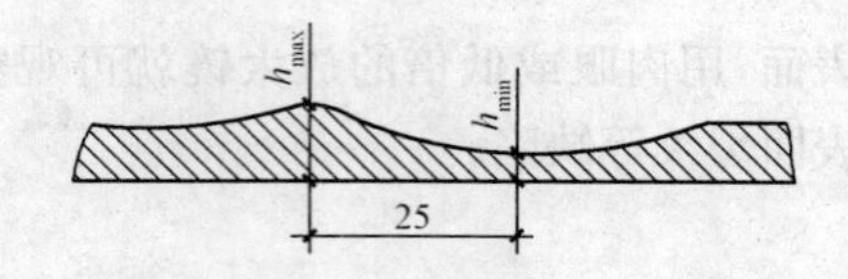

图 8-1 焊缝表面凹凸示意图

(3)角焊缝外形尺寸。角焊缝的焊脚尺寸 K 值由设计或有关技术文件注明,其焊脚尺寸 K 值的偏差应符合表 8-2 的规定。

表 8-2　　焊脚对 K 值的偏差

焊接方法	尺寸偏差/mm	
	$K<12$	$K\geqslant12$
埋弧焊	+4	+5
手工电弧焊及气体保护焊	+3	+4

(4)焊缝边缘的直线度 f,在任意 300mm 连续焊缝长度内,焊缝边缘沿焊缝轴向的直线度 f 如图 8-2 所示,其值应符合表 8-3 的规定。

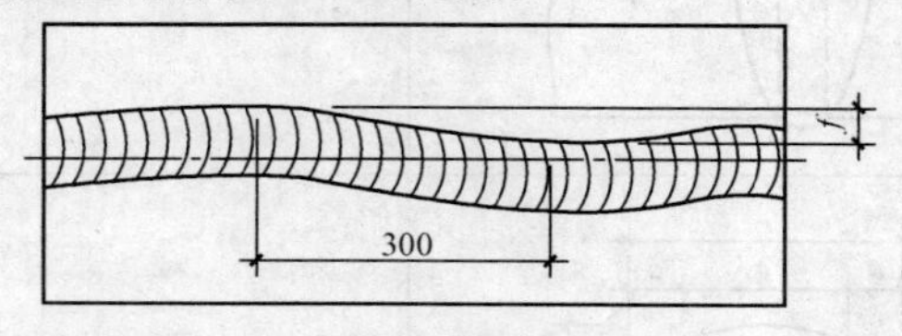

图 8-2 焊缝边缘直线度 f 的确定

表 8-3　　焊缝边缘直线度 f 值

焊接方法	焊缝边缘直线度 f/mm
埋弧焊	≤4
手工电弧焊及气体保护焊	≤3

2. 对焊接头

设计文件或技术要求中必须明确规定出产品对焊接头(包口焊缝金属)性能要求的项目和指标,且应符合相应产品的设计规程、规则或法规的要求。对焊接头性能的要求项目如下:

(1)常温拉伸性能;

(2)常温冲击性能;

(3)常温弯曲性能;

(4)低温冲击性能;

(5)高温瞬时拉伸性能；

(6)高温持久拉伸或蠕变性能；

(7)疲劳性能；

(8)断裂性能；

(9)其他(如耐腐蚀、耐磨等特定性能)。

三、焊接质量的检验

焊接质量检验的方法一般有非破坏性检验和破坏性检验两种。

1. 非破坏性检验

非破坏性检验是无损检验，是不损坏被检验材料或产品的性能和完整性而检测其缺陷的方法，主要包括外观检查、致密性试验、渗透探伤、磁粉探伤和超声探伤等。

(1)外观检查。外观检查是指用肉眼或借助样板，或用低倍放大镜观察焊件，以发现焊缝外的气孔、咬边、满溢以及焊接裂纹等表面缺陷的方法。

(2)致密性试验。对于储存气体、液体、液化气的各种容器、反应器和管路系统，都需对焊缝和密封面进行致密性试验，常用的致密性试验有密封性检验和气密性检验。

1)密封性检验是检查有无漏水、漏气和渗油等现象的试验。

2)气密性检验是将压缩空气(或氨、氟利昂、氦、卤素气体等)压入焊接容器，利用容器内外气体的压力差检查有无泄漏的试验方法。

(3)渗透探伤。渗透探伤是利用带有荧光染料(荧光法)或红色染料(着色法)渗透剂的渗透作用，显示缺陷痕迹的无损检验法。渗透探伤的基本操作程序如下：

1)预处理。在喷、涂溶液前，应将周围的油污和锈斑等清除干净，然后用丙酮擦干受检表面，再采用清洗剂将受检表面洗净，最后进行烘干或晾干。

2)渗透。将渗透剂喷、刷涂到受检的表面，喷涂时，喷嘴距离受检表面以20～30mm为宜，渗透时间为15～30min。为了更好地进行细小缺陷的探测，可将工件先预热到40～50℃，然后进行渗透。

3)清洗。达到规定的渗透时间后，用棉布擦去表面多余的渗透剂，然后用清洗剂清洗，注意不要把缺陷里的渗透剂洗掉。

4)显影。表面上刷涂或喷涂一层厚度为0.05～0.07mm的显相剂，保持15～30min后观察。

5)检查。用肉眼或放大镜观察，当受检表面有缺陷时，即可在白色的显像剂上显示出红色的图案。

(4)磁粉探伤。磁粉探伤是利用在强磁场中，铁磁性材料表层缺陷产生的漏磁场吸附磁粉的原理而进行的无损检验法。磁粉探伤的基本操作程序如下。

1)清理。进行磁粉探伤前，应对受检的焊缝表面及其附近30mm区域进行干燥和清洁处理。

2)磁化。根据受检面形状和易产生缺陷的方向，选择合适的磁化方法和磁化电流，通电时间为0.5～1s。常用的磁化方法有电极接触法和磁轭法两种。

①采用电极接触法时，磁化电流的选择见表8-4。

表 8-4 磁化电流的范围

工件厚度/mm	磁化电流/A	触电间距/mm
≥20	40～50	10
<20	35～45	10

②采用磁轭法时，要求使用的磁铁具有一定磁动势，交流电磁轭提升力≥50N；交流电或永久磁铁磁轭提升力≥200N，两磁极间的距离宜在80～160mm之间。

3)检查。检查操作要连续进行，在磁化电流通过时再施加磁粉，干磁粉应喷涂或撒布，磁粉粒度应均匀，一般用不小于200目的筛子筛选。磁悬液应缓慢浇上，注意要适量。施用荧光磁粉时需在黑暗中进行，检查前5min将紫外线探伤灯（或黑光灯）打开，使荧光磁粉发出明显的荧光。为防止漏检，每个焊链一般需进行两次检验，两次检查的磁力线方向应大体垂直。

(5)射线探伤。射线探伤是采用X射线或γ射线照射焊接接头，检查内部缺陷的无损检验法。通常用超声探伤确定有无缺陷，在发现缺陷后，再用射线探伤确定其性质、形状和大小。

2. 破坏性检验

破坏性试验是对焊缝及接头进行性能检测的一种必不可少的手段，主要是为进行焊接工艺评定、焊接性试验、焊工技能评定和其他考核焊缝和焊接接头性能而采用的检验法。主要包括力学性能试验、理化试验和焊接性能试验三种。

(1)力学性能试验。力学性能试验包括拉伸、弯曲、硬度、冲击、疲劳、蠕变等项目试验，用以测定抗拉强度、屈服强度、伸长率、断面收缩率、弯曲角、硬度、冲击韧性、疲劳极限、蠕变强度等指标。

(2)理化试验。理化试验的方法很多，一般由专业检验员进行，焊工只进行宏观检验，为分析问题提供参考。

宏观检验是在试片上用肉眼或借助于5～10倍的放大镜进行观察，可以清晰地看到焊缝各区的界限、未焊透、裂纹、严重组织不均匀等缺陷。宏观检验时，将焊缝及焊接接头的横断面切下来，用砂轮打磨后再用砂纸抛光，进行浸蚀，所有浸蚀完成后的试样应当在清水中清洗干净，用吹风机热风吹干。

(3)焊接性能试验。焊接性能试验主要有断裂韧性试验，冷、热裂纹试验等。

关键细节2 影响焊接质量的因素

影响焊接质量的因素主要有以下五种。

(1)焊工的工作技能、职业习惯、质量意识。

1)一个优秀的焊工应拥有较好的业务技能。在这一点上，无论是国家，还是用人单位、焊工本人都非常重视。锅炉压力容器受压部件焊接制作时，相关标准对焊工技能、焊接范围等都作了明确规定。

2)一个优秀的焊工应有一个良好的职业习惯。焊前准备工作要做好，从心态、设备调试、工件准备到焊材准备等都要非常到位；焊接过程中专心致志，不为外界因素所打扰；焊后检查做好，对工件进行细致的检查，自己认为满意方可转下道工序。一个好的职业习惯一旦养成，将受益终生，就算做其他事情也会有一些连本人也意识不到的益处。

3）一个优秀的焊工还应该有很强的质量意识。做到敬业爱岗，真正能够做到干一行、爱一行、钻一行，能够把所加工产品质量与个人的荣誉结合起来，认为"焊品即人品"，干不好工作是很丢人的事情。

所以，企业对焊工的培训教育，不仅仅局限于技能培训，在良好习惯养成上也需要下一番工夫，并增强其荣誉感。

（2）焊接设备的性能。选用设备的原则是专机专用，设备性能指标优中选优。只有这样，才能确保焊接质量的稳定并提高。

（3）焊接材料。材料选用，包括母材、焊材，都是由专业技术人员经过计算、筛选并经过试验选定的，材料选用的原则一般是在保证各种技术数据的情况下，选择可焊性好，容易采购的材料。

（4）焊接工艺。由于焊接方法种类较多，技术人员在焊接工艺方法确定时，需要充分考虑产品特点、经济性、工作效率等因素。比如，一般材料轻型钢结构制作，由于大多焊道长而直，对熔深要求不高，对尺寸控制较严，加工单位无足够的产品变形校正能力，又对现场管理要求较严格，那么采用熔化极 CO_2 气体保护焊无疑是最佳选择；一般材料重型钢结构的长直焊道，要求熔深要大，对生产效率要求较高，又有足够的变形校正能力，采用埋弧自动焊是最好的。

许多企业对焊接工艺的执行力度不够，个别员工甚至存在"焊接工艺是应付检查的"的错误思想。尤其许多材料的焊接性较差，需要制订系统的工艺，从材料加工、焊前预热、焊材管理、装配定位、焊接规范参数、层道间温度控制、后热缓冷，到热处理等环节，一一作出详细规定，如若一个环节出现问题，终将导致废品的出现，关键产品部件的质量问题会给企业带来很大的损失。所以，必须加强焊接工艺纪律，严格执行规定的焊接工艺方法。

（5）焊接环境。在产品制作时，应对材料的存放环境、产品制作环境严格要求，有些材料不仅要防止风吹日晒，对干湿度也有明确的要求。

总之，为确保焊接质量的稳定及其提高，以上五个环节都是非常重要的。

第三节　焊接工艺评定

一、基本概念

焊接工艺是焊接过程中的一整套技术规定，其中包括：焊前准备、焊接材料、焊接设备、焊接方法、焊接顺序、焊接操作的最佳选择以及焊后处理等。

焊接工艺评定就是用拟定的焊接工艺，按标准的规定来焊接试件及检验试件、测定焊接接头是否具有所要求的使用性能。焊接工艺评定应以可靠的钢材焊接性能试验为依据，并在产品焊接之前完成。

二、焊接工艺评定过程

(1)拟定焊接工艺指导书。

(2)根据标准检验施焊试件,测定焊接接头是否具有要求的使用性能。

(3)提出焊接工艺评定报告。

若评定不合格,应修改焊接工艺指导书继续评定,直到评定合格。经评定合格的焊接工艺指导书可直接用于生产,也可以根据焊接工艺指导书、焊接工艺评定报告,结合实际的生产条件,编制工艺卡用于产品施焊。

三、试件和试样的试验与检验

1. 外观检验

(1)对接、角接及T形接头外观检验应符合下列要求。

1)用不小于5倍放大镜检查试件表面,不得有裂纹、未焊透、未熔合、焊瘤、气孔、夹渣等缺陷;

2)焊缝咬边总长度不得超过焊缝两侧长度的15%,咬边深度不得超过0.5mm;

3)焊缝外形尺寸应符合表8-5的要求。

表8-5　　焊缝外形尺寸　　mm

焊缝余高偏差			焊缝宽度比坡口每侧增宽	角焊缝焊脚尺寸偏差		焊缝表面凹凸高低差	焊缝表面宽度差
不同宽度(B)的对接焊缝	角焊缝	对接与角接组合焊缝		差值	不对称	在25mm焊缝长度内	在150mm焊缝长度内
$B<15$时为0～3, $15\leqslant B\leqslant 25$时为0～4, $25<B$时为0～5	0～3	0～5	1～3	0～3	0～1+0.1倍焊脚尺寸	≤2.5	≤5

(2)栓钉焊接头外观检验应符合表8-6的要求。

表8-6　　栓钉焊接头外观检验标准

外观检验项目	合格标准
焊缝外形尺寸	360°范围内:焊缝高＞1mm;焊缝宽＞0.5mm
焊缝缺陷	无气孔、无夹渣
焊缝咬肉	咬肉深度＜0.5mm
焊钉焊后高度	高度允许偏差±2mm

2. 无损检验

试件的无损检验可用射线或超声波方法进行。射线探伤应符合现行国家标准《金属熔化焊焊接接头射线照相》(GB/T 3323—2005)的规定,焊缝质量不低于Ⅱ级;超声波探伤应符合现行国家标准《钢焊缝手工超声波探伤方法和探伤结果分级》(GB/T 11345—1989)的规定,焊缝质量不低于BI级。

3. 力学性能检验

(1)接头接伸试验。

1)对接接头母材为同钢号时,每个试样的抗拉强度值应不小于该母材标准中相应规格规定的下限值。对接接头母材为两种钢号组合时,每个试样的抗拉强度应不小于两种母材标准相应规定下限值的较低者。

2)十字接头拉伸时,应不断于焊缝。

3)栓钉焊接头拉伸时,应不断于焊缝。

(2)接头弯曲试验。

1)对接接头弯曲试验:试样弯至180°后应符合下列规定:

①各试样任何方向裂纹及其他缺陷单个长度不大于3mm;

②各试样任何方向不大于3mm的裂纹及其他缺陷的总长不大于7mm;

③四个试样各种缺陷总长不大于24mm(边角处非熔渣引起的裂纹不计)。

2)T形及十字形接头弯曲试验:弯至左右侧各60°时应无裂纹及明显缺陷。

3)栓钉焊接头弯曲试验:试样弯曲至30°后焊接部位无裂纹。

(3)冲击试验。焊缝中心及热影响区粗晶区各三个试样的冲击功平均值应分别达到母材标准规定或设计要求的最低值,并允许一个试样低于以上规定值,但不得低于规定值的70%。

(4)宏观酸蚀试验。试样接头焊缝及热影响区表面不应有肉眼可见的裂纹、未熔合等缺陷。

(5)硬度试验。Ⅰ、Ⅱ类钢材焊缝及热影响区最高硬度不宜超过HV350;Ⅲ、Ⅳ类钢材焊缝及热影响区硬度应根据工程实际要求进行评定。

四、焊接工艺评定文件格式

1. 焊接工艺指导书

焊接工艺指导书见表8-7。

表8-7　　焊接工艺指导书

单位名称＿＿＿＿＿＿＿＿ 批准人＿＿＿＿＿＿＿＿

焊接工艺指导书编号＿＿＿＿＿＿＿＿ 日期＿＿＿＿＿＿＿＿

焊接工艺评定报告编号＿＿＿＿＿＿＿＿

焊接方法＿＿＿＿＿＿＿＿ 机械化程度＿＿＿＿＿＿＿＿

焊接接头:

坡口形式＿＿＿＿＿＿＿＿

垫板(材料及规格)＿＿＿＿＿＿＿＿

其他＿＿＿＿＿＿＿＿

(应当用简图、施工图、焊缝带高或文字说明接头形式、焊接坡口尺寸、焊缝层次和焊接顺序)

母材：

类别号____组别号____与类别号____组别号____相焊

或标准号____钢号____与标准号____钢号____相焊

厚度范围：

母材：对接焊缝____________角接焊缝____________

管子直径、壁厚范围：对接焊缝____角接焊缝____组合焊缝____

焊接金属：

其他____

____

焊接材料：

焊接类别____________其他____________

焊条标准____________牌号____________

填充金属尺寸____

焊丝、焊剂牌号____________焊剂商标名称____________

焊条(焊丝)熔敷金属的化学成分(质量分数)(%)

C	Si	Mn	S	P	Cr	Ni	Mo	V	Ti

焊接位置：

对接焊缝的位置________

焊接方向：向下________向上________

角焊缝位置________

焊后热处理：

加热温度______升温速度______

保温时间______冷却方式______

____

预热：

预热温度(允许最低值)

层间温度(允许最高值)

保持预热时间

加热方式

气体：

气体保护________

混合气体组成________

流量________

____

电特性：

电流种类____________极性____________

焊接电流范围____________电弧电压____________

(按所焊位置和厚度，分别列出电流、电压范围，该数据填入下表中)

焊缝层次	焊接方法	填充金属		焊接电流		电弧电压范围	焊接速度	热输入

钨极类型及规格____

熔化极气体保护焊的熔滴过渡形式____________________________

焊丝、送丝速度范围____________________________________

____

技术措施：

摆动焊或不摆动焊______________________________________

摆动参数____

喷嘴尺寸______

焊前清理或层间清理______

背面清根方法______

导电嘴至工件的距离(每面)______

多道焊或单道焊(每面)______

多丝焊或单丝焊______

锤击______

其他(环境温度、相对湿度)______

编制		日期		审核		日期	

2. 焊接工艺评定报告

焊接工艺评定报告见表8-8。

表8-8 焊接工艺评定报告

单位名称______批准人______

焊接工艺评定报告编号______日期______焊接工艺指导书编号______

焊接方法______

机械化程度______

接头

(用简图画出坡口形式、尺寸、垫板、焊缝层次和顺序等)

母材: 钢材标准号______ 钢号______ 类组别号______与类组别号______相焊 厚度______ 直径______ 其他______	焊后热处理: 温度______ 保温时间______ 气体: 气体种类______ 混合气体成分______
填充金属: 焊条标准______ 焊条牌号______ 焊丝钢号、尺寸______ 焊剂牌号______ 其他______	电特性: 电流种类______ 极性______ 焊接电流______电压______ 其他______
预热: 预热温度______ 层间温度______ 其他______ 焊接位置: 对接焊缝位置____方向(向上、下) 角焊缝位置______	技术措施: 焊接速度______ 摆动或不摆动______ 摆动参数______ 多道焊或单道焊(每面)______ 单丝焊或多丝焊______ 其他______

焊缝外观检查：

无损检测：　　　　　　　　　　　　　　　　　　　　报告编号：

渗透探伤(标准号、结果)________

磁粉探伤(标准号、结果)________

超声波探伤(标准号、结果)________

射线探伤(标准号、结果)________

其他________

拉力试验　　　　　　　　报告编号：

试样号	宽	厚	面积	断裂载荷	抗拉强度	断裂特点和部位

弯曲试验　　　　　　　　报告编号：

试样编号及规格	试样类型	弯轴直径	试验结果

冲击试验　　　　　　　　报告编号：

试样号	缺口位置	缺口形式	冲击

角焊缝试验和组合焊缝试验

检验结果：

焊透________未焊透________

裂纹类型和性质(表面)________晶相________

两焊脚的尺寸差________

其他检验：

检验方法(标准、结果)________

焊缝金属的化学成分分析(结果)________

其他________

结论：

评定结果(合格、不合格)________

施焊		焊接时间		标记	
填表		日期			
审核		日期			

关键细节3　焊接工艺评定规则

(1)不同焊接方法的评定结果不得互相代替。

(2)不同类别钢材的焊接工艺评定应符合规定。

1)不同类别钢材的焊接工艺评定结果不得互相代替。

2)Ⅰ、Ⅱ类同类别钢材中当强度和冲击韧性级别发生变化时，高级别钢材的焊接工艺评定结果可代替低级别钢材；Ⅲ、Ⅳ类同类别钢材中的焊接工艺评定结果不得相互代替；不同类别的钢材组合焊接时应重新评定，不得用单类钢材的评定结果代替。

3)接头形式变化时应重新评定，但十字形接头评定结果可代替T形接头评定结果，全焊透或部分焊透的T形或十字形接头对接与角接组合焊缝评定结果可代替角焊缝评定结果。

第九章 焊接安全管理

第一节 概 述

一、焊工工长安全管理的职责

在安全管理方面，焊工工长的职责是：

(1)编制安全计划，决定资源配备；

(2)安全生产管理体系实施的监督、检查和评价；

(3)纠正和预防措施的验证。

二、安全管理的内容

1. 安全目标管理

安全目标管理是施工项目重要的安全管理举措之一。它通过确定安全目标，明确责任，落实措施，实行严格的考核与奖惩，激励企业员工积极参与全员、全方位、全过程的安全生产管理，严格按照安全生产的奋斗目标和安全生产责任制的要求，落实安全措施，消除人的不安全行为和物的不安全状态，实现施工生产安全。施工项目推行安全生产目标管理不仅能进一步优化企业安全生产责任制，强化安全生产管理，体现“安全生产，人人有责”的原则，使安全生产工作实现全员管理，有利于提高企业全体员工的安全素质。安全目标管理的基本内容包括目标体系的确立、目标的实施及目标成果的检查与考核。

2. 安全合约管理

(1)进行安全合约化管理形式如下：

1)与甲方(建设方)签订的工程建设合同。工程项目总承包单位在与建设单位签订工程建设合同中，包含有安全、文明的创优目标。

2)施工总承包单位在与分承包单位签订分包合同时，必须有安全生产的具体指标和要求。

3)施工项目分承包方较多时，总分包单位在签订分包合同的同时要签订安全生产合同或协议书。

(2)安全合约管理的内容。安全合约管理的内容包括管理目标、用工制度、安全生产需求、消防保卫工作需求、文明施工及争议处理等。

3. 安全技术管理

工程项目施工组织设计或施工方案中必须有针对性的安全技术措施，特殊和危险性大的工程必须单独编制安全施工方案或安全技术措施。安全技术管理的内容包括安全技术交底、安全验收制度、安全技术资料管理等。

关键细节1　正确处理安全的五种关系

(1)安全与危险。安全与危险在同一事物的运动中是相互对立的,也是相互依赖而存在的。因为有危险,所以才进行安全生产过程控制,以防止或减少危险。安全与危险并非是等量并存、平静相处的,随着事物的运动变化,安全与危险每时每刻都在起着变化,彼此进行斗争。事物的发展将向斗争的胜方倾斜。

(2)安全与生产。生产是人类社会存在和发展的基础,如果生产中的人、物、环境都处于危险状态,则生产无法顺利进行,因此,安全是生产的客观要求。当生产完全停止,安全也就失去意义。就生产目标来说,组织好安全生产就是对国家、人民和社会最大的负责。有了安全保障,生产才能持续、稳定健康发展。

(3)安全与质量。质量和安全工作,交互作用,互为因果。安全第一,质量第一,两个第一并不矛盾。安全第一是从保护生产经营因素的角度提出的;而质量第一则是从关心产品成果的角度而强调的。安全为质量服务,质量需要安全保证。生产过程哪一边都不能丢掉,否则生产将陷于失控状态。

(4)安全与速度。生产中违背客观规律,盲目蛮干、乱干,在侥幸中求得的进度,缺乏真实与可靠的安全支持,往往容易酿成不幸,不但无速度可言,反而会延误时间,影响生产。速度应以安全做保障,安全就是速度,应追求安全加速度,避免安全减速度。安全与速度成正比关系,一味强调速度,置安全于不顾的做法是极其有害的。当速度与安全发生矛盾时,暂时减缓速度,保证安全才是正确的选择。

(5)安全与效益。安全技术措施的实施会不断改善劳动条件、调动职工的积极性、提高工作效率、带来经济效益,从这个意义上说,安全与效益完全是一致的,安全促进了效益的增长。在实施安全措施中,投入要精打细算、统筹安排。既要保证安全生产,又要经济合理,还要考虑力所能及。为了省钱而忽视安全生产或盲目追求资金高投入,都是不可取的。

三、坚持安全管理的原则

1. 坚持生产、安全同时管理

安全寓于生产之中,并对生产发挥促进与保证作用,因此,安全与生产虽有时会出现矛盾,但在安全、生产管理的目标上,表现出高度的一致和统一。安全管理是生产管理的重要组成部分,安全与生产在实施过程中,两者存在着密切的联系,存在着进行共同管理的基础。因此,一切与生产有关的机构、人员,都必须参与安全管理,并在管理中承担责任。认为安全管理只是安全部门的事,是一种片面的、错误的认识。各级人员安全生产责任制度的建立,管理责任的落实,体现了管理生产同时管理安全的原则。

2. 坚持目标管理

安全管理的内容是对生产中的人、物、环境因素状态的管理,在于有效地控制人的不安全行为和物的不安全状态,消除或避免事故,达到保护劳动者的安全与健康的目标。没有明确目标的安全管理是一种盲目行为。盲目的安全管理,往往劳民伤财,危险因素依然存在。在一定意义上,盲目的安全管理,只会纵容威胁人的安全与健康的状态向更为严重的方向发展或转化。

3. 坚持预防为主

安全生产的方针是“安全第一、预防为主”。安全第一是从保护生产力的角度和高度出发，表明在生产范围内，安全与生产的关系，肯定安全在生产活动中的位置和重要性。进行安全管理不是处理事故，而是在生产经营活动中，针对生产的特点，对生产要素采取管理措施，有效地控制不安全因素的发生与扩大，把可能发生的事故消灭在萌芽状态，以保证生产经营活动中人的安全与健康。预防为主，首先是端正对生产中不安全因素的认识和消除不安全因素的态度，选准消除不安全因素的时机。在安排与布置生产经营任务的时候，针对施工生产中可能出现的危险因素，采取措施予以消除是最佳选择。在生产活动过程中，经常检查，及时发现不安全因素，采取措施，明确责任，尽快地、坚决地予以消除，是安全管理应有的鲜明态度。

4. 坚持全员管理

安全管理不是少数人和安全机构的事，而是一切与生产有关的机构、人员共同的事，缺乏全员的参与，安全管理不会有生气、不会出现好的管理效果。当然，这并非否定安全管理第一责任人和安全监督机构的作用。单位负责人在安全管理中的作用固然重要，但全员参与安全管理更加重要。安全管理涉及生产经营活动的方方面面，涉及从开工到竣工交付的全部过程、生产时间和生产要素。因此，生产经营活动中必须坚持全员、全方位的安全管理。

5. 坚持过程控制

通过识别和控制特殊关键过程，达到预防和消除事故，防止或消除事故伤害的目的。在安全管理的主要内容中，虽然都是为了达到安全管理的目标，但是对生产过程的控制，与安全管理目标关系更直接，显得更为突出，因此，对生产中人的不安全行为和物的不安全状态的控制，必须列入过程安全制定管理的节点。事故发生往往由于人的不安全行为运动轨迹与物的不安全状态运动轨迹的交叉所造成的，从事故发生的原因看，也说明了对生产过程的控制，应该作为安全管理重点。

6. 坚持持续改进

安全管理是在变化着的生产经营活动中的管理，是一种动态管理。其管理是不断改进发展的、不断变化的，以适应变化的生产活动，消除新的危险因素。安全管理需要的是不间断的摸索新的规律，总结控制的办法与经验，指导新的变化后的管理，从而不断提高安全管理水平。

四、安全生产保证体系

1. 安全生产组织保证体系

(1)根据工程施工特点和规模，设置项目安全生产最高权力机构——安全生产委员会或安全生产领导小组。

(2)设置安全生产专职管理机构——安全部，并配备一定素质和数量的专职安全管理人员。

(3)分包队伍按规定建立安全组织保证体系，其管理机构以及人员纳入工程项目安全生产保证体系，接受工程项目安全部的业务领导，参加工程项目统一组织的各项安全生产活动，并按周向项目安全部传递有关安全生产的信息。

2. 安全生产责任保证体系

施工项目部是安全生产工作的载体，具体组织和实施项目安全生产工作，是企业安全生产的基层组织，负全面责任。

(1)施工项目部安全生产责任保证体系分为三个层次。

1)项目经理作为本施工项目安全生产第一负责人，由其组织和聘用施工项目安全负责人、技术负责人、生产调度负责人、机械管理负责人、消防管理负责人、劳动管理负责人及其他相关部门负责人组成安全决策机构。

2)分包队伍负责人作为本队伍安全生产第一责任人，组织本队伍执行总包单位安全管理规定和各项安全决策，组织安全生产。

3)作业班组负责人(或作业工人)作为本班组或作业区域安全生产第一责任人，贯彻执行上级指令，保证本区域、本岗位安全生产。

(2)施工项目部应履行下列安全生产责任。

1)贯彻落实各项安全生产的法律、法规、规章、制度，组织实施各项安全管理工作，完成上级下达的各项考核指标。

2)建立并完善安全生产责任制和各项安全管理规章制度，组织开展安全教育、安全检查，积极开展日常安全活动，监督、控制分包队伍执行安全规定，履行安全职责。

3)建立安全生产组织机构，设置安全专职人员，保证安全技术措施经费的落实和投入。

4)制定并落实项目施工安全技术方案和安全防护技术措施，为作业人员提供安全的生产作业环境。

5)发生伤亡事故及时上报，并保护好事故现场，积极抢救伤员，认真配合事故调查组开展伤亡事故的调查和分析，按照“四不放过”原则，落实整改防范措施，对责任人员进行处理。

3. 安全生产资源保证体系

施工项目的安全生产必须有充足的资源做保障。安全资源投入包括人力资源、物资资源和资金的投入。安全人力资源投入包括专职安全管理人员的设置和高素质技术人员、操作工人的配置，以及安全教育培训投入；安全物资资源投入包括对进入现场材料的把关和料具的现场管理以及机电、起重设备、锅炉、压力容器及自制机械等资源的投入。

五、安全生产的意义

安全生产是指在劳动生产过程中，通过努力改善劳动条件，克服不安全因素，防止伤亡事故发生，使劳动生产在保障劳动者安全健康和国家财产及人民生命财产不受损失的前提下顺利进行。

安全生产的意义如下。

(1)安全生产是落实以人为本的科学发展观的重要实践。

(2)安全生产是构建和谐社会的有力保障。

(3)安全生产是全面建设小康社会、统筹经济社会全面发展的重要内容。

(4)安全生产是实施可持续发展战略的组成部分。

(5)安全生产是政府履行市场监督和社会管理职能的基本任务。

(6)安全生产是企业生存的基本要求。

第二节　焊接安全生产

一、焊工安全技术操作

焊工安全技术操作要求见表 9-1。

表 9-1　**焊工安全技术操作要求**

名称		安全技术操作要求
手工电弧焊	焊机	(1)焊机必须符合现行有关焊机标准规定的安全要求。 (2)焊机的工作环境应与焊机技术说明书上的规定相符。 (3)焊机必须有独立的专用电源开关，并装在焊机附近人手便于操作的地方，周围留有安全通道，启动焊机时，必须先闭合电源开关，然后再启动焊机。 (4)焊机的一次电源线长度一般不宜超过 2～3m，当有临时任务需要较长的电源线时，应沿墙或设立柱用瓷瓶隔离布设，其高度必须距地面 2.5m 以上，不允许将一次电源线拖在地面上。 (5)禁止在焊机上放任何物品和工具，启动焊机前，焊钳和焊件不能短路。 (6)焊机接地装置必须经常保持接触良好，定期检测接地系统的电气性能。 (7)焊机必须经常保持清洁，清扫焊机必须停电进行，焊接现场如有腐蚀性、导电性气体或飞扬的浮尘，必须对焊机进行隔离防护。 (8)每半年对焊机进行一次维修保养，发生故障时，应该立即切断焊机的电源，及时进行检修。 (9)经常检查和保持焊机电缆与焊机接线柱接触良好，保持螺母紧固
	焊接电缆	(1)焊接电缆的外皮必须完整、绝缘良好、柔软，绝缘电阻不小于 1MΩ。 (2)连接焊机与焊钳必须使用柔软的电缆线，长度一般不超过 20～30m。 (3)焊机的电缆线必须使用整根的导线，中间不应有连接接头，当工作需要接长导线时，应使用接头连接器牢固连接，并保持绝缘良好。 (4)禁止焊接电缆与油、脂等易燃易爆物品接触
	焊钳	(1)焊钳必须有良好的绝缘性与隔热能力，手柄要有良好的绝缘层。 (2)焊钳质量应不超过 600g，以保证操作灵便。 (3)禁止将过热的焊钳浸在水中冷却后使用
埋弧焊		(1)埋弧焊机的小车轮子及连接导线应绝缘良好，焊接过程中应将导线理顺，防止导线被热的熔渣烧坏。 (2)焊工在进行送丝机构及焊机的调整工作时，手不得触及送丝机构的滚轮。 (3)焊机发生电气故障时，必须首先切断电源，再由电工及时修理。 (4)焊接过程中，注意防止由于突然停止焊剂的供给而出现强烈弧光伤害眼睛。 (5)埋弧焊机外壳和控制箱应可靠地接地(接零)，防止漏电伤人

（续一）

名称		安全操作要求
气体保护焊	CO_2 气体保护焊	(1)CO_2 气体保护焊时，电弧的温度为6000～10000℃，电弧的光辐射比焊条电弧焊强，而且容易产生飞溅，因此要加强防护。 (2)CO_2 气体预热器，使用的电压不得大于36V，外壳要可靠接地，焊接工作结束后，立即切断电源。 (3)装有液态 CO_2 的气瓶，满瓶的压力为0.5～0.7MPa。但受到热源加热时，液体 CO_2 就会迅速蒸发为气体，使瓶内气体压力升高，压力越升高，则压力就越大，这样就有爆炸的危险。所以 CO_2 气瓶不能靠近热源，同时还要采取防高温的措施。 (4)大电流粗丝 CO_2 气体保护焊时，应防止焊枪的水冷系统因漏水而破坏绝缘，发生触电事故
	熔化极气体保护焊	(1)焊机内的接触器、断电器的工作元器件，焊枪夹头的夹紧力以及喷嘴的绝缘性能等，应该定期进行检查。 (2)由于熔化极气体保护焊时，臭氧和紫外线的作用较强烈，对焊工的工作服破坏较大，所以焊工在进行熔化极气体保护焊时，应穿戴非棉布的工作服。 (3)熔化极气体保护焊时，电弧的温度为6000～10000℃，电弧的光辐射比焊条电弧焊强，因此要加强防护。 (4)熔化极气体保护焊时，工作现场要有良好的通风装置，以利于排出有害气体及烟尘。 (5)焊机在使用前，应检查供气系统、供水系统，不得在漏气漏水的情况下运行，以免发生触电事故。 (6)盛装保护气体的高压气瓶，应小心轻放直立固定，防止倾倒。气瓶与热源之间的距离应大于3m，且不得暴晒。焊接时，气瓶内应留有余气，不能全部用尽。开瓶阀用气时，应缓慢开启，不要操作过快。 (7)移动焊机时，应取出机内的易损电子元器件，将其单独搬运
	钨极气体保护焊	(1)钨极气体保护焊应采用高频引弧的焊机或装有高频引弧装置的焊机，所用的焊接电缆都应有铜网编织的屏蔽套并且可靠接地。 (2)焊机在使用前应该检查供气系统、供水系统是否完好，不得在漏水、漏气的情况下使用。 (3)钨极氩弧焊时，如果采用高频起弧，所产生高频电磁场的强度应控制在60～110V/m之间，超过卫生标准(20V/m)数倍，如果频繁起弧或把高频振荡器作为稳弧装置在焊接过程中持续使用时，会引起焊工头昏、疲乏无力、心悸等症状，对焊工的危害较大。 (4)盛装保护气体的高压气瓶，应小心轻放直立固定，防止倾倒。气瓶与热源之间的距离应大于3m，不得进行暴晒。瓶内气体不可全部用尽，要留有余气。开瓶阀用气时，应缓慢开启，不要操作过快。 (5)焊机内的接触器、断电器等工作元件，焊枪夹头的夹紧力以及喷嘴的绝缘性能等要定期进行检验，为了防止焊机内的电子元器件损坏，在移动焊机时，应取出电子元器件，将其单独搬运。 (6)在氩弧焊过程中，会产生对人体有害的臭氧(O_3)和氮氧化物，尤其是臭氧的浓度远远超出卫生标准，所以，焊接现场要采取有效的通风措施。而且臭氧和紫外线的作用较强烈，对焊工的工作服破坏较大，所以，氩弧焊焊工适宜穿戴非棉布的工作服(如：耐酸呢、柞丝绸等)。 (7)气体保护焊机焊接作业结束后，禁止立即用手触摸焊枪的导电嘴，避免烫伤

（续二）

名　称	安全操作要求
气焊	(1)乙炔的最高工作压力禁止超过147kPa(1.5kgf/cm²)表压。 (2)禁止使用银或铜的质量分数(Cu)(含铜量)在70%以上的铜合金制造的仪表、管件等与乙炔气体接触。 (3)对于回火防止器、氧气瓶、乙炔气瓶、液化石油气瓶、减压器等,都应采取防冻措施。 (4)氧气瓶、乙炔气瓶、液化石油气瓶等应该直立使用,或者装在专用的胶轮车上使用。而且不应放在阳光下直晒、热源直接辐射或容易受电击的地方。 (5)氧气瓶、溶解乙炔气瓶等气体不要用完,气瓶内必须留有不小于98～198kPa(1～2kgf/cm²)表压的余气。 (6)禁止使用电磁吸盘、钢绳、链条等设备。 (7)气瓶漆色的标志应符合国家颁发的《气瓶安全监察规程》的规定,禁止改动,严禁充装与气瓶漆色不符的气体。 (8)气瓶应配备手轮或专用扳手关闭瓶阀。 (9)工作完毕、工作间隙、工作地点转移之前都应关闭瓶阀,戴上瓶帽。 (10)焊接过程中严禁使用气瓶作为登高支架和支撑重物的衬垫。 (11)留有余气需要重新灌装的气瓶,应关闭瓶阀旋紧瓶帽,标明空瓶字样和记号。 (12)输送氧气、乙炔的管道,应涂上相应气瓶漆色规定的颜色和标明名称,便于识别。 (13)同时使用两种不同气体进行焊接时,在不同气瓶减压器的出口端,都应装有各自的单向阀,防止相互倒灌。 (14)液化石油气瓶、溶解乙炔气瓶和液体二氧化碳气瓶等用的减压器,应该位于瓶体的最高部位,防止瓶内的液体流出。 (15)减压器卸压的顺序是:先关闭高压气瓶的瓶阀,然后放出减压器内的全部余气,放松压力调节杆使表针降到0位。 (16)焊接与切割用的氧气胶管为蓝色,乙炔胶管为红色。但目前工厂普遍采用的氧气胶管为黑色,乙炔胶管为红色。 (17)禁止将在使用中的焊炬、割炬的嘴头与平面摩擦来清除嘴头的堵塞物
电渣焊	(1)焊前应检查电气、水源、水套是否通畅,机械运转是否正常及板极是否拧紧等。 (2)接通电源时,应注意不能触碰高压电路上的接头及夹线处,不能拆除送进机构及行进机构电动机上的接线板盖子,不能随便打开控制箱及变压器附近的门,并在开动时进行调节,不能打开控制盘及接线板盖。 (3)焊工工作时,应戴深色或蓝色保护眼镜,穿工作服,以防止电弧伤眼与飞溅,以及热渣从焊缝处溅出伤人。 (4)焊接模块放置要牢固,不得倾斜。水套与模块要贴紧,预防漏渣。地线与模块必须焊牢。 (5)起弧造渣后,试探渣池深度,探棍须沿水套向下试探,探棍与水套、电极不要接触,防止电流击穿水套引起爆炸。 (6)禁止操作者和其他辅助人员站在滑块附近,以免熔化金属和熔渣流出灼伤身体和烧坏工作服。发生流渣时要及时堵好。 (7)电渣焊时作业点较高时,应有防护措施,防止焊工从高处落下造成事故。同时应保护下面的工作人员不受金属熔滴及渣滴的伤害

（续三）

名　称	安全操作要求
电阻焊	(1)焊接前应仔细、全面检查接触焊设备，使冷却水系统、气路系统及电气系统处于正常的状态，并调整焊接参数使之符合工艺要求。 (2)焊机的脚踏开关应有牢固的防护罩，防止意外启动。 (3)焊机放置的场所应保持干燥，地面应铺防滑板。外水冷式焊机的焊工作业时应穿绝缘靴。 (4)穿戴好个人防护用品，如工作帽、工作服、防护眼镜、绝缘靴及手套等，并调整绝缘胶垫或木站台装置。 (5)开动焊机时，应该先开冷却阀门，以防焊机烧坏。 (6)施焊时，焊机控制装置的柜门必须关闭。 (7)控制箱装置的检修与调整应由专业人员进行。 (8)电阻焊机作业点应设有防止工件火花、飞溅的防护挡板或防护屏，操作者的眼睛应避开火花飞溅方向、防灼伤眼睛。 (9)缝焊作业焊工必须注意电极的转动方向，防止滚轮切伤手指。 (10)焊接工作结束后，应关闭电源、气源。冷却水应延长10min再关闭。在气温低时还应排除水路内的积水，防止冻结

二、焊接劳动保护

焊接过程中危害人体健康及安全的因素包括触电、烟尘、有毒气体、弧光辐射、噪声、放射性物质及高频电磁场等，焊工在焊接过程中应采取安全防护措施。

焊工在现场施焊，为了安全，必须按国家规定穿戴好防护用品。焊工的防护用品较多，主要有防护面罩、头盔、防护眼镜、防噪声耳塞、安全帽、工作服、耳罩、手套、绝缘鞋、防尘口罩、安全带、防毒面具及披肩等。

1. 眼睛、头部防护用品

(1)为防止焊接弧光和火花烫伤的危害，焊工在施焊时应根据《职业眼面部防护 焊接防护 第十部分：焊接防护具》(GB/T 3609.1—2008)的要求，按表9-2选用合乎作业条件的护目镜。

表9-2　　焊工护目镜遮光号的选用

作业种类	护目镜片的遮光号 焊接电流/A			
	≤30	>30～75	>75～200	>200～400
电弧焊	5～6	7～8	8～10	11～12
碳弧气刨	—	—	10～11	12～14
焊接辅助工	3～4			

(2)焊工用的面罩有手持式和头戴式两种，如图9-1所示。其面罩的壳体应该由难燃或不燃的、无刺激皮肤的绝缘材料制成，罩体应能够遮住脸面和耳部，结构牢靠并且无漏光。

(3)辅助焊工应根据工作条件选戴遮光性能相适应的面罩和防护眼镜。

(4)气焊时,应根据焊接工件板的厚度,选用相应型号的防护眼镜片。

(5)焊接准备和清理工作时,应该使用不容易破碎的防渣眼镜。

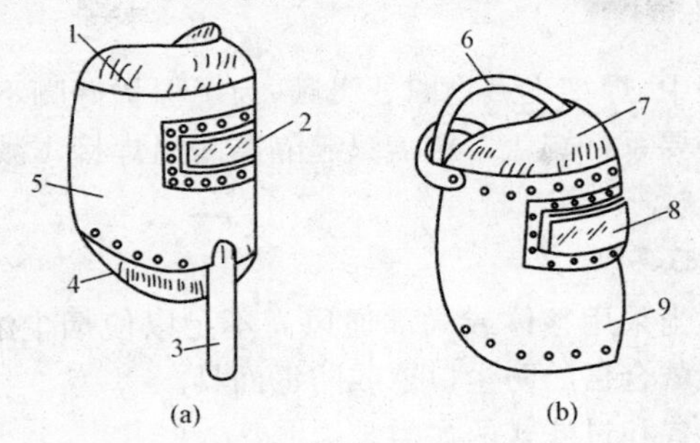

图 9-1　焊工用面罩

(a)手持式;(b)头戴式;

1—上弯面;2—观察窗;3—手柄;4—下弯面;5—面罩主体

6—头箍;7—上弯面;8—观察窗;9—面罩主体

2. 工作服

焊工用的工作服,主要起到隔热、反射和吸收等屏蔽作用,使焊工身体免受焊接热辐射和飞溅物的伤害。

(1)焊工的工作服应该根据焊接工作特点来选用。

(2)一般的焊接工作应选用棉帆布的工作服,颜色为白色。

(3)气体保护焊过程中,能产生臭氧等气体,应该选用粗毛呢或皮革等面料制成的工作服,以防焊工在操作中被烫伤或体温增高。

(4)进行全位置焊接工作时,应选用皮革制成的工作服。

(5)在仰焊、气割时,为防止火星、焊渣从高处溅落到焊工的头部和肩上,焊工应在颈部围毛巾,穿着用防燃材料制成的护肩、长袖套、围裙和鞋盖等。

(6)焊工穿用的工作服不应潮湿,工作服的口袋应有袋盖,上身应遮住腰部,裤长应罩住鞋面,工作服不应有破损、孔洞和缝隙,不允许沾有油、脂。

(7)焊接用的工作服,不能用一般合成纤维织物制作。

3. 手套

(1)焊工的手套应选用耐磨、耐辐射的皮革或棉帆布和皮革合制材料制成,其长度不应小于 300mm,要缝制结实。焊工不应戴有破损和潮湿的手套。

(2)焊工在可能导电的焊接场所工作时,所用的手套应由具有绝缘性能的材料(或附加绝缘层)制成,并经耐电压 5000V 试验合格后方能试验使用。

(3)焊工手套不应沾有油脂。焊工不能赤手更换焊条。

4. 工作鞋与鞋盖

(1)工作鞋。

1)焊工穿用的防护鞋应具有绝缘、抗热、不易燃、耐磨损和防滑的性能。

2)焊工穿用的防护鞋橡胶鞋底，应经过耐电压5000V的试验合格，如果在易燃易爆场合焊接时，鞋底不应有鞋钉，以免产生摩擦火星。

3)在有积水的地面焊接与切割时，焊工应穿用经过耐电压6000V试验合格的防水橡胶鞋。

(2)鞋盖。焊接过程中，焊接飞溅物四处飞溅，为了保护好脚不被高温飞溅物烫伤，焊工除了要穿工作鞋外，还要系好鞋盖。鞋盖只起隔离高温焊接飞溅物的作用，通常用帆布或皮革制作。

5. 防尘口罩和防毒面具

焊工在焊接过程中，当采用整体或局部通风尚不足以使烟尘浓度或有毒气体降低到卫生标准以下时，必须佩戴合格的防尘口罩或防毒面具。

(1)防尘口罩有隔离式和过滤式两大类。

1)隔离式防尘口罩，将人的呼吸道与作业环境相隔离，通过导管或压缩空气将干净的空气送到焊工的口和鼻孔处供呼吸。

2)过滤式防尘口罩通过过滤介质将粉尘过滤干净，使焊工呼吸到干净的空气。

(2)防毒面具通常可以采用送风焊工头盔来代替。焊接作业中，焊工可以采用软管式呼吸器，也可以采用过滤式防毒面具。

6. 安全带与安全帽

(1)安全带。焊工在高处作业时，为了防止发生意外坠落事故，必须在现场系好安全带后再开始焊接操作。安全带要耐高温、不容易燃烧，要高挂低用，严禁低挂高用。

(2)安全帽。在高层交叉作业或立体上下垂直作业现场，为了预防高空和外界飞来物的危害，焊工应佩戴安全帽。安全帽应符合国家安全标准的出厂合格证，每次使用前都要仔细检查各部分是否完好，是否有裂纹，调整好帽箍的松紧程度，调整好帽衬与帽顶内的垂直距离，应保持在20～50mm之间。

7. 防噪声保护用品

个人防噪声防护用品主要有耳塞、耳罩及防噪声棉等。最常用的是耳塞、耳罩，最简单的是在耳内塞棉花。

(1)耳罩。耳罩对高频噪声有良好的隔离作用，平均可以隔离噪声值为15～30dB。它是一种以椭圆形或腰圆形罩壳把耳朵全部罩起来的护耳器。

(2)耳塞。耳塞是插入外耳道最简便的护耳器，它有大、中、小三种规格供人们选用。耳塞的平均隔噪声值为15～25dB，耳塞的优点是防噪声作用大，体积小，携带方便，容易佩戴，价格也便宜。

佩戴耳塞时，推入外耳道时要用力适中，不要塞得太深，以感觉适度为宜。

关键细节2 电弧辐射的防护措施

焊接过程中必须保护焊工的眼睛和皮肤免受弧光辐射作用，其防护措施如下：

(1)电焊工进行焊接作业时应按照劳动部门颁发的有关规定使用劳保用品，穿戴符合要求的工作服、鞋帽、手套等，以防电弧辐射和飞溅烫伤。焊工用工作服，要求有隔热和屏蔽的作用，以保护人体免受热辐射、弧光辐射和飞溅烫伤等危害。常用的有白帆布工作服或铝膜防护服。电焊工手套宜用牛绒面革或猪绒面革制作，以保证有良好的绝缘和耐热防燃性。工作鞋一般采用胶底翻毛皮鞋，新研制的焊工安全鞋具有阻燃防砸性能，用干法和湿法测试绝缘性能，可通过7.5kV保持2min的绝缘试验，鞋底可在200℃下耐热15min。

(2)电焊工进行焊接作业时，必须使用镶有吸收式滤光镜片的面罩。滤光镜片应根据焊接电流强度选择，常用玻璃牌号为10、11、12(黑度依次升高)分别使用于100A以下、100～350A、350A以上的焊接使用。使用的手持式和头盔式保护面罩应轻便、不易燃、不导电、不导热、不漏光。目前已采用护目镜可启闭的MS型面罩，MS型手持式面罩护目镜启闭按钮在手柄上。头盔式面罩护目镜启闭设置在电焊钳绝缘手柄上。引弧及敲渣时都不必移开面罩，操作方便，可得到更好的防护。

(3)为保护焊接工地其他工作人员的眼睛，一般在小件焊接的固定场所安装防护屏，防护屏采用石棉板、玻璃纤维板和铁板等不易燃烧的板材，并涂上灰色或黑色。屏高约1.8m，屏底距地面应留250～300mm的间隙，以供流通空气。在工地上焊接时，电焊工在引弧时应提醒周围人员注意避开弧光，以免弧光伤眼。

(4)在夜间工作时，焊接现场应有良好的照明，否则由于光线亮度反复剧烈变化，容易引起眼睛疲劳。

(5)一旦发生电光性眼炎，可到医院就医，也可以用以下方法治疗。

1)奶汁治疗：用人奶或牛奶每隔1～2min向眼睛滴一次，连续4～5次就可止泪；

2)凉物敷盖法，用黄瓜或土豆片盖在眼上，闭目休息20min即可减轻症状；

3)凉水浸敷法，眼睛浸入凉水内，睁开几次，再用冷水浸湿毛巾，敷在眼睛上，8～10min换一次，在短时间内可治愈。

关键细节3　*焊接烟尘和有害气体的防护*

焊接烟尘和有毒气体的主要防护措施是焊接通风和除尘。在车间内、室内、罐体内、船舱内及各种结构封闭空间内进行的焊接，都应采用适宜的通风除尘装置。焊接通风除尘的排烟方式主要有全面通风换气、局部排风、小型电焊排烟机组等。

(1)全面机械通风是通过管道及风机等机械通风系统进行全车间通风换气。设计时应按每个焊工通风量不小于57m^3/min来考虑。当焊接作业室内净高度小于3.5～4m或每个焊工工作空间小于200m^3时，以及工作间(室、舱、柜)内部结构影响空气流动，且焊接作业点焊接烟尘浓度超过6mg/m^3，有毒气体浓度超过规定时(臭氧0.13～0.26mg/m^3、一氧化碳4.2～15mg/m^3、氟化氢或氟化物16.75～51.2mg/m^3)应采取全面通风。在车间侧墙上安装换气扇通风方式效果不佳，应采用引射排烟或吹吸式通风方式。

(2)局部通风措施有：排烟罩、轻便小型风机、压缩空气引射器、排烟除尘机组等。电焊排烟除尘机是将吸烟罩、软管、风机、净化装置及控制元件组装成一个便于移动的整体排烟除尘装置，以适应电焊工作业点分散、移动范围大的特点。近年来已研制了供狭小空间使用的手提式小型轻便机组、供多数工位使用的排风量较大的移动式机组、供车间定点悬挂使用的机组、利用电磁铁在球罐和容器等密闭空间内移动及悬挂的机组、供打磨焊道用的洗尘式打磨机组等。

(3)采用局部通风或小型通风机组等换气方式，其排烟罩口风量、风速应根据风口至焊接作业点的控制距离及控制风速计算。罩口的控制风速应大于0.5m/s,并使罩口尽可能接近作业点,使用固定罩口时控制风速不小于1～2m/s。罩口的形式应结合焊接作业点的特点选用。采用下抽风式工作台,应使工作台上网格筛板上的抽风量均匀分布,并保持抽风量大于3600m^3/h。

当采用通风除尘措施不能使烟尘浓度降到卫生标准以下或无法采用局部通风措施时,应采用送风呼吸器面具,也可以开始用防尘口罩和防毒面具,以过滤粉尘中的金属氧化物及有毒气体。

关键细节4 放射性防护措施

焊接作业中噪声主要来源于离子焊,等离子弧喷涂、旋转式电弧焊机、风铲铲边及锤击钢板等。其防护措施首先是隔离噪声源,如将等离子弧焊及其喷涂隔离在专门的工作室内操作,将旋转式电弧焊机放在车间墙外;其次是改进工艺,如用矫直机代替敲击矫正;第三是佩戴耳塞、耳罩等个人防护用品。常用的耳塞一般由软塑料或软橡胶制成,其隔声值为15～25dB,重量不超过2g。

三、焊接作业场所的通风和防火

1. 焊接环境卫生标准

人在空气中不断吸入维持生命所必需的氧气,而在焊接生产的环境中,现场空气是否洁净、有毒成分是否超标,对于维护焊工的身体健康是非常重要的。正常人对空气的需要量为:轻工作时为1.6m^3/h,重工作时约为2.5m^3/h,因此,焊接现场的空气质量必须合乎国家有关卫生标准。焊接现场的有害物质,总是以烟尘和有毒气体两种状态存在于焊接环境的空气中,焊接环境空气中有害物质允许浓度见表9-3。

表9-3 焊接环境空气中有害物质允许浓度

有害物质名称	最高允许浓度/(mg/m^3)	有害物质名称	最高允许浓度/(mg/m^3)
金属汞	0.01	硫化铅	0.5
氟化氢及氟化物(换算成氟)	1	一氧化碳	30.0
臭氧	0.3	钼	4.6
氧化氮(换算成NO_2)	5	铍及其化合物	0.001
氧化锌	5	锆及其化合物	5
氧化镉	0.1	锰及其化合物(换算成MnO_2)	0.2
砷化氢	0.3	铬酸盐(换算成Cr_2O_3)	0.1
铅烟	0.03	质量分数为10%以上的二氧化硅粉尘	2.0
铅金属、含铅漆料铅尘	0.05	质量分数为10%以下的二氧化硅粉尘	10.0
氧化铁	10.0	其他粉尘	10.0

2. 焊接工作场所的通风

(1)应根据焊接作业环境、工作量、焊接材料、作业分散程度等情况,采取不同的排烟尘措施,以保证焊接工作场所的空气质量,避免焊接烟尘流经焊工的呼吸带。排烟尘措施一般包括全面通风换气、局部通风、小型电焊排烟机组及采用各种送气面罩等。

(2)当焊工作业室内的高度(净)低于3.5～4m,或每个焊工工作空间小于200m³时,当工作间内部结构影响空气流通而使焊接工作点的烟尘、有害气体浓度超过规定时,应采用全面通风换气。全面通风换气量要求保持每个焊工为57m³/min的通风量。

(3)采用局部通风或小型通风机组等换气方式时,其罩口风量、风速应该根据罩口至焊接作业点的控制距离及控制风速来计算。罩口的风速应大于0.5m/s,并使罩口尽可能接近作业点,使用固定罩口时的控制风速不小于1～2m/s。

(5)采用抽风式工作台,其工作台上网格筛板上的抽风量应均匀分布,并保持工作台面积抽风量每平方米大于3600m³/h。

(6)在狭窄、局部空间内焊接时,应采取局部通风换气措施,防止工作空间内集聚有害或窒息气体伤人。

(7)焊接工作如遇到粉尘和有害烟气又无法采用局部通风措施时,则应选用送风呼吸器。

3. 焊接工作场所的防火

(1)在企业规定的禁火区域内,不准进行焊接施工,需要焊接时,必须把焊件移到指定的安全区内进行。

(2)焊接作业点的可燃、易燃物料,与焊接作业点的火源距离不小于10m。

(3)焊接作业时,如附近墙体和地面上留有孔、洞、缝隙以及运输带连通孔口等,应采取封闭或屏蔽措施。

(4)焊接地点堆存大量易燃物料又不可能采取有效防护措施时,应禁止焊接、切割作业。

(5)焊接作业时,可能形成易燃、易爆蒸气或聚集爆炸型粉尘时,禁止焊接、切割作业。

(6)在易燃、易爆环境中进行焊接作业时,应该按化工企业焊接作业安全专业标准的有关规定执行。

(7)焊接车间或工作现场,必须配有足够的水源、干砂、灭火工具和灭火器材。存放的灭火器材应该是有效的、合格的。

(8)焊接工作完毕后,应及时清理现场,彻底消除火种,经专人检查确认完全消除危险后,方可离开现场。

第三节　焊接安全检查

一、焊接场地的安全检查

焊接过程中,由于生产场地不符合安全要求而酿成的火灾事故、爆炸和触电事故时有发生,往往造成设备毁坏和人员伤亡,破坏性和危害性很大。为了确保焊接生产顺利进行，防患于未然，必须对焊接场地的安全性进行检查。焊接场地安全检查的内容如下：

(1)焊接作业现场的设备、工具、材料是否排列有序，现场不得有乱堆乱放现象。

(2)焊接作业现场是否有必要的通道，这些通道是否能满足焊接生产的需要，一般要求车辆通道宽度不小于3m，人行通道不小于1.5m。

(3)焊接作业现场面积是否宽阔。要求每个焊工作业面积不小于4m²。

(4)检查焊接作业现场的气焊胶管与胶管之间、电焊电缆线之间，或气焊胶管与电焊电缆线之间是否互相缠绕。

(5)检查焊接作业现场10m范围内，各类可燃易爆物品是否清除干净。

(6)检查室内作业通风是否良好，多地点焊接作业之间是否有弧光防护屏。

(7)检查地面是否干燥；工作场地要有良好的自然采光或局部照明设施，照明设施工作面的照度应在50～100lx。

(8)检查室外登高焊接作业现场是否符合要求；在地沟、坑道、检查井、管段和半封闭地段等处焊接作业时，检查有无爆炸和中毒危险。

关键细节5　焊接场地安全检查的主要内容

(1)检查焊接与切割作业场地的设备、工具、材料是否排列整齐。

(2)检查焊接场地是否保持必要的通道。

(3)检查所有气焊胶管、焊接电缆线是否互相缠线。气瓶用后是否已移出工作场地。

(4)检查焊工作业面积是否足够，工作场地要有良好的自然采光或局部照明。

(5)检查焊割场地周围10m范围内，各类可燃易燃物品是否清除干净。对焊接切割场地检查要仔细观察环境，针对各类情况，认真加强防护。

二、焊接工具的安全检查

1. 焊钳

对焊钳的安全检查包括导电性、隔热性、夹持焊条的牢固性、更换焊条的方便性等方面的检查。

2. 角向磨光机

对角向磨光机的安全检查，主要看砂轮转动是否正常，有无漏电现象，砂轮片是否紧固牢靠，砂轮片是否有裂纹、破损等现象。

3. 锤子、扁铲、錾子

(1)检查锤头是否松动。

(2)检查扁铲和錾子的边缘是否有飞刺、裂纹等。

4. 夹具

(1)夹紧工具。检查夹紧力、焊件装卡是否方便。

(2)压紧工具。检查螺钉是否转动灵活，是否有锈蚀，并检查其压紧力。

(3)拉紧工具。检查杠杆、螺钉、导链等。

(4)撑具。检查螺钉及螺杆的情况。

第十章 焊工职业标准与施工组织设计

第一节 焊工职业标准

一、职业等级概况

焊工是指操作焊接和气割设备，进行金属工件焊接或切割成型的人员。焊工的等级可分为：初级（国家职业资格五级）、中级（国家职业资格四级）、高级（国家职业资格三级）、技师（国家职业资格二级）、高级技师（国家职业资格一级）。

1. 初级

具备以下条件之一者即可评为初级焊工。

（1）经本职业初级正规培训达规定标准学时数，并取得毕（结）业证书。

（2）在本职业连续见习工作2年以上。

2. 中级

具备以下条件之一即可评为中级焊工。

（1）取得本职业初级职业资格证书后，连续从事本职业工作3年以上，经本职业中级正规培训达规定标准学时数，并取得毕（结）业证书。

（2）取得本职业初级职业资格证书后，连续从事本职业工作5年以上。

（3）连续从事本职业工作6年以上。

（4）取得经劳动保障行政部门审核认定的，以中级技能为培养目标的中等以上职业学校本职业毕业证书。

3. 高级

具备以下条件之一者即可评为高级焊工。

（1）取得本职业中级职业资格证书后，连续从事本职业工作4年以上，经本职业高级正规培训达规定标准学时数，并取得毕（结）业证书。

（2）取得本职业中级职业资格证书后，连续从事本职业工作7年以上。

（3）连续从事本职业工作10年以上。

（4）取得高级技工学校或经劳动保障行政部门审核认定的、以高级技能为培养目标的高等职业学校本职业毕业证书。

（4）取得本职业中级职业资格证书的大专以上本专业或相关专业毕业生，连续从事本职业工作2年以上。

4. 技师

具备以下条件之一者即可评为焊工技师。

(1)取得本职业高级职业资格证书后,连续从事本职业工作5年以上,经本职业技师正规培训达规定标准学时数,并取得毕(结)业证书。

(2)取得本职业高级职业资格证书后,连续从事本职业工作8年以上。

(3)高级技工学校本专业毕业生,连续从事本职业工作2年以上。

5. 高级技师

具备以下条件之一者即可评为焊工高级技师。

(1)取得本职业技师职业资格证书后,连续从事本职业工作3年以上,经本职业高级技师正规培训达规定标准学时数,并取得毕(结)业证书。

(2)取得本职业技师职业资格证书后,连续从事本职业工作5年以上。

二、焊工职业培训考核与职业道德

1. 焊工职业培训与考核

焊工培训与考核包括基本知识和操作技能两部分。基本知识考试合格后才能参加操作技能的考试。操作技能的考试项目可由焊接方法、母材钢号类别、试件类别、焊接材料等部分组成。焊工考试合格后,发给合格证。对持证焊工应加强管理。

(1)持证焊工只能担任考试合格范围内的焊接工作。

(2)合格项目的有效期,自签证之日起一般为3年。

(3)在有效期内全国有效,但焊工不得自行到外单位进行焊接作业,否则可吊销其合格证。

(4)需要增加操作技能项目时,须增加考核项目的操作技能,可不考基本知识;但改变焊接方法时,应考基本知识。

(5)有效期满后,焊工应重新考试,须考操作技能,必要时考基本知识。

(6)焊工中断焊接工作6个月以上时必须重新考试。

(7)对持证焊工平时的焊接质量进行检查记录并定期统计,建立焊工焊绩档案。

2. 焊工考试

(1)经专业培训结业的学员,或具有独立焊接工作能力的焊工,方可参加焊工考试。

(2)焊工考试应由经市或市级以上建设行政主管部门审查批准的单位负责进行。考试完毕,对考试合格的焊工应签发合格证。

(3)焊工考试应包括理论知识考试和操作技能考试两部分;经理论知识考试合格后的焊工,方可参加操作技能考试。

(4)理论知识考试应包括下列内容:

1)钢筋的牌号、规格及性能;

2)焊机的使用和维护;

3)焊条、焊剂、氧气、乙炔、液化石油气的性能和选用;

4)焊前准备、技术要求、焊接接头和焊接制品的质量检验与验收标准;

5)焊接工艺方法及其特点，焊接参数的选择；

6)焊接缺陷产生的原因及消除措施；

7)电工知识；

8)安全技术知识。

具体内容和要求应由各考试单位按焊工申报焊接方法对应出题。

(5)焊工操作技能考试用的钢筋、焊条、焊剂、氧气、乙炔、液化石油气等，应符合有关规定，焊接设备可根据具体情况确定。

(6)焊工操作技能考试评定标准应符合表 10-1 的规定；焊接方法、钢筋牌号及直径、试件组合与组数，可由考试单位根据实际情况确定。焊接参数可由焊工自行选择。

表 10-1　　焊工操作技能考试评定标准

焊接方法	钢筋牌号及直径/mm	每组试件数量			评定标准
		剪切	拉伸	弯曲	
电阻点焊	$\Phi^{R}10+\Phi^{R}6$	3	2	—	3 个剪切试件抗剪力均不得小于规程的规定值；纵向和横向各 1 个拉伸试件的抗拉强度均不得小于 550N/mm^2
	Φ18+Φ6	3	—	—	
闪光对焊(封闭环式箍筋闪光对焊)	Φ、Φ、Φ6～32	—	3	3	3 个热轧钢筋接头拉伸试件的抗拉强度均不得小于该牌号钢筋规定的抗拉强度；RRB400 钢筋试件的抗拉强度均不得小于570N/mm^2；全部试件均应断于焊缝之外，呈延性断裂。3 个弯曲试件弯至 90°，均不得发生破裂。箍筋闪光对焊接头只做拉伸试验
	$\Phi^{R}14$～32	—	3	3	
	M33×2+Φ28	—	3	—	
电弧焊：帮条平焊、帮条立焊	Φ、Φ25～32	—	3	—	3 个热轧钢筋接头拉伸试件的抗拉强度均不得小于该牌号钢筋规定的抗拉强度；全部试件均应断于焊缝之外，呈延性断裂
电弧焊：搭接平焊、搭接立焊	Φ、Φ25～32				
电弧焊：熔槽帮条焊	Φ、Φ25～40				
电弧焊：坡口平焊、坡口立焊	Φ、Φ18～32				
电弧焊：窄间隙焊	Φ、Φ16～40				
电弧焊：钢筋与钢板搭接焊	Φ、Φ8～20+低碳钢板 δ≥0.6d				

（续）

焊接方法	钢筋牌号及直径/mm	每组试件数量			评定标准
		剪切	拉伸	弯曲	
电渣压力焊	Φ、Φ 16～32	—	3	—	3个拉伸试件的抗拉强度均不得小于该牌号钢筋规定的抗拉强度，并至少有2个试件断于焊缝之外，呈延性断裂
气压焊	Φ、Φ 16～40	—	3	3	3个拉伸试件抗拉强度均不得小于该牌号钢筋规定的抗拉强度，并断于焊缝（压焊面）之外，呈延性断裂； 3个弯曲试件弯至90°均不得发生破裂
预埋件钢筋电弧焊	Φ、Φ 6～25	—	3	—	3个拉伸试件的抗拉强度均不得小于该牌号钢筋规定的抗拉强度
预埋件钢筋埋弧压力焊	Φ、Φ 6～25				

注：1. M33×2——螺丝端杆公制螺纹外径及螺距；δ为钢板厚度，d为钢筋直径；

2. 闪光对焊接头、气压焊接头进行弯曲试验时，弯心直径和弯曲角度见表10-2。

表10-2　接头弯曲试验指标

钢筋牌号	弯心直径	弯曲角（°）
HPB235	$2d$	90
HRB335	$4d$	90
HRB400、RRB400	$5d$	90
HRB500	$7d$	90

注：1. d为钢筋直径（mm）；

2. 直径大于25mm的钢筋焊接接头，弯心直径应增加1倍钢筋直径。

（7）当剪切试验、拉伸试验结果，在一组试件中仅有1个试件未达到规定的要求时，可补焊一组试件进行补试，但不得超过一次。试验要求应与初始试验相同。

（8）持有合格证的焊工当在焊接生产中三个月内出现二批不合格品时，应取消其合格资格。

（9）持有合格证的焊工，每两年应复试一次；当脱离焊接生产岗位半年以上，在生产操作前应首先进行复试。复试可只进行操作技能考试。

（10）工程质量监督单位应对上岗操作的焊工随机抽查验证。

3. 焊工职业道德

职业道德是社会道德要求在全社会各行各业的职业行为和职业关系中的具体体现，

也是整个社会道德生活的重要组成部分。它是从事一定职业的个人，在工作和劳动的过程中，所应遵循的、与其职业活动紧密联系的道德原则和规范的总和。

(1)职业道德的意义。

1)有利于推动社会主义物质文明和精神文明建设。

2)有利于企业的自身建设和发展。

3)有利于个人的提高和发展。

(2)焊工职业守则。

1)遵守国家政策、法律和法规；遵守企业的有关规章制度。

2)爱岗敬业，忠于职守，认真、自觉地履行各项职责。

3)工作认真负责、吃苦耐劳、严于律己。

4)刻苦钻研业务，认真学习专业知识，重视岗位技能训练，努力提高劳动者素质。

5)谦虚谨慎，团结合作，主动配合工作。

6)严格执行焊接工艺文件和岗位规章，重视安全生产，保证产品质量。

7)坚持文明生产，创造一个清洁、文明、适宜的工作环境，塑造良好的企业形象。

第二节　施工组织设计

一、施工组织设计原则

1. 工艺上的先进性

制定施工组织设计时，要根据调查材料、情报信息，了解国内外施工和焊接工艺技术的发展情况；要充分利用施工工艺和焊接技术的最新科学技术成果，广泛采用新的发明创造、合理化建议和各地的先进经验。

2. 经济上的合理性

在一定的生产条件下，要对各种工艺方法和施工措施进行对比，尤其要对关键部位的施工工艺和主要部件的焊接方法进行方案论证，选择经济上最合理的方法，在保证质量的前提下力求成本最低。

3. 技术上的可行性

制定施工方案和焊接工艺规程必须从本企业、本单位、本车间的实际条件出发，依据现有的设备、人力、技术水平、场地等条件，来制定切实可行的方案和规程。使制定出来的方案和规程在生产中具有可行性，真正成为指导生产的技术文件。否则，过高的条件和要求是难以实现的。

4. 安全上的可靠性

制定的方案必须要保证生产者和设备的安全。因此在制定过程中一定要充分考虑到施工中的各种不安全因素，并加以分析，以制定切实有效的安全防护措施。安全生产是第一重要的，没有安全，就谈不上生产。如深槽作业的防止塌方、高空作业的防止坠落、密闭容器和管道内作业的加强通风以防止中毒以及交通安全等都是要考虑的内容。

二、施工组织设计的编制依据

施工组织设计的编制依据包括以下内容。

1. 工程设计说明书

工程设计说明书是编制施工组织设计最主要的资料。设计说明书中包含施工位置、工程工作量、各项技术要求以及施工中要求注意的事项。所有这些都是编制施工组织设计时重要的依据，要根据设计说明书中提出的各种要求，制定切实可行的施工方案。

2. 相关标准

(1)相关技术标准。对于施工中的各项要求，目前都有相应的国家标准和部颁标准。因此，编制时必须依据并符合这些标准。当同一内容同时有两种以上标准时，原则上应该按高标准执行。各企业也可按本企业实际情况制定本企业的有关技术标准，但在技术上应不低于相应的部标和国标。

(2)验收质量标准。编制方案时一定要满足工程验收的国家质量标准，并在方案中明确地表示出来。如各工序的质量要求、检查方法及合格标准等，都应作为施工过程中技术要求的依据。

3. 施工环境及条件

在编制施工组织设计前，必须对施工现场及周围环境和条件做深入细致的调查研究，以掌握现场的第一手资料作为编制方案时的依据。

(1)施工现场的地形地貌，施工是否穿越河流、水渠、水塘及山丘，是否穿越道路、铁路等；周围有多少建筑物，是商店还是居民住宅，距离工地有多远；是否有树木，其中是否有古树；若穿越道路，交通流量有多大，是否能断路；现场是否有水源、电源等。所有这些问题都是在编制施工组织设计时需要考虑和解决的问题，以便在施工中妥善地安排，保证施工得以顺利进行。

(2)掌握地下的情况，如地质情况、地下水的状况以及地下管线的分布情况，以便在编制施工方案时考虑选择施工方法和采取保护措施。

(3)了解施工所处的季节，是否要经过冬期和雨期，以便在方案中考虑是否需要制定冬期施工措施和雨期施工及防洪措施等。

4. 实际生产条件

为了使所编制的施工组织设计真正可行，确实起到指导生产的作用，一定要从焊接工作队伍的实际情况出发，要依据自己的实力来编制施工方案。例如，必须根据现有设备能力、工力的情况来安排施工部署，像确定多少工作面，分几个段落同时施工时，都要依据实际条件来确定。

三、施工组织设计的编制内容

施工组织设计的编制内容是很广泛的，一般来说应包含以下内容。

1. 工程概况

(1)说明工程的基本情况，如工程名称、工程类型、结构形式、所处的位置（若是管线，则是起止位置和经过的主要地方)、建设单位、监理单位以及工程中需要交代的事宜。

(2)说明本工程项目的工作量,若是管线则包括规格、长度以及辅助设施(如闸井、柔口、排气孔、检修孔等)。

(3)简要描述该工程的特点,有什么特殊的要求,所处的环境条件对施工的要求以及给工程带来的困难等。

(4)开、竣工日期。

2. 工程质量目标及检验标准

(1)提出本单位对该项工程总的质量承诺,即准备使该工程要达到的水平。

(2)提出工程中各工序的质量要求。

(3)检验标准和检验方法。

(4)对各工序的质量要求都应有保证质量的具体措施。

(5)各种质量检验和记录的表格名称的清单。

施工方案的编制所依据的资料及质量检验标准都要明确地表示出来。

3. 施工部署

(1)组织机构。项目经理部及管理部门的组成人员。

(2)工、料、机计划。说明工程中各阶段所需人工的多少、材料供应要求和所需的机械设备。

(3)拆迁工作量。

(4)生产及生活用水、用电的安排。

(5)排降水工程。

(6)土方工程。

(7)焊接。

(8)施工部署及工程进度控制。

(9)其他有关施工项目的安排。

4. 技术与安全保证措施

(1)对施工过程中可能遇到的各种情况和问题都应有具体的技术措施,以保证工程顺利进行和满足质量的要求。如具体的施工方法、施工降水、打桩、钢结构、开槽方法及要求、焊接方法及要求、交通措施、地下管线保护措施、地上各种情况的保护措施等。

(2)对工程中各种不安全因素都应有切实可行的规定和保证措施,以确保生产安全。

(3)对工程中各种造成环境污染的因素都制定相应的管理办法,确保焊接工作文明有序地进行。

(4)冬雨期施工应依据施工过程中所处的季节来制定,若没有这种季节则可省略。

5. 其他附件

(1)如工力计划表、材料计划表、机械设备计划表、质量目标分解表、工程进度表及网络图、拆迁综合情况表、总平面图及其他必要的图样。

(2)对各单项技术措施的详细说明和具体方案。

参考文献

[1] 张应力．新编焊工实用手册[M]. 北京:金盾出版社,2004.
[2] 机械工业部职业技能鉴定指导中心．高级电焊工技术[M]. 北京:机械工业出版社,2005.
[3] 陈裕川．现代焊接生产实用手册[M]. 北京:机械工业出版社,2005.
[4] 邢淑萍．高级焊工技能训练[M]. 北京:中国劳动和社会保障出版社,2002.
[5] 程绪文．焊接技能强化实训[M]. 北京:化学工业出版社,2008.
[6] 支道光．焊工速成与提高[M]. 北京:机械工业出版社,2008.
[7] 王文翰．焊接技术问答[M]. 郑州:河南科学技术出版社,2007.
[8] 刘家发．焊工手册(手工焊接与切割)[M]. 3 版. 北京:机械工业出版社,2002.